SAMMLUNG GÖSCHEN BAND 834/834a

ALLGEMEINE PSYCHOLOGIE

von

PROF. DR. THEODOR ERISMANN †
em. o. Prof. für Philosophie und Psychologie an der Universität Innsbruck

IV

EXPERIMENTELLE PSYCHOLOGIE UND IHRE GRUNDLAGEN / ZWEITER TEIL

Zweite, neubearbeitete Auflage

Mit 27 Abbildungen

WALTER DE GRUYTER & CO.
vormals G. J. Göschen'sche Verlagshandlung · J. Guttentag, Verlagsbuchhandlung · Georg Reimer · Karl J. Trübner · Veit & Comp.
BERLIN 1962

Die Gesamtdarstellung umfaßt folgende Bände:

I. Grundprobleme (Slg. Göschen Band 831)

II. Grundarten des physischen Geschehens (Slg. Göschen Band 832/832 a)

III. Experimentelle Psychologie und ihre Grundlagen / 1. Teil (Slg. Göschen Band 833)

IV. Experimentelle Psychologie und ihre Grundlagen / 2. Teil (Slg. Göschen Band 834/834 a)

 — Archiv-Nr. 7140638. — Satz und Druck: Saladruck, Berlin N 65.
Printed in Germany.

INHALT

des 2. Teiles der „Experimentellen Psychologie“ (IV. Band)

Inhalt des 1. Teiles der „Experimentellen Psychologie“ (III. Band)

6. Das zentrale Nervensystem

Der Bau des zentralen Nervensystems

„Zwei Dinge erfüllen das Gemüt mit immer neuer und zunehmender Bewunderung und Ehrfurcht, je öfter und anhaltender sich das Nachdenken damit beschäftigt: der bestirnte Himmel über mir und das moralische Gesetz in mir.“ Dieser mit Recht so viel bewunderte Ausspruch von Kant läßt noch eine Ergänzung zu: „... und das zentrale Nervensystem des Menschen, welches seinem Geiste materiell so wunderbar entspricht“.

Milliarden Menschen gibt es auf dieser Erde und jeder besitzt ein ihm zugehörendes zentrales Nervensystem; — so mag es uns als der „Hans in allen Gassen“ erscheinen, — und doch ist es das Wunderbarste, was es in der materiellen Welt gibt. — Der Bau des zentralen Nervensystems kann hier nur angedeutet werden, sein genaueres Studium gehört in die Physiologie. Aber zwischen Physiologie und Psychologie als Wissenschaften besteht dieselbe enge Verbundenheit wie zwischen Seele und Körper. Daher wird man es nicht vermeiden können, daß dort, wo sich aus der Physiologie Analogien zum psychischen Geschehen herholen lassen, dies auch geschieht. Das ist aber durchaus nicht überall der Fall: so leuchtet uns zwar die Tatsache des ‚*körperlichen Zusammenhaltes*‘ des Nervensystemes sehr wohl ein, da wir den ‚*psychischen Zusammenhalt*‘ der Vielheit unserer Erlebnisse in der Einheit der Persönlichkeit kennen. Unendlich vieles in der Struktur des Gehirnes (so die Teilung des Großhirnes in die beiden Hemisphären — trotz Einheit des Bewußtseins! — beachte dabei den einheitlichen Bau der Zirbeldrüse! und vieles andere) entzieht sich aber noch unserem tieferen Verständnis (s. hierzu auch S. 11.[1])

Die Hauptmasse des Gehirnes besteht aus Neuronen:

---

[1]) Beachte den *Insektenstaat* „als das räumlich in sich getrennte Individuum“.

Zellen mit Zellkörper (Ganglion) und Zellfortsätzen (Neuriten und Dendriten). Die Anzahl der zum zentralen Nervensystem gehörenden Zellen ist unvorstellbar groß (etwa 12 Milliarden Ganglienzellen). Und es scheint, als ob der Grad der Gehirnleistung von dieser ihrer ungeheuren Zahl mitabhängig ist. Das ist einigermaßen verständlich, wenn man bedenkt, daß alles, was wir im Laufe unseres ganzen Lebens erleben, denken, fühlen, wollen, das größte und das kleinste unserer Erlebnisse nach der Theorie des *psychophysischen Parallelismus* auch im Gehirn seinen entsprechenden Abdruck besitzt. Und nicht allein dasjenige, was wir erleben, sondern auch alles, was wir wissen, was unser Gedächtnis enthält, ohne daß es jederzeit in unserem Bewußtsein besteht. Mit anderen Worten, es liegt in unserem Gehirn die materielle Entsprechung für die *ganze große Kugel unseres Erlebens*, von der wir im III. Band auf S. 50 sprachen, und von der nur ein verschwindend kleiner Teil sich jeweils in unserem Bewußtsein findet. — Die Gehirngröße des Menschen nimmt unter allen Lebewesen den ersten Platz ein, wenn man nicht vom absoluten Gewicht des Gehirnes ausgeht (das Gehirn des Elefanten oder des Wales, welches eine viel größere Zahl der Zellen ihrer Riesenkörper zu dirigieren hat, ist absolut genommen schwerer), sondern dazu auch noch sein *relatives Verhältnis zum gesamten Körpergewicht und die Feinheit seines Baues* berücksichtigt. Es gibt zwar auch Vögel und kleine Affen, deren relatives Gehirngewicht das menschliche übertrifft; sie reihen sich dann aber im absoluten Gehirngewicht hinter den Menschen.

Das Wesentlichste am menschlichen Gehirn sind zunächst die *Zellkörper*, die *Ganglien*. Von ihnen geht der Anreiz, welcher dann von den Zellfortsätzen weitergeleitet wird. Die Geschwindigkeit der Leitung hängt von der Dicke des Fortsatzes ab und bewegt sich im selben Fortsatz (Überleitung auf eine andere Zelle ist immer mit Zeitverlust verbunden) zwischen 10 cm und 200 cm in der Sekunde (das vegetative System besitzt im allgemeinen die langsamste Leitung), — also viel langsamer als der elektrische

Strom im Metalldraht. Zwar sind bei dieser Leitung sicher auch (meßbare!) elektrische Ströme vorhanden; doch ist es anzunehmen, daß die eigentliche Leitung auf *elektrochemischen* Vorgängen beruht. — Die eigentlichen Energiestöße entstehen in den Zellkörpern — bei efferenten (zentrifugalen) Bahnen, und bei afferenter (zentripetaler) Leitung (z. B. von den Sinnesorganen aus) endigen sie im Zellkörper.

Die Zellkörper oder Ganglien sind in der *Großhirnrinde* gelagert, diese ist gefaltet, mit Rinnen und Wülsten durchfurcht, wodurch ihre Oberfläche relativ groß sein (etwa $^1/_4$ m^2) und dennoch in der relativ kleinen Kapsel des Schädels untergebracht werden kann. Sie folgt hierin dem Prinzip der Raumgewinnung, wobei die Durchfurchung in der rechten und linken Gehirnhälfte nicht vollkommen gleich zu sein braucht und auch bei verschiedenen Menschen verschiedene Gestaltung aufweist, während die Grundgestalt bei allen Menschen übereinstimmt. Vor allem darin, daß das Großhirn in zwei Hälften (Hemisphären) durch eine tiefe Mittelfurche geteilt ist, und daß auch die für die einzelnen Sinneszentren bestimmten Partien übereinstimmend im Gehirn lokalisiert sind. Diese sicher festgestellte Zuordnung bestimmter Hirnpartien zu bestimmten Sinnen (so ist das Sehzentrum im Hinterhauptlappen — der fissura calcarina — lokalisiert, das Hörzentrum in der Schläfenpartie usw.) sowie die wahrscheinliche Zuordnung höherer geistiger Leistungen zu der *Stirn*partie ist ein wichtiger Gewinn für die Erkenntnis gegenseitiger Beziehungen psychischen und physiologischen Aufbaues. Er wird z. B. noch durch folgende Tatsachen ergänzt: Wird der Occipitallappen der Großhirnrinde zerstört, so ist der Patient ‚rindenblind' (trotz unversehrtem Augenapparat); bei in der Nachbarschaft verletzten Zellen kann der Patient unter Umständen noch sehen, aber das Gesehene nicht wiedererkennen, er ist ‚seelenblind'. Erst die Zuführung andersartiger (z. B. akustischer) Wahrnehmungseindrücke ermöglicht das Wiedererkennen des Gesehenen. Solches Nichtmehrerinnernkönnen kann sich sogar auf *bestimmte Arten* gesehener Gegenstände beziehen: So scheint sich die Erkrankung bestimmter Hirnteile mit dem Nichterkennenkönnen der Buchstaben, anderer mit dem Nichtselbstschreibenkönnen, wieder anderer mit dem Nichtverstehenkönnen bestimmter Worte verbinden zu können. In diesen Rindenpartien scheinen also die Erinnerungen, die Verbindungen zwischen Sinneseindruck und Wort festgelegt zu sein und

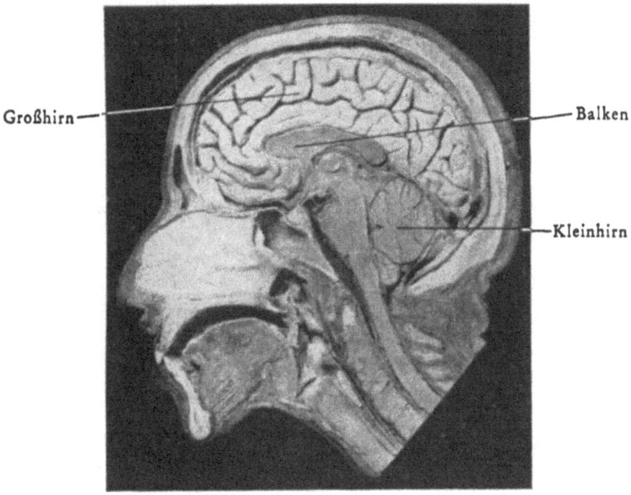

Bild 8 Sagittalschnitt durch den menschlichen Schädel und das Gehirn

durch Verletzung oder Erkrankung gestört werden zu können. — Trotz dieser Andeutungen über bestimmte Lokalisationen scheint es doch so zu sein, daß bei den meisten höheren psychischen Leistungen nicht nur besondere Hirnpartien, sondern das Gesamthirn beteiligt ist, und daß die Funktion mancher Gehirnpartien durch die anderer bis zu einem gewissen Grade vikariierend ersetzt werden kann.

Die *Oberfläche der Hirnrinde* ist beim Menschen größer als bei sämtlichen anderen Lebewesen, wenn man ihr Verhältnis zur Gesamtoberfläche des Körpers ins Auge faßt. Auch ist sie beim Menschen dicker. Woraus man folgerte, daß schon die Zahl der in der Großhirnrinde enthaltenen Ganglienzellen mit der geistigen Überlegenheit des Menschen in Zusammenhang steht. Dem entspricht, daß allgemein diejenigen Sinne, welche für das untersuchte Lebe-

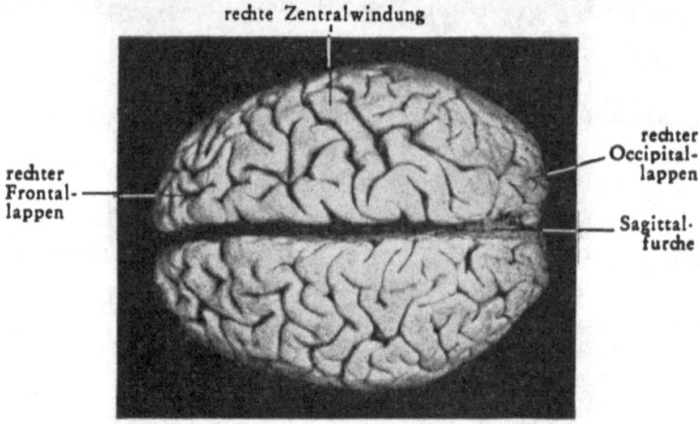

Bild 9 Großhirnoberfläche mit beiden Hemisphären

wesen besonders wichtig sind und die feinste Differenzierung aufweisen, auch besonders ausgedehnte dazugehörige Gehirnpartien besitzen. So hat der bulbus olfactorius (die Gehirnpartie für den Geruchssinn) beim Hund eine Oberfläche von ungefähr 450 mm², beim Menschen nur etwa 75 mm². Dafür übertreffen jene Gehirnpartien, denen man höhere geistige Funktionen beimißt (so z. B. die regio frontalis — Stirnhirn) diejenigen der übrigen Lebewesen ganz bedeutend: Die Stirnpartie des Kaninchens macht ungefähr 2 % seiner gesamten Großhirnrinde aus, beim Menschen dagegen sind es etwa 30 %.

Zu der großen Zahl kommt aber als ein nicht weniger wesentlicher Faktor die *Qualität der Ganglienzellen.* Man hat bis jetzt über hundert verschieden aufgebaute Ganglienzellen im menschlichen Großhirn gefunden (so die Molekular-, die Körner-, die Pyramiden-, die Spindelzellen usw. — sicher sind es noch lange nicht alle), die, jeweils in bestimmten Schichten zueinander angeordnet, die psychischen Leistungen des Menschen tragen.

Wie nun aber ist ein einheitliches Funktionieren des zentralen Nervensystems möglich, wenn es aus Abermillionen von Einzelzellen besteht? — Schneidet man das Gehirn in der Mitte frontal durch, so hebt sich deutlich die bis dahin

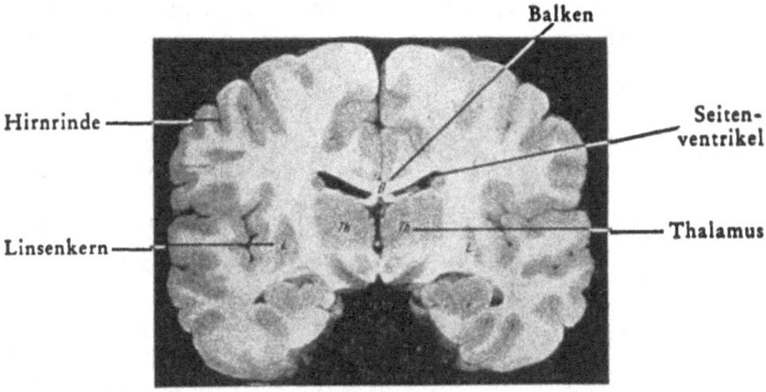

Bild 10 Frontalschnitt durch das menschliche Gehirn

besprochene Cortex (Hirnrinde) als graue Schicht von den darunter befindlichen weißlichen Teilen ab. Die letzteren bestehen aus den oben schon erwähnten Zell*fortsätzen*, welche eine Länge von wenigen Millimetern, und darunter, bis annähernd einem Meter erreichen können. — Und eben diese Fortsätze sind es, welche das in Zellen unterteilte Gehirn wieder zu einer Einheit verbinden. Sie verzweigen sich an ihrem Ende wie feinste Wurzelgebilde, die das Nachbarganglion bald wie mit einem Netz umgeben (Synapse), bald sich mit einem entsprechenden Wurzelgebilde der anderen Zelle filzartig ineinander verflechten. Manchmal sind auf diese Weise mehrere Zellen mit einer oder unter sich als ganzer Zellenkomplex vielfach verbunden. Dadurch ist die engste Verbindung zwischen den Zellenkörpern der Großhirnrinde und ihren beiden Hälften, aber auch zwischen dem Großhirn und dem übrigen Körper über die langen (bis zu 1 m) Neuriten der Rückenmarksäule (siehe zentripetale und zentrifugale Leitungen) hergestellt. — Diese muß aber außerdem auch noch sinngemäß geleitet sein, und unerwünschte Kurzschlüsse dürfen im Leitungssystem nicht vorkommen. Daher sind alle Fortsätze in ihrem Verlauf voneinander isoliert. Die Gesamtlänge im Nervensystem *eines* Menschen beträgt ungefähr eine halbe Million Kilometer (!) und ist damit z. B. größer als die Entfernung von der Erde zum Mond. Abgesehen vom Unterschied zwischen der *zentripetalen* Leitung, welche beim Sinnesorgan beginnt und im Großhirn endet, und der *zentrifugalen* Leitung, die im Zellkörper anfängt und im Muskel endet, kann die Leitung des Nervensystems mit dem Telefonnetz einer Riesenstadt, jedoch auf die Größe des menschlichen Schädels samt Rückenmarksäule zurückgeführt und — an Länge und Zahl *noch vergrößert* — verglichen werden!

Das zentrale Nervensystem ist mit feinsten Blutgefäßen durchsetzt, denn es bedarf reichlicher Ernährung mit Phosphor, Zucker, Eiweiß, allgemein stickstoffreichen Substanzen. Es verbraucht beim Menschen ungefähr $^1/_4$ des gesamten durch das Blut dem Körper zugetragenen Sauerstoffes. Die Ganglienzellen verbrauchen dabei an zehnmal mehr Sauerstoff als ihre so reich ausgebreiteten Fortsätze.

Urhirn und Neuhirn

Primum vivere deinde philosophari, — dieser alte Spruch drückt haargenau das Verhältnis zwischen Urhirn und Neuhirn aus, das sich in jahrmillionenlangem Prozeß aus ihm entwickelt hat. Denn es gibt großhirnlose Lebewesen, und selbst die damit ausgestatteten höheren Tiere könnten „grundsätzlich" ohne Großhirn weiterleben, essen, ihr Gleichgewicht behalten, sogar (wahrscheinlich) Schmerzen erleben. Ohne Urhirn dagegen, welches unter dem Großhirn liegt und Atmung, Blutkreislauf, Gleichgewicht usw. und wahrscheinlich manche Grundtriebe reguliert, ist das Leben auch höherer Lebewesen (Wirbeltiere) nicht möglich. Das Großhirn trägt die höheren geistigen Prozesse — und *Denken* ohne *Großhirn* wäre ebenso unmöglich wie *Leben* ohne *Urhirn.*

Das Urhirn setzt sich zusammen aus jenen subkortikalen Ganglien, welche unter dem Hemisphärenmantel des Großhirns liegen und (dank den Ganglienfortsätzen) in reger Verbindung mit den Zellen des Großhirnes stehen. Wenn die Beziehungen zwischen den einzelnen Hirnpartien schon bei der Großhirnrinde äußerst komplex waren, so sind sie es hier womöglich noch mehr. Einige wichtigste Teile des Hirnstammes, wie das Urhirn auch genannt wird, mögen hier nur aufgezählt sein, — so die beiden Thalami, die beiden Linsenkerne, die Hypophyse und die Zirbeldrüse, welche schon *Descartes* als eigentlichen Sitz des Lebens ansah, weil sie nicht paarig, wie die übrigen Hirnpartien auftritt, sondern ebenso einmalig und einheitlich wie es das Bewußtsein selbst ist. Neuronensysteme, die in sich besonders eng verbunden, voneinander abhebbar und mit bestimmten Leistungen betraut sind, stellen die Verbindung her. Dazu gehört auch das Kleinhirn im hinteren Teil des Kopfes, das für das Gleichgewicht, für die Orientierung im Raum und für den Spannungszustand sämtlicher Muskeln verantwortlich ist. Der menschliche Körper besitzt 320 Muskeln, — aber man irrt sich, wenn man meint, daß jeder Muskel mit bloß einer Nervenfaser verbunden ist. Das gäbe ein unvorstellbar grobes Reagieren unserer Muskulatur. Die feine Differenzierung in der Reaktion desselben Muskels ist abhängig von seiner Innervation durch Tausende von Nervenfasern; wobei von einer Nervenfaser nicht mehr als 30—50 Muskelfasern dirigiert werden. Die sog. Nerven sind Stränge von manchmal vielen Tausenden von Einzelfasern.

Wenn im Urhirn die ursprünglichen Bewegungen des Körpers wie Atmen, Peristaltik usw. ausgelöst werden, so kommen die bewußten Willenshandlungen, der Kampf der

Motive und der Entschluß, nicht ohne das Großhirn zustande. Sie stehen damit im Gegensatz zum sog. *Reflex:* Dieser ist eine Bewegungsantwort des Organismus auf die Reizung seiner Sensorien, ohne daß der Reiz als Sinnesempfindung auch ins Bewußtsein zu treten braucht und eine bewußte Stellungnahme der Persönlichkeit veranlaßt. Der *Reflexbogen* besteht aus der Reizung eines Sinnesorganes, der Leitung der Reizenergie in entsprechende nervöse Zentren entweder bloß der Rückenmarksäule oder des Hirnstammes und seiner entsprechenden Überleitung in motorische Zentren, worauf von hier aus die dazugehörigen Muskeln gereizt werden. Wenn die sensorische Reizung auch noch weiter dringt und das Bewußtsein erreicht, so ist es dennoch nicht dieses und dessen bewußte ‚willentliche' Weitergabe an die motorischen Zentren, welche die Bewegung hervorrufen, sondern jener oben beschriebene Reflexmechanismus ist es für sich selbst. Daher sind die echten Urreflexe durch den Willen der Persönlichkeit überhaupt nicht beeinflußbar. Dazu gehören z. B. der Patellarreflex, Pupillarreflex usw. — Dagegen gibt es auch scheinbar reflektorische Reaktionen, welche ‚instinktiv' eintreten, aber in Wirklichkeit doch höheren Ursprunges sind, und dementsprechend durch Übung dem Willen auch unterworfen werden können. Wenn ein bei einer dreidimensionalen Kinovorführung von der Bühne aus geworfener Ball auf mich zufliegt und im nächsten Augenblick (scheinbar) unweigerlich mein Gesicht treffen wird, schließe ich ‚unwillkürlich' die Augen. Und es gelingt nicht sofort, diese instinktiv sich einstellende Bewegung zu unterdrücken. Aber die Unterdrückung läßt sich üben und unter Wirkung des bewußten Willens mit der Zeit durchsetzen. — Eine gewisse Verwandtschaft sowohl mit den instinktiven als mit Reflexbewegungen besitzen die *automatischen* Bewegungen, z. B. das Gehen in Militärkolonne, aber auch das Atmen, welches zwar durch Fehlen des Sauerstoffes im Körper ohne Willensbeteiligung ausgelöst wird. *Dennoch ist das Atmen weitgehend von unserem Willen in seiner Tiefe und Schnelligkeit beeinflußbar.*

7. Spezifische Disposition der Sinnesorgane

Das Gebiet der Sinnesempfindungen ist außerordentlich reich und mannigfaltig; die folgenden Abschnitte sind der Betrachtung einzelner Klassen der Sinnesempfindungen gewidmet, hier sollen einleitend die ihnen gemeinsamen psychophysischen Gesetzmäßigkeiten kurz erwähnt werden. Das wichtige *Webersche Gesetz,* dessen Gültigkeit sich so ziemlich über das Bereich sämtlicher Empfindungsarten erstreckt, behandeln wir im nächsten Kapitel zusammen mit den psychophysischen Maßmethoden, durch deren Anwendung das Webersche Gesetz auch getragen und gefestigt wird. Von ähnlicher Allgemeinheit sind nun auch die beiden Prinzipien: *das Prinzip der spezifischen Disposition der Sinnesorgane* und *das Gesetz der spezifischen Sinnesenergie.*

Prinzip der spezifischen Disposition der Sinnesorgane. Die aus der Außenwelt auf uns einwirkenden physikalischen und chemischen Reize treffen nicht unmittelbar auf die die Erregung zum zentralen Nervensystem weiterleitenden Nerven, sondern auf *Sinnesorgane,* die zur Aufnahme und Umsetzung der physikalischen in physiologische Energie besonders ausgestattet sind. Nun ist aber das einzelne Sinnesorgan keineswegs für den Empfang und die Umsetzung *aller* Arten äußerer Reize gleich gut geeignet: Schon die besondere Ausgestaltung für die zweckmäßige Aufnahme seiner gewohnten, „spezifischen", Reize muß es für die Aufnahme anderer Reize weniger geeignet, eventuell sogar völlig unfähig machen *(spezifische Disposition der Sinnes-Organe).*

Man unterscheidet mechanische (inklusive akustische), thermische, optische, elektrische und chemische Reize. Einige derselben — wie z. B. der elektrische Reiz — besitzen die Fähigkeit, auf mehrere Sinnesorgane zu wirken. Andere dagegen — wie z. B. der schwache bis mittelstarke akustische oder optische Reiz — erregen nur ganz bestimmte Sinnesorgane, während alle übrigen davon unberührt bleiben. Analoges gilt auch für die Sinnesorgane:

Einzelne besitzen die Fähigkeit, von mehreren Reizarten erregt zu werden, — so ist z. B. das Auge für die meisten Reize (nicht thermische und Geruchsreize usw.) empfänglich; während z. B. die Geschmacks- und Geruchsorgane im Grund nur durch die ihnen adäquaten chemischen Reize erregt werden.

Und gelingt es auch, ein Sinnesorgan durch einen ihm *fremden* Reiz zu erregen, so besitzen die dabei entstehenden Empfindungen nicht jene Differenziertheit, Reichhaltigkeit und Bestimmtheit, wie sie den durch seinen gewohnten Reiz bewirkten Empfindungen eigen ist. Danach unterscheidet man „adäquate" und „inadäquate" Reize: *Adäquat* ist für das Auge der Lichtreiz, für das Ohr die Luftschwingung usw.; *inadäquat* dagegen sind für jedes Sinnesorgan sämtliche Reize, die es zwar reizen können, für deren Empfang das Sinnesorgan aber nicht eigentlich vorbestimmt ist (Druck und Elektrizität für das Auge usw.).

Gesetz der spezifischen Sinnesenergien. Gelingt es uns nun, ein Sinnesorgan *inadäquat* zu reizen, welche Art von Empfindung wird dadurch hervorgerufen?: diejenige, die der *gewohnten Wirkungsweise des betreffenden Reizes* oder aber der *gewohnten Wirkungsweise des gereizten Sinnesorganes* entspricht? D. h.: Wird z. B. ein mechanischer Druckreiz auf den Augapfel dem zentralen Nervensystem als Druck- oder als Lichtreiz übermittelt? Das Gesetz der spezifischen Sinnesenergien gibt darauf die Antwort: *Ein bestimmter Sinnesnerv wird durch jeden ihn überhaupt erregenden Reiz nur in der ihm (dem Nerven) eigentümlichen Art erregt.* Die Reizung des Sehnerven durch optische, mechanische, elektrische Reize ergibt stets eine Gesichtsempfindung, des Gehörsnerven eine Gehörsempfindung usw. Der wesentliche Kern des Gesetzes ist auch durch neuere kritische Versuche nicht erschüttert worden. Seine differenzierende Wirkung läßt sich sogar noch innerhalb desselben Sinnesgebietes nachweisen. So nahm *Helmholtz* wahrscheinlich mit Recht an, daß jede Faser des Gehörsnerven zentral nur eine bestimmte Tonhöhe anzuregen vermag, so daß, wenn sie durch einen tieferen Ton gereizt wird (wie dies bei pathologischem Schwachwerden der den Tonreiz unmittelbar auffassenden saitenähnlichen Organe der Schnecke vorkommen kann), das zentrale Nervensystem darauf dennoch mit der gewohnten hohen Tonempfindung antwortet.

Die beiden eben behandelten Prinzipien lassen sich zusammenfassend so ausdrücken: Der zwischen dem äußeren Sinnesreiz und der Empfindung oder ihren physiologischen Korrelaten gelegene Aufnahme- und Zuleitungsapparat (Sinnesorgan und Nervenleitung) trifft insofern *eine Auswahl* unter den ihn treffenden Reizen, als er jeweils nur auf bestimmte Reize überhaupt reagiert; insofern *gleicht er dieselben seiner eigenen Beschaffenheit an,* als die dabei erzeugte Empfindung nicht durch die Beschaffenheit des Reizes, sondern des leitenden Nerven (Helmholtz: des *zentralen* Nervensystemes) bestimmt wird.

8. Psychophysische Maßmethoden und das Weber-Fechnersche Gesetz

Grenzen der Leistungsfähigkeit unserer Sinnesorgane

Sofern unsere Sinnesorgane als physikalische Apparate betrachtet werden, die durch äußere physikalische oder chemische Reize in Tätigkeit versetzt werden, gehören sie ins Gebiet der Physiologie. Sofern jedoch durch ihre Tätigkeit psychische Vorgänge ausgelöst werden, gehören sie ins Gebiet der Psychologie. Ihre Untersuchung macht infolgedessen einen Teil des Grenzgebietes zwischen Psychologie und Physiologie aus, das als *Psychophysik* bezeichnet wird.

In dreifacher Hinsicht läßt die uns durch unsere Sinnesorgane vermittelte Wahrnehmung der Außenwelt scheinbar manches zu wünschen übrig:

1. Die Anzahl unserer Sinnesorgane ist sehr beschränkt: wir vermögen Licht-, Schall-, Temperaturreize usw. unmittelbar zu erfassen, dagegen gibt es eine ganze Reihe von physikalischen Kräften, für deren Erfassung uns keine Sinnesorgane zur Verfügung stehen: Gravitationskraft,

Magnetismus usw. Diese Kräfte vermögen wir nur *indirekt* durch die Wirkung der von ihnen auf andere Sinnesorgane (z. B. Schweresinn und Auge) hervorgebrachten Veränderungen zu erkennen, nicht dagegen durch ihre *unmittelbare Wirkung auf ein für ihre Wahrnehmung besonders ausgebildetes Sinnesorgan.*

2. Auch diejenigen Kräfte, die unmittelbar auf unsere Sinnesorgane einwirken und entsprechende Empfindungen in uns erzeugen, vermögen wir nicht in dem ganzen Bereiche ihres physikalischen Bestehens unmittelbar aufzufassen. Es sind uns sowohl nach der qualitativen als nach der intensiven Beschaffenheit der Reize strenge Grenzen gesetzt. a) *Qualitativ:* Der Gesamtbereich der für unser Auge unmittelbar erfaßbaren Farben erstreckt sich zwischen Lichtschwingungen, die eine Länge von 0,0004 bis 0,0007 mm aufweisen, — an dem einen Ende stehen die violetten, an dem anderen die roten Empfindungen; noch *kürzere* Lichtwellen bilden die sog. ultravioletten, noch *längere* die infraroten Lichtstrahlen, für die sich unser Auge nicht mehr empfindlich erweist. Ähnliches gilt auch für die Luft-Schallwellen: Luftschwingungen, die langsamer als 12—16 oder schneller als 25 000—40 000 mal pro Sekunde erfolgen, erzeugen in unserem Ohr keine Schalleindrücke mehr. Es ist einleuchtend, daß die Licht- und Schallschwingungen in der Außenwelt sowohl viel länger als viel kürzer, schneller und langsamer sein können, und daß folglich unser Auge und unser Ohr nur einen relativ kleinen Bereich der wirklich vorhandenen Farben und Töne (genauer gesagt: der Licht- und Schall*reize)* erfassen können. b) *Intensiv:* Sobald der Schall oder der Lichtreiz *zu schwach* wird, erzeugt er ebenfalls keine durch unmittelbare Selbstbeobachtung nachweisbare Empfindung mehr; sobald er *zu stark* wird, zerstört er durch seine Wucht das Sinnesorgan und setzt auf diese Weise eine Grenze für die Auffassung der stärksten Intensitäten. Die schwächste für ein normales Ohr eben wahrnehmbare Schallintensität beträgt nach *Wien* $2{,}5 \cdot 10^{-12}$ Erg (bei $n = 1600$—3200

Schwingungen); die stärkste auffaßbare Intensität läßt sich aus einleuchtenden Gründen in Versuchen nicht so genau feststellen.

Man nennt den Übergang von den noch nicht oder nicht mehr wahrnehmbaren Reizen zu den eben noch auffaßbaren: die *Empfindungsschwelle* (abgekürzt zu ES). Wir besitzen also eine (oder mehrere) *qualitative* und eine *intensive* Schwelle, und sowohl im qualitativen als intensiven Bereich eine *obere* und eine *untere* Schwelle. Zwischen diesen Schwellen liegt das gesamte Gebiet der wahrnehmbaren Reize eingeschlossen!

3. Man wäre nun versucht, zu glauben, daß unsere Sinnesorgane wenigstens innerhalb dieser Grenzen mit absoluter Genauigkeit arbeiten, so daß z. B. alle *Unterschiede zwischen zwei ähnlichen,* aber doch *verschiedenen* Reizen von uns sofort gemerkt werden könnten. Aber auch diese Vermutung trifft keineswegs zu. Vielmehr lassen sich mit physikalischen Methoden sehr leicht tatsächlich vorhandene Unterschiede zwischen zwei oder mehreren Reizen dort nachweisen, wo wir „von bloßem Auge" (und entsprechend mit den übrigen unbewaffneten Sinnesorganen) keine Unterschiede mehr aufzufassen imstande sind. Diese Tatsache führt uns auf den Begriff der *Unterschiedsschwelle* (US): unter der US versteht man denjenigen Unterschied zweier Empfindungsreize, die einen eben noch merklichen Empfindungsunterschied auslösen, während alle kleineren Unterschiede nicht mehr merkbar sind. — Den beiden Begriffen der Empfindungsschwelle (ES) und Unterschiedsschwelle (US) entsprechen die ihnen reziproken Begriffe der *Empfindlichkeit* (abgekürzt zu E) und *Unterschiedsempfindlichkeit* (UE): je größer die Empfindlichkeit und Unterschiedsempfindlichkeit, desto tiefer liegt die Empfindungs- und Unterschiedsschwelle.

Sowohl dem Begriff der Empfindlichkeit als der Unterschiedsempfindlichkeit kommt große theoretische und praktische Bedeutung zu. *Praktisch* werden sie besonders auf dem Gebiete der angewandten Psychologie bei der Frage der Berufswahl und der Berufseignung wichtig (s. Sammlung Göschen, Bd. 774, S. 14 ff.): da die Feinheit der Empfindlichkeit und im besonderen der Unterschiedsempfindlichkeit bei verschiedenen Menschen recht verschieden ist, und bestimmte Berufe eine besonders fein ausgeprägte E und UE einzelner Sinnesorgane verlangen (Textilindustrie: UE für Farben; Lokomotivführerberuf: E und UE für rotgrün; Kraftfahrerberuf: E und UE für Geschwindigkeiten und Bewegungen usw.), so wird eine Vorprüfung dieser Fähigkeiten bei den Lehrlingen manchen als für den betreffenden Beruf von vornherein ungeeignet erscheinen lassen und spätere Enttäuschungen ersparen können. Eine praktische Anwendung der Prüfung auf die E und UE nimmt auch der Arzt vor, wenn er aus der Abnahme ihrer Feinheit auf die (auf anderem Wege etwa nicht nachweisbare) Erkrankung des Sinnesorganes oder des Sinnesnerven schließt. Dabei muß jedoch große Umsicht walten: So nimmt z. B. die ES für höchste Töne mit dem Alter relativ sehr rasch zu, so daß auch schon das normale Gehörsorgan eines Dreißigjährigen nicht mehr die höchsten vom Zwanzigjährigen gehörten Töne erfassen kann; mit 50—70 Jahren wird diese Vergröberung der E sehr auffallend: so hören die älteren Leute z. B. das Zirpen der Grillen, das dem jungen Ohr so laut erschallt, nicht mehr. — Noch größer ist die *theoretische Bedeutung* der E und namentlich der UE, auf deren Erforschung sich unter anderem auch eines der wichtigsten Gesetze der Psychophysik, das sog. *Webersche Gesetz,* aufbaut. Bevor wir jedoch zu seiner Darstellung übergehen, fragen wir uns, wie eine sichere experimentelle Feststellung der ES und US durchgeführt werden kann.

Bestimmung der Empfindlichkeit: das wissentliche und unwissentliche Verfahren

Wenden wir uns zunächst der ES oder ihrem reziproken Wert, der E, zu. Es soll also festgestellt werden, welcher Reiz an der Grenze der Wahrnehmbarkeit liegt. Auf den ersten Blick eine sehr einfache Aufgabe: Man braucht einen deutlich wahrnehmbaren Reiz ja bloß in aufeinanderfolgenden Abstufungen nach einer Richtung hin zu verändern (z. B. die Höhe des Schalles zu steigern), um schließlich in die Region der nicht mehr hörbaren Reize zu gelangen, — am Übergang von der einen zur anderen Region liegt die ES. Wir wollen hier ganz absehen von all den Schwierigkeiten, die am Anfang dieses Bandes als mit dem Wesen des psychologischen Experimentes verbunden entwickelt worden sind, — also der Variabilität der psychophysischen Bedingungen der nämlichen Vp, den zwischen den verschiedenen Vpn vorhandenen Differenzen usw. —, und uns nur fragen, ob denn mit der vorgeschlagenen Art der Feststellung auch in der Tat eine für die untersuchte Vp allgemein charakteristische ES ermittelt worden ist. Die Ermittlung geschah unter ganz besonderen Bedingungen: Wir gingen von den deutlich wahrnehmbaren zu den nicht mehr wahrnehmbaren Reizen über. Unsere Vp hat also einerseits den Reiz, über den sie Aussagen zu machen hat, zunächst unter günstigeren Bedingungen der Auffaßbarkeit kennengelernt, sie hat sich an ihn gewöhnt, er ist ihr im Laufe der Versuchsreihe vertraut geworden, — Faktoren, die das spätere Wiedererfassen des Reizes unter ungünstigen Bedingungen (d. h. nahe der Schwelle) wesentlich erleichtern: Wir können daher erwarten, daß wir bei dieser Aufeinanderfolge der zu erfassenden Reize eine besonders feine Empfindlichkeit bei unserer Vp vorfinden werden. Andererseits wirkt diesem günstigen Faktor der ungünstige Suggestionsfaktor entgegen: die Vp weiß im voraus, daß der Reiz der Region des Unerfaßbaren mit jedem Versuch immer näher rückt, sie wird daher von einer bestimmten Stufe an den folgenden Reiz als „vermutlich nicht mehr auffaßbar" erwarten, was auf die Erfassung erfahrungsgemäß einen schädlichen Einfluß ausübt, — durch diesen Faktor wird daher die Empfindlichkeit bei besonders suggestiblen Vpn leicht vergröbert werden können (besonders bei der Feststellung der UE ist dieser Einfluß deutlich wirksam). Durch diese beiden Faktoren ist nun unsere

Feststellung kompliziert und verunreinigt worden, — wie können wir den Versuch modifizieren, um entweder einen „reinen Fall“ zu erhalten oder aus dem Durchschnitt der Fälle die Fehler eliminieren zu können? Letzteres erreichen wir nun dadurch, daß wir unserer Vp noch eine Reizreihe darbieten, diesmal aber nicht aus der merklichen in die unmerkliche Region, sondern umgekehrt aus der unmerklichen in die merkliche Region fortschreitend! Bei diesem Vorgehen kehren sich sämtliche oben besprochenen Faktoren in ihr Gegenteil um: bei suggestiblen Vpn wird die E dadurch verfeinert werden können; bei guten, gegen die Suggestion resistenten Vpn dagegen erhalten wir bei diesem Verfahren eine gröbere Schwelle, da sie dabei nicht mehr den Vorteil der vorangehenden genauen Anpassung an den noch gut hörbaren Reiz genossen haben. Nach dem eben besprochenen „wissentlichen“ Verfahren (gemeint ist das Wissen der Vp um die Richtung der Reizänderung) gehören also zur endgültigen Schwellenbestimmung mindestens zwei unter verschiedenen Bedingungen festgestellte Schwellenwerte, *deren Mittelwert erst die fehlerfreie Schwelle ergibt.* Daß sich jedoch der Experimentator mit den zwei Versuchsreihen nicht begnügen darf, sie vielmehr verzehn- und vielleicht noch mehr vervielfachen muß, ergibt sich aus den Ausführungen des Kapitels 1 des Bandes III über das Experiment in der Psychologie. — Je feiner übrigens unsere Bestimmung werden soll, in desto kleineren Schritten werden wir vorgehen müssen, um aus dem merklichen in den unmerklichen Bereich zu gelangen: Man stelle sich z. B. vor, daß der Aufschlag einer in fünf Meter Distanz vom Ohr der Vp aus einer Höhe von 22 cm fallenden Kugel noch deutlich gehört, daß dagegen der Schall sicher nicht mehr gehört wird, wenn die Kugel aus einer Höhe von 2 cm fällt. Den dazwischenliegenden Höhenunterschied von 20 cm können wir nun in vier Stufen zu je 5 cm oder in zehn Stufen zu je 2 cm einteilen: Es ist ersichtlich, daß wir im letzteren Fall die Schwelle viel genauer bestimmen, dafür aber auch viel mehr Versuche ausführen müssen.

Statt nun das *„wissentliche Verfahren“* unter verschiedenen Bedingungen wiederholt anzuwenden und dadurch die Fehler zu kompensieren, können wir darauf ausgehen, im *„unwissentlichen Verfahren"* nach Möglichkeit einen von diesen Fehlerquellen reinen Fall zu schaffen. Wir sagen also der Vp gar nicht im voraus, in welcher Aufeinanderfolge ihr die Reize geboten werden, hüten uns aber zugleich davor, eine bestimmte eindeutige Richtung in der Reizänderung beizubehalten: Nach einigen Versuchen könnte sonst die Vp unser Vorgehen entdeckt haben, und wir würden uns wieder in einem (durch die Unsicherheit des Zeitpunktes, an dem die Vp ihre Entdeckung macht, noch verschlechterten) *wissentlichen* Verfahren befinden. Wir bieten ihr also die zwischen bestimmten Grenzen liegenden Werte (im oberen Beispiel wären es also die Werte 2 bis 22 cm) ganz unregelmäßig dar, indem wir nur darauf sehen, daß in einer Versuchsreihe jeder Wert (2, 4, 6 usw.) nicht mehr und nicht weniger als *einmal* vorkommt. Am besten ist hierbei folgendes Verfahren: Man schreibt sich alle Einzelwerte auf Zettel auf, die man in eine Urne hineinlegt; darauf entnimmt man der Urne einen Zettel nach dem anderen, bietet den darauf stehenden Wert und legt den Zettel beiseite. Durch dieses Verfahren ist zugleich alle *ungewollte* Regelmäßigkeit von seiten des Experimentators ausgeschlossen, wie sie sich in unwillkürlichen Systembildungen, z. B. 2, 8, 14, 20, 4, 10, 16, 22 o. dgl., die bei häufiger Wiederholung ebenfalls von der Vp bemerkt werden können, findet. Unter diesen Bedingungen kann also die Suggestibilität der Vp nicht mehr in Frage kommen, wir haben einen reineren Fall vor uns. Doch hat auch diese Methode, namentlich bei ihrer Anwendung auf die Bestimmung der UE ihre Nachteile, da die an die Vp herantretende Aufgabe unter diesen „unwissentlichen" Bedingungen schwieriger und komplizierter, und die Einstellung der Vp für den Experimentator viel unübersichtlicher wird als bei dem wissentlichen Verfahren.

Wir haben bis dahin als selbstverständlich vorausgesetzt, daß die Anzahl der Versuchsreihen zwar ziemlich groß gemacht werden muß, da eine einzelne Reihe zu sehr von dem augenblicklichen Zustand der Vp abhängt, daß aber, wenigstens *innerhalb derselben Reihe*, sich die erhaltenen Resultate nicht gegenseitig widersprechen werden. Das will sagen: Erhalten wir einmal beim Reizwert 12 eine positive Antwort von unserer Vp, so werden auch alle Antworten bei 14, 16, 18 usw. positiv lauten; und umgekehrt — merkt die Vp den Wert 12 nicht, so merkt sie die Werte 10, 8, 6 um so weniger. Dem ist aber durchaus nicht so. Gewiß gilt diese Auffassung für *deutlich merkbare* oder *sicher unmerkliche* Reize, aber auf diese kommt es uns ja weniger als auf die um die Merklichkeitsschwelle herum gelegenen Werte an, und gerade hier kommt es gar nicht selten vor, daß, vor allem wegen Aufmerksamkeitsschwankungen der Vpn manche Werte ganz besonders fein, andere wieder relativ schlecht gemerkt werden, so daß z. B. der Wert 10 und vielleicht sogar der Wert 8 gemerkt, der darauffolgende Wert 12 aber nicht gemerkt wird! Um bei der Berechnung der Resultate eine feste Regel zu befolgen, nimmt man im allgemeinen *in jeder Versuchsreihe* denjenigen Wert als Schwellenwert an, von dem aus *sämtliche* größeren Werte gemerkt worden sind. In unserem Beispiel wäre dies also der Wert 14. Aus allen in einzelnen Versuchsreihen so erhaltenen Schwellenwerten bildet man dann den Durchschnittswert, der uns den *definitiven Schwellenwert* dieser Vp abgibt.

Bestimmung der Unterschiedsempfindlichkeit, des konstanten Fehlers und der mittleren Variation

Soweit die Bestimmung der ES; noch etwas komplizierter gestaltet sich diejenige der UE. Hier haben wir es nicht mehr bloß mit *einem* Reiz, sondern stets mit einem *Reizpaar* zu tun; die beiden Reize müssen verglichen und darauf das Urteil „größer“, „kleiner“ oder „gleich“, das sich stets auf den Vergleichsreiz bezieht, abgegeben werden. Unter *Vergleichsreiz* (abgekürzt zu V) verstehen wir denjenigen Reiz, dessen Intensität oder Qualität wir bei aufeinanderfolgenden Versuchen variieren, während der *Nor-*

malreiz (N) während einer Versuchsreihe immer gleichbleibt. Wollen wir z. B. die UE für Schallintensitäten untersuchen, so wählen wir zunächst eine bestimmte Fallhöhe unserer Kugel, z. B. 100 cm, bei deren Durchstreichung die Kugel mit einem bestimmten Schall auf die Unterlage auffällt, — dieser Schall gibt uns den Normalreiz (N). Ein Versuch besteht immer in der Darbietung des N und eines V, der stärker, schwächer oder gleich dem N sein kann. Die Variation des V kann, genau wie die Variation des Reizes bei der Bestimmung der E, nach dem wissentlichen oder unwissentlichen Verfahren erfolgen. Auch die Berechnung der Resultate geschieht in gleicher Weise wie bei der Bestimmung der E: Wir sehen eine Versuchsreihe als abgeschlossen an, wenn wir, beginnend mit untermerklichen Unterschieden, bis zu ganz deutlich und sicher aufgefaßten Unterschieden aufsteigen oder in umgekehrter Reihenfolge zu den sicher untermerklichen Unterschieden absteigen; als US einer Versuchsreihe gilt der Wert, von dem aus sämtliche größere Unterschiede richtig beurteilt worden sind. Die Anzahl der Versuchsreihen muß natürlich auch hier wie bei der Bestimmung der ES recht groß sein, damit sich im Durchschnittswert alle zufälligen Einflüsse aufheben.

Die bis dahin behandelte Methode zur Feststellung der E und UE trägt allgemein den Namen der *„Abstufungsmethode"*, oder der *„Methode der kleinsten Änderungen"*, weil in ihr eine abgestufte Änderung des V durch den Versuchsleiter vorgenommen wird. Kommt es uns nun nicht darauf an, die UE als solche zu bestimmen, sondern nur z. B. die Feinheit der Schätzung verschiedener Vpn miteinander zu vergleichen, so kann die sog. *„Methode der richtigen und falschen Fälle"* angewandt werden, die uns viel schneller zum Ziele führt. Nach ihr wählen wir irgendeinen Reizunterschied, der noch unterhalb der US, jedoch schon ungefähr in ihrer Nähe liegt. Er wird infolgedessen bald richtig, bald falsch beurteilt. Wird er nun von der einen Vp zu 70 % richtig, zu 30 % falsch, von der anderen hingegen nur zu 40 % richtig und zu 60 % falsch beurteilt, so ist offenbar, daß die Feinheit der Schätzungen bei der ersten Vp größer ist als bei der zweiten. Da bei dieser Methode das Ergebnis sich in dem prozentualen Verhältnis der richtigen und falschen Schätzungen ausdrückt, trägt sie den Namen *„Methode der richtigen und falschen Fälle"*.

Bei beiden bis dahin besprochenen Methoden war es der Versuchsleiter, der den N wie den V herstellte, und die Vp hatte nichts anderes zu tun, als die ihr dargebotenen Reize miteinander zu vergleichen. Bezüglich dieser Art der Reizherstellung können daher die beiden Methoden als die *passiven* oder *Darbietungsmethoden* bezeichnet werden. Nun steht aber nichts im Wege, daß der Versuchsleiter zwar den N nach wie vor selbst herstellt, *den V aber von der Vp mit der Anweisung, ihn dem N möglichst gleichzumachen, herstellen läßt!* Es ist klar, daß unter diesen Bedingungen die von der Vp hergestellten V weder alle dem N absolut gleich, noch auch in gewissen geregelten Abstufungen um den N herum gelegen sein werden; vielmehr wird das Ergebnis dem von einem Schützen beim Scheibenschießen erzielten Resultat analog sein: Vp wie Schütze gehen beide darauf aus, das Schwarze (im Falle des Versuches: völlige Gleichheit zwischen N und V) zu treffen, treffen es aber nur in Einzelfällen, während sich die übrigen Ergebnisse um dieses erstrebte Resultat in bald kleinerem, bald größerem Abstand herumlagern. Da bei dieser Methode offenbar der Mittelwert aller Abweichungen von der absolut richtigen Einstellung des V (also der Mittelwert der begangenen „Fehler") als Maß für die Feinheit der Einstellung und damit auch der Schätzung unserer Vp aufgefaßt werden muß, heißt sie *„Methode der mittleren Fehler"*. In Gegenüberstellung zu den passiven Darbietungsmethoden gehört diese Methode zu den *aktiven Herstellungsmethoden.*

Hier können wir auch auf die Besprechung des sog. „konstanten Fehlers" eingehen, der bei allen Feststellungen der UE von Bedeutung sein kann, sich aber am leichtesten gerade an Hand der Methode der mittleren Fehler darstellen läßt. Erläutern wir sein Wesen an einem Beispiel:

Wir lassen unsere Vp an einem Fensterchen, dessen Öffnung sich in die Breite, nach rechts-links, und in die Höhe, nach oben-unten, ausziehen und zusammenschieben läßt, eine möglichst genau quadratische Form herstellen. Das Fensterchen steht aufrecht der Vp gegenüber; wir wollen die Breite-Dimension als N-Reiz betrachten und sie dementsprechend konstant halten, während die Vp durch Drehen an einer besonderen Schraube die Entfernung des oberen und unteren Fensterrandes variieren und sie der Breitenentfernung nach Möglichkeit gleichmachen soll. Nun wissen wir aus anderen Beobachtungen, daß das menschliche Auge so konstruiert ist, daß eine senkrechte betrachtete Linie, deren Länge mit einer waagerechten objektiv übereinstimmt, tatsächlich ein *etwas längeres Bild auf der Netzhaut des Auges* entwirft; — wir werden folglich erwarten können, daß unsere Vp beim Streben, die waagerechte Seite des Fensterchens der senkrechten gleichzumachen, erstere tatsächlich etwas länger machen und erst dann den Eindruck vollkommener Gleichheit erhalten wird![1]) Unser Versuch bestätigt diese Vermutung: Geben wir die waagerechte Entfernung der Fensterränder gleich 10 cm, so werden die senkrechten Einstellungen der Vp z. B. etwa folgende Werte aufweisen: 9,0, 9,5, 10,5, 8,5, 10,0, 9,5. Bilden wir aus diesen Werten durch Addition und Division durch ihre Anzahl den Mittelwert, so kommen wir auf die Zahl 9,5. Was sagt uns diese Zahl? Drückt sie etwa die Feinheit der Schätzung unserer Vp aus? Keineswegs! Denn die gleiche Zahl würden wir auch erhalten haben, wenn die Einstellungen der Vp statt der oben angeführten folgende vom richtigen Wert 10 viel weiter abliegende Werte aufweisen würden: 7,0, 5,0, 11,5, 7,5, 13,5, 12,5, — auch deren Summe dividiert durch ihre Anzahl ergibt 9,5, obwohl die Feinheit der Einstellung im letzteren Fall offenbar viel schlechter war als im ersten! Also ist es

[1]) Für die Tendenz zur Überschätzung senkrechter betrachteter Entfernungen gegenüber waagerechten sind noch andere Faktoren, mehr psychischer als physiologischer Art verantwortlich zu machen, die, obwohl an sich entscheidender, hier der Übersichtlichkeit wegen übergangen werden mögen.

nicht die größere oder geringere *Feinheit* der Schätzung, die sich in diesem Mittelwert ausdrückt, wohl aber *die durchschnittliche Tendenz der Vp, beim Vergleich einer senkrechten und einer waagerechten Linie die erstere zu überschätzen,* d. h. einen durchschnittlichen Fehler beim Vergleich der senkrechten und waagerechten Entfernungen zu begehen. Dieser Fehler wird der „konstante" Fehler genannt, weil er sich nicht zufällig in einem bestimmten Versuch einmal einstellt und dann ausbleibt, sondern einer allgemeinen Tendenz der Vp entspricht. Beide Vpn, deren Werte wir oben beispielsweise angeführt haben, besitzen also *den gleichen „konstanten Fehler"*, so verschieden fein ihre Schätzungen auch ausgefallen waren, und zwar beträgt ihr konstanter Fehler: $K = 10 - 9{,}5 = 0{,}5$. Dagegen hat eine Vp, die die folgenden Werte herstellt: 8, 12, 6, 14, 4, 16, keinen konstanten Fehler, so schlecht ihre Schätzungen an sich auch sein mögen, denn der Mittelwert dieser Zahlen ist 10, stimmt also mit dem Wert des N genau überein. Sobald eben keine Tendenz zur Über- oder Unterschätzung eines der beiden Reize vorhanden ist, ist es zu erwarten, daß bei einer größeren Anzahl von Versuchen die Über- und Unterschätzungen sich gegenseitig aufheben, so daß eine Übereinstimmung des Mittelwertes aus den V-Reizen mit dem Wert des N-Reizes zustande kommt.

Welche Zahlen geben uns nun aber ein Maß für die *Feinheit der Schätzung* unserer Versuchspersonen? Wir sagten schon oben: Es ist der Mittelwert aller absoluten Abweichungen von der richtigen Einstellung, also für die erste Vp $(|10 - 9| + |10 - 9{,}5| + |10 - 10{,}5| + |10 - 8{,}5| + |10 - 10| + |10 - 9{,}5|) : 6 = 0{,}666\ldots$ und entsprechend für die zweite Vp : 3,0 und für die dritte Vp : 4,0. Die Vp sollte doch immer 10 treffen, wie der Schütze das Schwarze, traf aber bald zu kurz, bald zu weit, die Abweichungen vom richtigen Wert stellen also in ihrem Mittelwert (scheinbar! siehe unten) den durchschnittlichen Fehler dar. Aus dieser Betrachtung ergibt sich auch, daß bei der Berechnung des mittleren Fehlers von dem Vorzeichen der Differenz zwischen dem Normalreiz und dem von der Vp hergestellten

Vergleichsreiz abgesehen und nur die *absoluten Beträge der Differenzen* genommen werden müssen: Es ist uns ja gleichgültig, ob der Schütze (oder unsere Vp) zu weit oder zu kurz getroffen hat, beide Fehler sind gleichwertig und nur ihre absolute Größe kommt für uns bei der Berechnung des mittleren Fehlers in Betracht. — Nun erinnern wir uns aber wieder der vorangehenden Betrachtung über den konstanten Fehler der Vp: die beiden Reize erschienen ihr subjektiv im Durchschnitt erst dann gleich, wenn der zweite (senkrechte) objektiv etwas kleiner war; und wir konnten ihr diesen Unterschied auch nicht als einen eigentlichen Fehler anrechnen, da diese Schätzungsweise mit den allgemeinen Bedingungen des Versuches, der Augenstruktur usw. zusammenhing. Im Parallelbeispiel mit dem Schützen müßten wir annehmen, daß sein Gewehr einen Höhenfehler hat und auch bei absolut richtiger Visierung z. B. um 20 cm zu tief schießt. Wollen wir dann *die Leistung des Schützen* gerecht beurteilen, so dürfen wir unter diesen Bedingungen nicht den Mittelwert seiner Abweichungen vom Zentrum der Scheibe, sondern *von einem 20 cm tiefer gelegenen Punkt* in Betracht ziehen!! Dementsprechend dürfen wir auch bei unserer Vp nicht ihre Abweichungen von der objektiv richtigen Einstellung auf 10 cm, sondern von der *subjektiv* richtigen Einstellung auf 9,5 cm in Betracht ziehen! Nicht 10 cm zu 10 cm, sondern *10 waagerecht zu 9,5 senkrecht ist offenbar* der *subjektiv Gleichheitspunkt* unserer Vp. Und wollen wir die Feinheit ihrer Schätzungen bestimmen, *so müssen wir die Gruppierung der einzelnen Einstellungen um diesen subjektiven Gleichheitspunkt untersuchen.* Die oben aufgestellte Gleichung muß also folgendermaßen verbessert werden: Nicht die Differenzen zum objektiven, sondern zum subjektiven Gleichheitswert müssen berechnet, addiert und durch ihre Anzahl dividiert werden: $(|9,5 - 9| + |9,5 - 9,5| + |9,5 - 10,5| + |9,5 - 8,5| + |9,5 - 10| + |9,5 - 9,5|) : 6 = 0,5$ (statt 0,666...) für die erste Vp und für die zweite Vp 2,83 (statt 3,0); während die dritte Vp ihren Wert 4,0 beibehält, da sie ja keinen konstanten Fehler aufwies. Bei den beiden ersten

Beispielen sind die durch die verschiedene Berechnung erhaltenen Resultate nicht sehr stark verschieden, — der konstante Fehler (der ja nichts anderes als die Verschiebung des subjektiven Gleichheitspunktes gegenüber dem objektiven ist) braucht aber nur größere Dimensionen anzunehmen, damit auch sein Einfluß auf die durch vorangehende Berechnung erhaltene Zahl noch weiter steigt, so daß die durch die beiden Berechnungsweisen erhaltenen Zahlen sich sogar um ein Vielfaches voneinander unterscheiden können.

Die nach der letzten Formel berechnete Zahl trägt, ihrem Sinn entsprechend, den Namen *„mittlere Variation"* (mV), — sie drückt ja in der Tat den mittleren Wert der Differenz zwischen dem subjektiven Gleichheitspunkt und den darum herumgelagerten, variablen Einzelwerten aus. Diese Einzelwerte heißen *„Fehlreize"*, denn sie sind doch die von der Vp hergestellten, mit Fehlern behafteten Reize. Ihr Durchschnittswert (9,5), aus dessen Vergleich mit dem objektiven Normalreiz wir den konstanten Fehler erhielten, ist der *subjektive Gleichheitspunkt* zum objektiven Normalreiz 10 oder, seiner Berechnung aus den einzelnen Fehlreizen entsprechend, der *„mittlere Fehlreiz"* (mF).

All diesen Begriffen kommt bei der Feststellung der Feinheit unserer Schätzung außerordentlich hohe Bedeutung zu. So ist z. B. der Begriff des konstanten Fehlers keineswegs beschränkt auf den Vergleich von waagerechten und senkrechten Strecken, vielmehr kommt er bei fast allen Untersuchungen der Schätzungsfeinheit, sei es mit der Methode der Minimaländerungen, sei es mit derjenigen der mittleren Fehler, in Betracht. Eine besonders wichtige Unterart des konstanten Fehlers ist der *„Zeitfehler"*. Bei den meisten Untersuchungen der UE werden die beiden zu vergleichenden Reize nicht gleichzeitig, sondern zeitlich aufeinanderfolgend geboten. Dadurch aber befinden sich die beiden Empfindungen im Momente des Vergleiches nicht unter gleichen Bedingungen: Das Vergleichsurteil bildet sich in der Regel im Augenblick der Auffassung des V, während um diese Zeit der N schon längere Zeit abgeklungen ist. Durch diesen Unterschied in der Auffassung der beiden Reize bildet sich der *„Zeitfehler"* genannte, konstante Fehler. Er bewirkt z. B., daß von zwei aufeinanderfolgenden gleichstarken akustischen Reizen der erste (nicht etwa der zweite, wie vielleicht erwartet werden könnte)[1]) als stärker empfunden, also *überschätzt* wird. Der konstante Fehler ergibt sich, wie wir wissen, aus der Formel: mF — N, er wird also in dem besprochenen Beispiel *positiv* ausfallen; umgekehrt erhalten wir bei Überschätzung des V einen *negativen konstanten Fehler.*

Die Berechnung des konstanten Fehlers bei der *Methode der Minimaländerungen* gestaltet sich entsprechend den allgemeinen Unterschieden der beiden Methoden etwas anders: Bei der Methode der Minimaländerungen erhalten wir nicht unmittelbar einen subjektiven Gleichheitspunkt, sondern vielmehr die US, d. h. den ersten eben als verschieden aufgefaßten Wert. Daher müssen wir den subjektiven Gleichheitspunkt dort erst berechnen, was wir z. B. beim Zeitfehler dadurch erreichen können, daß wir die Reihenfolge der dargebotenen Reize umkehren und zuerst den V, in darauffolgender Versuchsreihe den N zeitlich vorangehen lassen. In diesen beiden Zeitfolgen wird der Zeitfehler offenbar nach zwei verschiedenen Richtungen wirken müssen: Tritt bei der ersten Versuchsanordnung eine relative Überschätzung des N auf, so tritt bei der zweiten eine Überschätzung des V ein. Wir erhalten also beispielsweise folgende Werte: Reihenfolge „N dann V": bei N = 20 wird der eben als größer aufgefaßte V = 24, — also UE = 4; Reihenfolge „V dann N": es wird bei N=20 der eben merklich größere V=22, — also UE=2. Der Unterschied der Resultate 24 und 22 entstand dadurch, daß das erste Mal der N, das zweite der V überschätzt wurde. Wie groß ist hierbei jeweilen der konstante Zeitfehler? Bei der einen Versuchsanordnung wirkte er in der

---

[1]) Es ist wahrscheinlich, daß diese Überschätzung des ersten Reizes teilweise davon herrührt, daß er, als erster, das auf die Aufnahme eines Reizes eingestellte Bewußtsein mit der Unmittelbarkeit eines einmal und plötzlich auftretenden Eindruckes trifft, während der zweite Reiz ein schon durch die Aufnahme des ersten vorbereitetes, durch das Festhalten des Nachklanges des ersten Reizes vielleicht sogar noch etwas besetztes Bewußtsein vorfindet.

einen, bei der anderen in der entgegengesetzten Richtung: Da sich hierdurch in der Schätzung ein Unterschied um 2 (= 24 — 22) ergab, so beträgt offenbar der durch einmalige Wirkung der Zeitfolge bedingte Fehler die Hälfte davon, d. h. 1. — Der erste Wert der UE = 4 war gröber, als er ohne Wirkung des konstanten Fehlers wäre; der zweite Wert UE = 2 feiner, als er sonst wäre. Der richtige Wert der UE liegt also offenbar in der Mitte der beiden Werte, d. h. die vom Einfluß des konstanten Fehlers freie UE beträgt 4 — 1 oder 2 + 1, also 3; der ihr entsprechende Wert des fehlerfreien V ist gleich 23. — Wo aber liegt der *subjektive Gleichheitspunkt?* Offenbar ist er vom objektiven Null- oder Gleichheitspunkt 20 um den konstanten Fehler verschoben; da K = 1 ist, so befindet sich der subjektive Gleichheitspunkt bei dieser Versuchsserie bei 20 + 1 = 21!

Neben dem konstanten Fehler, der durch verschiedene räumliche Lagerungen oder durch die Zeitfolge bedingt ist, kennen wir noch eine ganze Reihe von konstanten Fehlern, die durch andere Ursachen, — wie z. B. verschiedene *Einstellung der Aufmerksamkeit* bei der Auffassung des N und V, verschiedenen *Zustand der Sinnesorgane, Ermüdung* usw., — hervorgerufen werden.

Webersches Gesetz

Alle bis dahin besprochenen Versuchskombinationen stimmten in einem Punkte überein: Wir haben uns bei unseren bisherigen Überlegungen den V immer *größer* oder *stärker* als den N gedacht, und uns also immer nur gefragt, wo die Grenze liegt, von der aus der V von der Vp als *größer* beurteilt wird. Wir haben mit anderen Worten die *„obere Unterschiedsempfindlichkeit“* (oUE) oder „obere Unterschiedsschwelle“ (oUS) bestimmt. Nichts steht natürlich der Frage im Wege nach dem Unterschied, der vorhanden sein muß, damit der V als *kleiner* beurteilt wird (uUE oder uUS). Aber ist eine solche Bestimmung denn überhaupt noch notwendig? Ist es nicht selbstverständlich, daß die beiden US sich symmetrisch nach oben und unten lagern? Mit dieser Frage treten wir in das Gebiet der Wirksamkeit des *Weberschen Gesetzes.* Wir wollen uns die Frage an einem extremen Fall verdeutlichen, wo uns die Antwort nicht schwer fallen dürfte. Stellen wir uns vor, daß wir die UE für gehobene Gewichte bestimmen und bei einem N von 100 g den V = 102 g als eben schwerer auffassen, d. h. eine UE von 2 g besitzen, — dürfen wir da auch erwarten, daß, wenn wir statt N = 100 g ihn gleich 10 000 g, d. h. 10 kg nehmen, die UE immer noch gleich 2 g sein wird, d. h. daß wir einen V von 10 002 g sofort auch schon als schwerer empfinden werden? Keineswegs! Jeder fühlt, daß die UE sich hier vergröbern wird, und man größere Gewichtsdifferenzen einführen muß, um sie auffaßbar zu machen. Nichts anderes als eine gesetzmäßige Fassung dieser Vergröberung ist nun das berühmte *Webersche Gesetz.* Zunächst aber müssen wir uns klarmachen, daß, wenn die Vergröberung der UE bei so großen Differenzen der N wie 100 und 10 000 g augenfällig wird, sie doch auch bei kleineren Differenzen vorhanden sein muß. D. h.: die oUE bei N = 200 wird etwas (wenn auch nur wenig!) gröber sein als bei N = 100; ja selbst bei N = 102 g wird die oEU um ein ganz klein Weniges gröber sein als bei 100. Konnte also unsere Vp, wie oben angenommen, den Unterschied zwischen 100 und 102 g eben noch wahrnehmen, so wird sie den gleichgroßen Unterschied zwischen 102 und 104 g noch nicht wahrnehmen können: also werden auch *die untere und obere UE* vom N = 102 aus gemessen *nicht gleich sein, vielmehr wird die obere stets etwas gröber sein müssen!*

Dieser Befund scheint aber den Wert einer Feststellung der UE sehr herabzumindern, denn, haben wir endlich in einer längeren Reihe von Versuchsserien mit allen oben entwickelten Kautelen, mit Ausschluß des konstanten Fehlers usw., die UE einer Vp festgestellt, so gilt unsere Feststellung doch wieder *nur für einen bestimmten Wert des N;* wir kennen immer noch weder die zu den stärkeren noch zu den schwächeren Normalreizen gehörenden Unterschiedsempfindlichkeiten! Gerade hier hilft uns aber die von *Weber* gefundene Gesetzmäßigkeit. Er zeigte, daß die

UE bei intensiveren (oder extensiveren) N nicht nur gröber wird, sondern daß dieses Gröberwerden sich *gesetzmäßig* vollzieht. Bildet man nämlich den Quotienten aus der UE, wie wir sie bis dahin kennengelernt haben, der *absoluten UE* (im oberen Beispiel also der Zahl 2 g), und der Größe des zugehörigen N (in unserem Fall also 100 g), so erhält man die sog. *relative UE* (hier = $^1/_{50}$). *Vergleicht man nun die so in den verschiedensten Intensitätsbereichen für die relative UE erhaltenen Werte,* so entdeckt man die erfreuliche Tatsache, daß, während die absoluten UE sehr voneinander differierten, *die relative UE im ganzen Mittelbezirk der Intensität konstant bleibt!* Nur die ganz schwachen und ganz starken Reize weisen eine etwas abweichende relative UE, aber auch hier ist in einigen Sinnesgebieten die Konstanz der relativen UE geradezu erstaunlich. *Dies ist der Inhalt des Weberschen Gesetzes,* dem eine zentrale Rolle in der gesamten Psychophysik zukommt, weil sich seine Geltung auf alle Gebiete der Sinnespsychologie erstreckt.

Fechners Formel

Man stelle sich nun eine Skala von Reizen vor, die in eben merklichen Unterschieden von den schwachen zu den starken aufsteigt. Nimmt man an, daß der zwischen zwei Reizen vorhandene eben merkliche Unterschied der Empfindungen, sofern er eben überall der „ebenmerkliche" Unterschied ist, *subjektiv gleich* ist (so verschieden auch die ihn hervorrufenden objektiven Reizunterschiede sein mögen), so kann man sagen: *die Empfindung wächst in dieser Reihe arithmetisch,* d. h. durch Addition *einer immer gleichen, ebenmerklichen, Empfindungsgröße an;* während der Reiz, wie wir schon wissen, dabei so anwachsen muß, daß der Quotient zwischen dem Reizzuwachs und dem entsprechenden N konstant bleibt, — *d. h. der Reiz wächst in einer geometrischen Reihe an.* Aus dieser zweiten, durch die Annahme der subjektiven Gleichheit sämtlicher ebenmerklicher Empfindungsunterschiede über die erste Fassung des Weberschen Gesetzes hinausgehenden Fassung ergibt

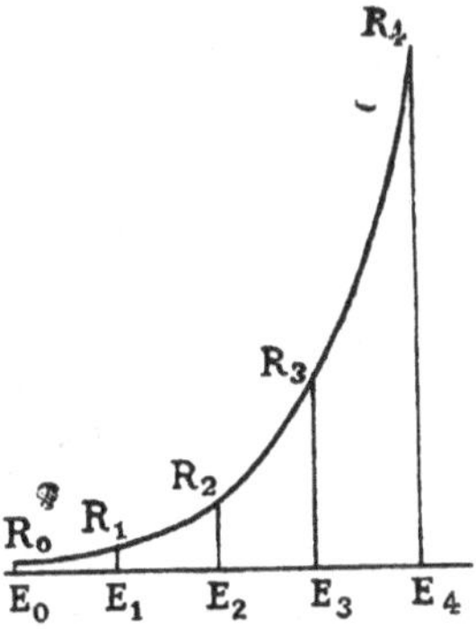

Bild 11
Kurve zum Fechner'schen Gesetz

sich auch leicht die Verwendung und Verallgemeinerung, die *Fechner* dem Weberschen Gesetz geben wollte: Fechner ging darauf aus, ein für die psychischen Größen gültiges Maß zu finden, das in seiner Art ebenso objektiv anwendbar wäre wie etwa das absolute Maßsystem der Physik! Als psychische *Maßeinheit* nahm er dabei den *ebenmerklichen Unterschied.* Nun wird man jede einzelne Empfindung durch eine bestimmte Zahl festlegen können, je nachdem an welcher Stelle der oben beschriebenen Skala sie zu liegen kommt, und gelangt dabei zu folgender Formel, welche *die Intensität einer Empfindung durch die Größe des Reizes, also durch das absolute Maßsystem der Physik, ausdrückt:*

$$E_n = k.(\lg R_n - \lg r),$$

wobei E_n die Empfindung, r denjenigen Reiz, bei dem die Empfindungsschwelle liegt, R_n den zur Erzeugung der Empfindung E_n notwendigen Reiz und endlich k eine Konstante bedeutet, die für verschiedene Sinnesgebiete einen verschiedenen Wert annimmt.[1])

---

[1]) Diese Formel wird folgendermaßen gewonnen: Bezeichnet man mit dE den ebenmerklichen Empfindungsunterschied, mit dR den dazu gehörenden Reizunterschied, so können wir dank der zwischen den beiden bestehenden oben entwickelten durchgängigen psychischen Abhängigkeit zunächst schreiben: dE = 1, denn die ebenmerkliche Empfindungsdifferenz sollte ja zur psychischen Maßeinheit gemacht werden; ferner: dE ist gleich dem physikalischen Ausdruck für die relative Unterschiedsempfindlichkeit $\frac{dR}{R}$ mal einer für jedes Sinnesgebiet konstanten Größe k, was die Formel ergibt:

$$dE = (dR/R) \cdot k$$

(z. B.: für Bewegungsempfindungen des Auges $1 = \left(\frac{1}{80}\right) \cdot 80$). Gehen wir nun vom Empfindungsunterschied dE, den wir als ein Differential auffassen kön-

Dies ist die berühmte *Fechnersche Maßformel*, der Fechner einen großen Wert beilegte, die jedoch in der Gegenwart eine immer geringere Rolle spielt, weil sie sich auf zwei Voraussetzungen aufbaut, deren Richtigkeit bestritten werden kann: die *erste* ist die Gültigkeit des Weberschen Gesetzes für *alle* Intensitätsstufen, während, wie wir oben sahen, bei sehr geringen und sehr großen Intensitäten Abweichungen davon auftreten können; die *zweite* betrifft weniger die Gültigkeit der Formel als solcher, sondern mehr ihre Bedeutung zur Festlegung der allgemeinen Beziehung zwischen dem physiologischen und dem ihm entsprechenden psychischen Geschehen, — sie betrifft die *subjektive Gleichheit aller ebenmerklichen Empfindungsunterschiede.* Diese ist bei der Ableitung der Formel ja vorausgesetzt worden, und nur unter dieser Voraussetzung können die unten zu berichtenden weitgehenden Schlußfolgerungen aufrechterhalten werden, die Fechner daran knüpfte.

Fechner sah nämlich in seiner Formel nichts weniger als den Ausdruck der Beziehung zwischen der physikalisch-physiologischen und der psychischen Welt! *Links steht die Empfindung als die Vertreterin der geistigen Welt, rechts der physikalische oder physiologische Vorgang als der Re-*

---

nen, zu der Bestimmung der Größe oder Intensität einer bestimmten Empfindung über, so müssen wir, ausgehend von der ersten ebenmerklichen Empfindung (oder dem ihr entsprechenden Reiz „r") eine Addition aller ebenmerklichen Empfindungsstufen ausführen, bis wir zu der ins Auge gefaßten dem Reiz R_n korrespondierenden Empfindung E_n gelangen; dies wird am einfachsten durch die Integration der oberen Formel erreicht:

$$\int_0^{E_n} dE = \int_0^{R_n} (dR/R) \cdot k, \text{ also: } E_n = (\lg R) \cdot k + C,$$

wobei links die psychischen, rechts die physikalischen Größen stehen. C ist die noch zu bestimmende Integrationskonstante. Da wir es hier mit bestimmten Integralen zu tun haben, so läßt sich C leicht bestimmen, wenn wir E verschwindend klein oder gleich Null annehmen, was an der Empfindungsschwelle der Fall ist. Dann erhalten wir die Formel:

$$O = (\lg r) \cdot k + C, \text{ oder } C = -k \cdot \lg r.$$

In die obere Formel eingesetzt und in gewöhnliche log des 10er Systems umgerechnet ergibt dies die gesuchte Formel:

$$E_n = (k \cdot \log R_n) - (k \cdot \log r) = k \cdot (\log R_n - \log r).$$

präsentant körperlicher Vorgänge: Die Formel aber hält beide Welten zusammen, und der Logarithmus drückt die geheimnisvolle Beziehung zwischen denselben aus! — So verlockend auch eine solche Deutung wäre, man darf sich nicht verhehlen, daß sie außerordentlich angreifbar ist.

Wenn wir uns zunächst an die Tatsachen halten, so ist durch die Weber-Fechnerschen Untersuchungen sichergestellt, daß die Feinheit des Vergleiches zwischen zwei Reizen mit der Zunahme der Intensität abnimmt. Dies kann erstens dadurch bedingt sein, daß stärkere Reize relativ zu ihrer Intensität nicht entsprechend stärkere Empfindungen erzeugen, wodurch dann natürlich auch die Unterschiede der Empfindungen entsprechend herabgesetzt werden: Man stelle sich als Beispiel eine Feder vor, die bei geringer Grundbelastung auf 10 g Mehrbelastung mit einem Ausschlag von 1 cm reagiert; bei fünfmal so starker Grundbelastung wird der Unterschied von 10 g evtl. nur einen sehr kleinen Ausschlag bewirken, und man wird vielleicht 50 g Mehrbelastung brauchen, um den gleichen Ausschlag von 1 cm zu erzeugen. In unserem Fall entspräche die Belastung dem äußeren Reiz, der Ausschlag der Feder der Empfindung: Um gleiche Empfindungsunterschiede hervorzurufen, müssen die entsprechenden Reizunterschiede bei Anwachsen der Belastung immer größer werden! — Nun nahm Fechner als selbstverständlich an, daß diese *die Belastung (= äußerer Reiz) in einen Ausschlag (= geistiger Vorgang) umsetzende Feder beim Übergang aus dem körperlichen ins seelische Geschehen zu suchen wäre.* Ebensogut könnte aber ein solcher Umsatz auch *schon beim Übertritt aus dem physikalischen Gebiet ins physiologische (d. h. im Sinnesorgan), oder aus dem Sinnesorgan in die Nervenleitung,* oder endlich *aus der nervösen Leitung ins zentrale Nervensystem* stattfinden. Bei jedem dieser Übergänge vollziehen sich recht komplizierte Umformungen der Energie, die leicht zu einem Energieverlust führen könnten, durch den der Zuwachs der Empfindung gegenüber demjenigen des äußeren Reizes so zurückbleiben müßte, wie es das Webersche Gesetz zeigt. Neben dem von Fechner angenommenen Umsatzort (Übergang vom körperlichen zum geistigen Gebiet) kommt also eine ganze Reihe anderer Orte in Betracht, an denen sich die von seiner Formel geforderte Umwandlung vollziehen könnte.

Aber noch mehr: Die bis dahin angenommene *Gleichheit der ebenmerklichen Empfindungsunterschiede bei verschiedenen Intensitäten ist mehr als zweifelhaft:* Der subjektive Unterschied zwischen 100 und 102 g ist zweifellos viel geringer als derjenige zwischen 10000 und 10200 g! Mit anderen Worten: Es ist vielleicht gar nicht richtig, daß das Anwachsen der Empfindung gegenüber dem Wachsen des Reizes zurückbleibt. Dies wird besonders auch durch die Tatsache wahrscheinlich gemacht, daß das Webersche Gesetz nicht nur für das *intensive,* sondern ebenso auch für das *extensive Anwachsen der Reize gilt:* auch beim Vergleich der Länge zweier Linien wächst die absolute und bleibt die relative UE konstant! Und wenn auch die *Abschwächung der Reizstärke* beim Übertritt ins physiologische oder psychische Gebiet zunächst nicht unwahrscheinlich erschien, so ist doch die *Verkleinerung der Reizausdehnung* unter den gleichen Bedingungen äußerst problematisch![1])

Wie aber soll dann die Tatsache des Weberschen Gesetzes erklärt werden, — warum wird der Vergleich immer gröber, wenn doch die Empfindungen und die Empfindungsunterschiede ähnlich wie die Reizunterschiede anwachsen? Bis dahin hatten wir es als selbstverständlich vorausgesetzt, daß die *Genauigkeit der Auffassung* einer Empfindung, d. h. die Klarheit, Feinheit und Bestimmtheit all ihrer Eigenschaften unabhängig von ihrer Intensität und Extensität ist. Nun wissen wir aber schon aus den beiden ersten Kapiteln des 3. Bändchens, daß der Klarheitsgrad einer Empfindung keineswegs durch ihre Existenz als solche eindeutig gegeben ist: Aufmerksamkeit und Bewußtseinsgrad erhöhen erst die spezifischen Eigentümlichkeiten und

[1]) Auf das Merkelsche Gesetz, dessen Befund mit der kritisierten Deutung des Weberschen ebenfalls in Widerspruch steht, können wir des Raumes wegen nicht näher eingehen.

also die Bestimmtheit der Empfindung. Es können ja im Grunde auch nur aufmerksam aufgefaßte Empfindungen einigermaßen genau miteinander verglichen werden, denn die Bestimmtheit der Auffassung ist Voraussetzung für einen guten Vergleich, d. h. für die Feinheit der UE! Nun betrachte man zunächst eine etwa 2 mm lange Linie und darauf eine solche von etwa 50 mm auf ihre Längen hin. Ganz unmittelbar hat man den Eindruck, daß die erste bestimmter, genauer, feiner aufgefaßt wird als die letztere. Man hebe ein kleines Gewicht an einem Faden auf und darauf am selben Faden ein bedeutend größeres, und man erhält den gleichen Eindruck. Danach scheint es, daß *die Bestimmtheit der Auffassung der Intensität oder Extensität einer Empfindung* nicht nur von der ihr zugewandten Aufmerksamkeit, sondern — wenn auch in ganz anderer Weise — *von ihrer eigenen Größe abhängig ist.* Nicht eine geringere Zunahme der Empfindungintensität bei gleicher Zunahme des Reizes vergröbert unsere UE in den intensiveren Bereichen der Empfindungskala, sondern *die immer geringer werdende Feinheit in der Auffassung der Intensitätsbeschaffenheit der stärker werdenden Empfindungen!* Und zwar wächst diese Abnahme der Genauigkeit parallel der Empfindungsintensität, daher auch wird die relative UE konstant bleiben. Dazu stimmt nun auch die Tatsache der Abweichung im Verhalten ganz schwacher und ganz starker Reize gegenüber dem Weberschen Gesetz, denn die extrem schwachen oder kleinen Reize weisen, wie auch die extrem starken, nicht mehr die für die Konstanz der relativen UE erforderliche Verfeinerung oder Vergröberung in der Auffassung ihrer Intensität oder Extensität auf, wie ein entsprechender Versuch leicht zeigen kann. — Es ist übrigens nicht ausgeschlossen, daß auch diese allgemeine Erscheinung auf einer *noch allgemeineren Eigentümlichkeit des Bewußtseins* basiert ist, darauf nämlich, daß, je inhaltsreicher ein Erlebnis ist, desto schwieriger seine völlige Klärung, d. h. seine möglichst große Verdeutlichung und Bestimmung wird.

Auch *Wundt* sucht die Erklärung des Weberschen Gesetzes nicht in der relativen Abnahme des Empfindungszuwachses mit der Zunahme der Reizintensität (siehe die Fechnersche und die übrigen vorhin angedeuteten Ansichten), gegen die er hauptsächlich das sog. Merkelsche Gesetz anführt. Sein Weg stimmt jedoch auch mit dem eben geschilderten nicht überein. Nach Wundt sind wir nämlich überhaupt nicht imstande, absolute Intensitäten oder Intensitätsunterschiede zu erfassen, nur durch den Vergleich verschiedener Intensitäten erhalten wir ein relatives Maß für dieselben. Dementsprechend können wir auch die Intensitätsunterschiede der beiden zu vergleichenden Empfindungen nicht absolut, sondern nur in ihrem Verhältnis zu den Intensitäten eben der beiden verglichenen Empfindungen wahrnehmen. Daher bleibt auch das Verhältnis der ebenmerklichen Empfindungsunterschiede zu den verglichenen Empfindungen konstant (Konstanz der relativen UE), während sich die absolute UE mit dem Anwachsen der Reiz- und Empfindungsintensität dauernd vergröbert. — Eine endgültige Entscheidung über die Deutung dieses so wichtigen Gesetzes bleibt noch der Zukunft vorbehalten.

9. Experimentelle Wahrnehmungspsychologie der Einzelsinne

Einleitung

Eine Allgemeine Psychologie kleinen bis mittleren Formates kann die Grundlagen der Experimentellen Psychologie entweder so darstellen, daß sie versucht, alle Gebiete, welche die Experimentelle Psychologie behandelt hat und so vor allem alle Sinnesgebiete, welche von der Experimentellen Psychologie ja besonders ausgiebig bearbeitet worden sind, in Übersicht wiederzugeben, — ohne dabei auf die tieferen, durch alle Gebiete sich durchziehenden Prinzipien genauer einzugehen. Eine Parallele dazu wäre eine Geschichte der Philosophie, welche die einzelnen Philosophen in ihrer geschichtlichen Folge einfach nacheinander durchnimmt. — Die andere Darstellungsweise ist davon grundsätzlich verschieden: Sie behandelt die Geschichte der

Philosophie nach *Problemen* und ihrer Entwicklung, wobei nur diejenigen Vertreter der Philosophie herangeholt werden, die für das betreffende Problem gerade von entscheidender Bedeutung sind. Das würde in der Behandlung der Grundlagen der Experimentellen Psychologie, vor allem der Sinnespsychologie, bedeuten, daß man bei bescheidenem Ausmaß des Werkes auf die Vollständigkeit der Aufzählung einzelner Sinnesgebiete verzichtet und nur ein besonders typisches wählt, an dem sich die allgemein wichtigen Probleme der Experimentellen Psychologie besonders gut entwickeln lassen und die anderen, wenn auch mit Bedauern, stark zurückstellt. Diesen letzteren Weg schlagen wir bei Behandlung der Sinne ein, indem wir den wohl instruktivsten und reichsten *optischen* Sinn als Musterbeispiel für die Entstehung einer ‚sinnlichen Wahrnehmung' wählen, an dem sich vor allem die höchsten Leistungen der Sinnesorgane und auch ihr Zusammenhang mit anderen Sinnesorganen und mit der ganzen Persönlichkeit deutlich zeigen läßt. — An zweiter Stelle tritt dazu der scheinbar viel unmittelbarer und z. T. auch ohne alles *Deuten und Auslegen wirkende Drucksinn,* ohne den kein Lebewesen auskommen kann, das auch ohne Augen noch existieren und sich am Leben erhalten kann. Interessant ist seine und des Tastsinnes Zusammenarbeit mit dem Gehörsinn bei Blinden. Beide Sinne besitzen mechanische Druckreize als adäquate Anreger ihrer Empfindungen, und es kann das Hören als übersteigerte Fähigkeit, Luftvibrationen mit dem besonders fein ausgebildeten Hörsinn zu ertasten, aufgefaßt werden. — Andere Sinne sind in der Darstellung z. T. nur kurz angedeutet, was nicht ihre geringe Bedeutung, sondern z. T. ihr geringeres Erforschtsein, z. T. ihre geringere Geeignetheit für die Entwicklung der Grundprinzipien der Experimentellen Psychologie auf ihrem Gebiet bedeuten soll.

Keine Frage: Die Außenweltsinne haben die Aufgabe, uns über die Außenwelt zu orientieren. Sie erreichen dies, indem sie uns 1. die uns noch unbekannten Teile der Außenwelt und deren Eigenschaften und Beschaffenheiten übermitteln und somit die Grenzen unserer Kenntnis der Umwelt ausdehnen, 2. indem sie die uns schon bekannten Teile der Außenwelt vorführen und sie uns *wiedererkennen* lassen, indem sie gemeinsam mit unserem Gedächtnis, unserem Denken und Wollen arbeiten, unsere ‚bewußte' Aktivität der Außenwelt gegenüber ermöglichen und auch dort zweckmäßiges Handeln begründen, wo die instinktiv erreichte Zweckmäßigkeit in ihrer Starrheit nicht mehr ausreicht.

Unter „*einer* Wahrnehmung" ist sehr oft das Gesamtergebnis vieler Sinnesempfindungen zu verstehen, die nicht selten sogar aus verschiedenen Sinnesorganen herstammen können. Die Zugesellung einer anderen Empfindung bestimmt und verändert den „Sinn" der ursprünglichen Wahrnehmung, d. h. läßt uns einen anders beschaffenen Gegenstand sehen, tasten, wahrnehmen, als es sonst der Fall wäre. Und weil dies allgemein der Fall ist und das Fazit einer Wahrnehmung erst unter dem Einfluß vieler Empfindungen zustande kommt, darf man sich auch nicht wundern, daß in anderen Fällen Empfindungsbestandteile einer Wahrnehmung unser Bewußtsein für sich gar nicht erreichen (Doppelbilder bei binokularem Sehen) oder daß die einen Bestandteile einer Wahrnehmung auf Grund anderer erst gedeutet werden oder erst unter dem Situationseinfluß, in dem die Wahrnehmung gemacht wird, die Deutung des Wahrnehmungsmaterials geschieht und zu anderem Ergebnis führt, als man es ohne Kenntnis dieser höheren Abhängigkeiten erwartete. Das Gebiet der Farben liefert hierzu ein besonders reiches Beobachtungsmaterial. So scheint die Bestimmung der Dingfarbe sich erst einzustellen, nachdem die für den Raum, wo dies geschieht, charakteristische Farbnuance schon eingetreten ist (was sich ganz instinktiv einstellt) und die raumcharakteristische — Farbe von der Eigenfarbe des Dinges abgezogen wird (*Scheffler*). Daher verliert weißes Papier in einem Dickicht für den es Betrachtenden nicht seine Eigenschaft, weißes Papier zu sein.

Das Sehen

A. Der Bau des Auges

Vieles bietet der menschliche Körper dem Forscher, was in seiner Planungstiefe und Zweckmäßigkeit auch dann wunderbar bleibt, wenn es erforscht und unserem Verständnis nähergebracht ist. Zum Wunderbarsten gehören die Sinnesorgane in ihrer Beziehung zu den Dingen und Kräften der Außenwelt — auf der einen und dem zentralen Nervensystem — auf der anderen Seite. Von allen Sinnesorganen ist es das Auge, das diese Beziehungen am klarsten entwickelt zeigt. Daher widmen wir ihm die eingehendste Beschreibung.

Zunächst einige Worte über die physikalische *Außenweltsgrundlage* unseres Sehens: Es war ein großer Triumph aller drei Wissenschaften, der Physik, Physiologie und Psychologie, als das elektromagnetische Strahlenspektrum von Maxwell, Hertz, Röntgen, Becquerel u. a. entdeckt und seine Eigenschaften genau festgestellt wurden, — *d. h. als jene kontinuierliche Reihe feststand von den kleinsten bis zu den größten elektromagnetischen Schwingungen,* deren metrische Darstellung unten folgt, und *von der nur ein verschwindend kleiner Teil denjenigen Reizabschnitt darstellt, welcher zur Erzeugung unserer sämtlichen Farben- und Helligkeitsempfindungen dient* (Bild 12). — Es sind dies nur die Strahlen von 0,004 bis 0,008 mm Wellenlänge, während die ganze uns bekannte Reihe bei den kosmischen Strahlen mit Wellenlänge 10^{-12} beginnt und beim Wechselstrom mit der Wellenlänge 10^{+11} (= 100 000 km) ihre größte Länge erreicht. Die langwelligen Strahlen sind diejenigen, deren unmittelbarer Einfluß auf unseren Körper und dessen Sinnesorgane am geringsten ist, — so merken wir schon das Vorhandensein der längeren Radiowellen, die uns tausendfältig umgeben, gar nicht, wenn sie nicht in andere Reizarten verwandelt werden.

Die beste uns bekannte Einfangung der uns umgebenden *Welt optischer Reize* geschieht mit Ocular und Kamera, wie sie unsere Photoapparate besitzen und wie sie das Auge der höheren Lebewesen seit jeher besaß. Auf der hinteren Wand unseres Auges, genauer auf deren Netzhaut, entsteht ein ‚Reizabbild' der vor uns liegenden Welt. Wir sagen mit Absicht ‚Reizabbild' und nicht einfach Bild, denn es hat eine ganz andere Verwendung als das ganz ähnlich erzeugte *Bild* auf der Mattscheibe des Photoapparates: *Dieses soll selbst* (unmittelbar und dann im negativen und positiven Abdruck) *betrachtet werden;* außer dem Augenarzt be-

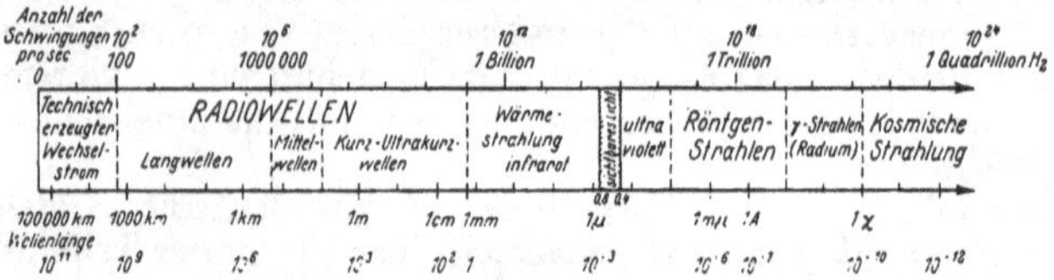

Bild 12 Wellenlängen elektromagnetischer Schwingungen

trachtet aber niemand das Netzhautbild des Auges (am wenigsten der Sehende selbst!), es sendet vielmehr selbst *als geeignete ‚Zwischenstation' Reize ins Großhirn aus,* wohin sie durch den dicken Strang des Nervus opticus nicht mehr in jener Flachbildanordnung wie auf der Netzhaut und in völlig veränderten Energieformen und räumlicher Lokalisation hingelangen. Offenbar behalten sie aber ihre Struktur in ihrem Grundaufbau dennoch so weit bei, *daß in ihr die Struktur der Außenwelt in unserer Wahrnehmung wiedererstehen kann.* Die alte Frage, wieso wir die Welt um uns aufrecht sehen, während doch das Netzhautbild in unserem Auge ‚umrecht' steht, zeugte auch dann von einer falschen Auffassung des Sehprozesses, wenn das „oben-unten“ eine ursprüngliche Eigenschaft des Gesichtssinnes wäre und es nicht erst später vom Tastsinn übernommen worden wäre, wie uns die Brillenversuche zeigen (s. Bd. III, S. 85 ff), denn zwischen dem Netzhautbild und denjenigen Großhirnprozessen, denen unser bewußtes Sehbild entspricht, finden so viele Zwischenprozesse und Wandlungen räumlicher Lokalisation statt, daß eine Veränderung und Wiederzurechtstellung der Reizgrundlage von ‚oben-unten' vielfach möglich wäre. Aber einer solchen bedarf es gar nicht, denn die Reize der oberen Netzhautteile werden ja nicht ‚betrachtet' und als ‚oben' oder ‚unten' auf der Netzhaut liegend aufgefaßt. *Sie werden überhaupt nicht ihrer Lage nach aufgefaßt,* wie dies mit den Berührungspunkten unserer übrigen Körperhaut geschieht, — sie sind nur *Durchgangspunkte,* deren System den Aufbau unseres optischen Wahrnehmungsbildes ermöglichen soll.

Doch sehen wir uns zunächst den körperlichen Aufbau des Auges an. Das Auge ist ein kugelähnliches Gebilde, dessen Form durch den durchsichtigen Glaskörper, der zum weit größten Teil aus Wasser besteht, und die den ganzen Augeninhalt umfassende, zusammenfassende und zusammenhaltende Lederhaut (als ob man einen durchsichtigen Ball voll Wasser gießen und abschnüren würde) aufrechterhalten wird. Sie ist nötig, damit der richtige Abstand von Linse zur Netzhaut geschaffen wird, — wie er auch bei unseren Photoapparaten (wenn auch mit anderen Mitteln) zwischen Linse und ‚Filmhaut' erreicht wird.

Die Deutlichkeit des Bildes in Abhängigkeit von der Entfernung des aufzunehmenden Objektes wird im Photoapparat durch Einstellung des Okular-Mattscheibenabstandes hergestellt, denn das gläserne Objektiv läßt seine Wölbung und damit Brechkraft nicht verändern. Nicht so die lebendige, elastische Linse des Auges: Sie ist durch die Akkommodationsmuskulatur eingefaßt; wird durch deren *Zug* die Wölbung der Linse *verringert,* so kann die Einstellung auf fernere Gegenstände erreicht werden.[1]) Die Linse des jugendlichen Menschen besitzt eine Eigenspannung, welche eine stärkere Wölbung (für nähere Sicht) von selbst bedingt. — Das Nachlassen der Eigenspannung der Linse mit zunehmendem Alter bringt die Altersweitsichtigkeit, d. h. undeutliches Sehen in der Nähe, mit sich (Ausgleich durch

[1]) Nach Feststellung von Friedrich Erismann läßt sich das Kleinkinderauge auch seiner Länge nach verändern und also der Abstand zwischen Linse und Netzhaut wie bei einem Photoapparat durch das Kind je nach der Entfernung des betrachteten Gegenstandes verändern.

konvexe Brille). — Der durch angeborene Überlänge des Auges bedingte zu große Abstand zwischen Linse und Augengrund bewirkt Kurzsichtigkeit (Myopie): Das durch Strahlenbrechung erzeugte scharfe Bild liegt dabei nicht *in*, sondern *vor* der Netzhaut. Die Konvergenz der Licht-

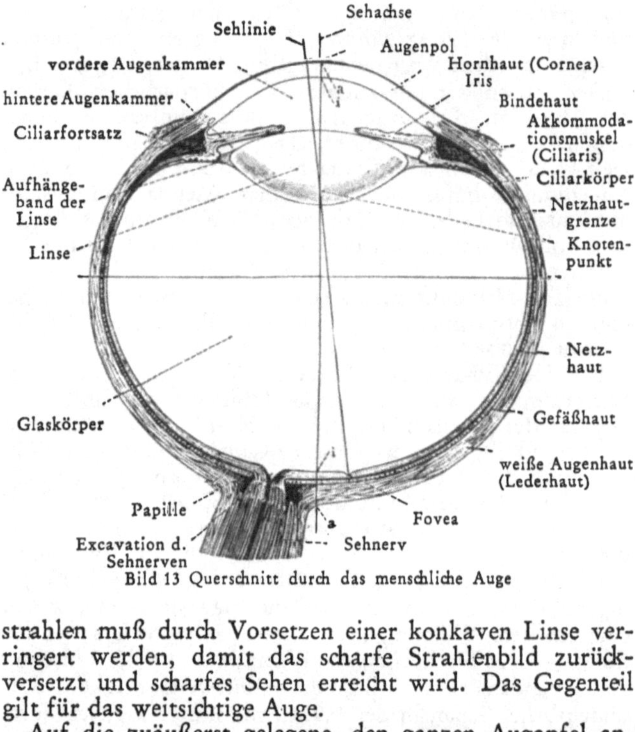

Bild 13 Querschnitt durch das menschliche Auge

strahlen muß durch Vorsetzen einer konkaven Linse verringert werden, damit das scharfe Strahlenbild zurückversetzt und scharfes Sehen erreicht wird. Das Gegenteil gilt für das weitsichtige Auge.

Auf die zuäußerst gelegene, den ganzen Augapfel annähernd kugelförmig zusammenhaltende *Lederhaut* (Sclera) folgt in der hinteren, bedeutend größeren Augenkammer in Richtung gegen das Augeninnere die *ernährende Ge-*

fäßhaut und die *Netzhaut* (s. *inverse* Lage der Netzhaut), — die sich bis über die Hälfte des Augenhintergrundes ausdehnt, — in der auch die eigentliche Lichtreizaufnahme stattfindet. Der viel kleinere etwas vorgewölbte Vorderteil des Augapfels (vordere Augenkammer) ist durch die zwischengesetzte Linse von der hinteren Augenkammer getrennt. Der strahlensammelnden Linse ist ringförmig als Blende der Regenbogenhaut (Iris) vorgelagert, welche sich durch eine besondere, reflexartig funktionierende Muskulatur zusammenziehen und ausdehnen kann, so daß ihre zentrale Öffnung (Pupille), durch welche das Licht aus der vorderen Augenkammer in die hintere Augenkammer eintritt, und damit auch die durchtretende Lichtmenge (genau wie beim Photoapparat mit Hilfe der Blende) je nach der Beleuchtungsstärke kleiner und größer gemacht werden kann. Dadurch kann die lichtempfindliche Netzhaut vor zu starker Beleuchtung geschützt werden; andererseits wächst die eintretende Lichtmenge bei schwacher Beleuchtung durch reflexbedingte Vergrößerung der Pupillenöffnung.

Natürlich hätte das alles keinen Zweck, wenn die das ganze Auge umfassende *Lederhaut* vor der Vorderkammer ebenso undurchsichtig wäre wie in ihren hinteren Partien, und auch die freien Lichtdurchgang hindernde Gefäßhaut sie ebenfalls überall auskleiden würde. Hier, vorn, aber fehlt die letztere, und die Cornea ist in ihrem vorderen Teil *vollkommen durchsichtig:* So daß das Licht der Außenwelt durch sie in die vordere Augenkammer, zur Linse und durch diese in die hintere Augenkammer bis zum Augengrund vordringen kann, — wo es auf die Netzhaut des Auges trifft, welche die ganze Hinterwand der hinteren Kammer des Auges überzieht (Genaueres s. u.). In ihr haben ihren Ursprung alle marklosen optischen Nervenfasern, die sich im Hintergrunde des Auges zu immer umfangreicheren Bündeln zusammenschließen (ohne jedoch ihre durch Isolation gewährleistete Selbständigkeit zu verlieren) und sich schließlich zum Sehnerv (Nervus opticus) versammeln. Dieser verläßt den Augapfel am blinden Fleck der

Netzhaut,[1]) etwas nasal hinten, und tritt dann ins Knochengehäuse des Schädels ein. Der *blinde Fleck* ist ungefähr 2 mm breit, was einen recht großen Umfang des Nichtsehens bedingt (in etwa 25 cm Entfernung etwa einen Kreis von 2 cm Durchmesser) und ist auf der Netzhaut ungefähr 4 mm nasalwärts gelegen.—

Unsere Aufmerksamkeit ist ihrem Wesen nach so eingerichtet, daß wir die störenden und einander widersprechenden Doppelbilder gewöhnlich überhaupt nicht bemerken, — wenn wir nicht durch besondere Übung ihr Auftreten herauszuheben suchen (was dann auch in unerwartetem Ausmaß gelingt). Wobei uns das Bemerken ausgesprochener Gestalten viel leichter fällt, als das neutraler gleich verlaufender Flächen: Sie bleiben im Wettstreit der beiden Sehfelder siegreich. Man kann aber selbst bei kontrastierenden Eindrücken bei Übung beide gleichzeitig feststellen. — Dort, wo keine Gestalten, sondern z. B. konturlose Farben auf korrespondierende Netzhautpunkte zu liegen kommen, vermischen sie sich leicht miteinander zu einer Mischfarbe, oft mit stärkerer Betonung der einen oder der anderen Farbe. Die ‚gewollte Aufmerksamkeit' spielt bei der Bevorzugung des einen oder anderen Eindruckes eine sehr große Rolle.

Der Zusammenhang der Nerven beider Augen

Nach ungefähr 5 cm treffen sich die aus dem rechten und dem linken Auge kommenden Nervenstämme, spalten und überkreuzen sich in folgender unerwarteten, aber bedeutungsvollen Weise: Alle Nervenstränge, die von den äußeren (Schläfen-) Partien der beiden Netzhäute kommen, setzen ihren Lauf zum Gehirn auf derselben Seite (also ohne Kreuzung, die linken links — die rechten rechts)

---

[1]) Will man ihn optisch als ‚blinden Fleck' nachweisen, schaue man z. B. mit dem rechten Auge (linkes geschlossen, da die Blindheit des blinden Fleckes durch die vom anderen Auge kommenden Reize kompensiert wird und wir daher im binokularen Sehen den blinden Fleck nicht bemerken können) das kleine Kreuz auf Abb. 15 (S. 51) in etwa 20—25 cm Abstand an. Dabei verschwindet die weiße Kreisfläche bei richtiger Einstellung, da sie auf den blinden Fleck fällt.

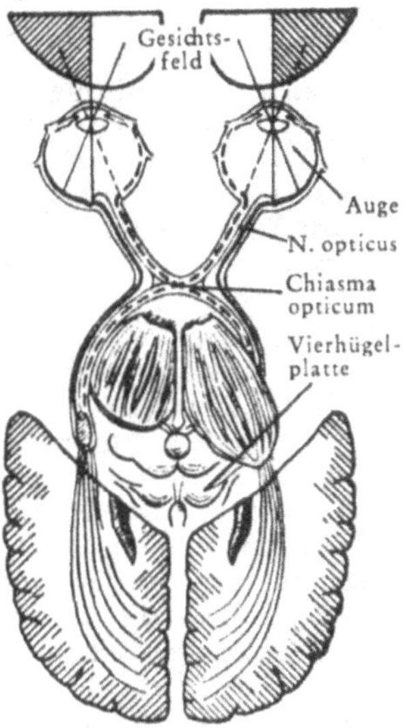

Bild 14 Sehbahn

fort; die aber von den nasalen Teilen der Netzhaut herkommenden Nervenstränge gehen auf die entgegengesetzte Seite über, vereinigen sich also (ohne die Isolierung zu verlieren!) mit dem vom anderen Auge herkommenden Nervenstrang und streben gemeinsam in die andere Hälfte des Gehirnes! Jede Gehirnhälfte bedient also beide Augen, aber jedes nur zur Hälfte. Die Reizungen der linken (temporalen) Netzhaut des linken Auges gehen nach der linken Hirnhälfte. Desgleichen geht zur linken Hirnhälfte der aus dem *nasalen* Teil des *rechten* Auges herkommende Strang. Wie schon erwähnt ist aber das Netzhautbild gegenüber dem betrachteten Gegenstand rechts-links und oben-unten verkehrt. Die aus den beiden linken Netzhauthälften herkommenden in die linke Hirnhälfte geleiteten Reize bedienen folglich die rechte Seite des gesamten Sehfeldes. Tritt also bei binokularem Sehen eine Ausfallserscheinung auf der rechten Seite des Sehfeldes auf, so muß die Ursache nicht in dem einen oder anderen Auge, sondern zentral gesucht werden, — es sei denn, daß die linken Hälften beider Netzhäute oder der nervösen Fortleitung zum Gehirn lädiert sind. Sind aber beide nasalen oder beide temporalen Zuleitungen unterbrochen, so ist die eine Sehfeldhälfte an dem einen Auge und die andere am anderen Auge ausgeschlossen, und die Ausfallserscheinungen werden sich nur bei monokularem Sehen einstellen und können beim binokularen Sehen jeweils durch das zweite Auge kompensiert werden. Der bedeutsame Kreuzungsort beider Sehnerven heißt *Chiasma opticum.* Die endgültige Aufnahme ins Gehirn finden die Sehnerven und damit auch die optischen Reize im Hinterhauptlappen (der Fissura calcarina), denen Prozesse der bewußten optischen Wahrnehmung entsprechen, — wobei wir von dem Übergang aus der materiellen Sphäre in die geistige gar nichts wissen, ja selbst die Art seiner Möglichkeit uns gar nicht denken können (s. Bd. I Kap. 1).

Ist diese Einrichtung etwa sinn- und zwecklos? Nichts weniger als das: Man bedenke, in wie kleinem Raum die unendlich komplizierte Einrichtung des zentralen Nervensystems untergebracht werden muß! Gelingt es also, den zentralen Verarbeitungsapparat statt zweimal nur einmal einzuführen, trotzdem die entsprechenden Sinnesorgane doppelt vertreten sind, — so ist ein großer Gewinn im Haushalt des zentralen Nervensystems erreicht. Und eben das wird durch die beschriebene Anordnung angestrebt: Alles, was auf der rechten Seite des Gesichtsfeldes geschieht und zentral verarbeitet werden muß, wird von der *einen* Hirnhälfte aufgefaßt und verarbeitet. Während sonst jede Gehirnhälfte die ganze Arbeit für jedes Auge und also in Summa eine doppelte Arbeit leisten müßte. Hat man sich dies einmal klargemacht, so wird man sich auch die auf den ersten Blick unnötig kompliziert erscheinende Leitung leicht merken und nie vergessen.

Die Duplizitätstheorie des Sehens

Die die lichtauffassenden Apparate in sich bergende und schon durch *die* Tatsache zur größten Ehrfurcht auffordernde *Netzhaut* des Auges, daß sie genetisch und anatomisch ein außerhalb der Schädeldecke vorgelagerter *Teil der Gehirnsubstanz* ist, ist in der Hauptsache aus fünf Schichten zusammengesetzt, die in gerade umgekehrter (inverser) Reihenfolge zueinander liegen, als man es erwarten würde: Die beiden lichtempfindlichen Schichten der *Zapfen-* und *Stäbchenzellen* liegen in der größeren Tiefe der Netzhaut, d. h. näher der Sclera und dem eintretenden Licht abgewandt. Das Licht muß durch die drei anderen Schichten dringen, um zu seinem eigentlichen Bestimmungsort zu gelangen. Diese Regel findet nur eine allerdings entscheidende Ausnahme, das ist der Ort des *deutlichsten Sehens*, die Fovea centralis, der *gelbe Fleck*. Hier fehlen die die Wirkung des Lichtes beeinträchtigenden drei Schichten, und das Licht hat freien Zugang zu der Stäbchenschicht und der noch hinter ihr gelegenen Zapfenschicht. Die von diesen mikroskopisch kleinen sehr zahlreichen Sinnesapparaten aufgenommenen Reize werden durch die Schicht der bipolaren Ganglienzellen und der multipolaren Ganglienzellen in die Schicht der marklosen Nervenzellen und zum Nervus opticus (ohne ihre Eigenschaften zu verlieren!) weitergeleitet, dessen Verlauf wir schon geschildert haben.

In der Stäbchen- und Zapfenschicht der Netzhaut wird die Lichtenergie in andere Energieformen verwandelt. Hier auch scheint die physiologische Grundlage der schon *Goethe* bekannten, von *Purkinje* erforschten Duplizität des Sehens zu liegen. Bei normalem Tageslicht besitzen unsere Farbenwahrnehmungen die ihrer Eigenart zukommenden Helligkeitsgrade: Gelb ist bei seiner größten Sättigung zugleich die hellste Farbe, ihr folgt grün, rot und blau. Ganz anders tritt die Helligkeitsreihe im Dämmerungslicht auf: Da tritt die blaue Farbe schon bei der relativ schwächsten Beleuchtung auf und grün und rot erscheinen lange farblos schwarz; gelb und rosenrot sind lange Zeit kaum zu unterscheiden. Endlich bei noch geringerer Intensität der Beleuchtung verlieren alle Farben ihre Farbqualität, während die Unterscheidung der visuellen Eindrücke *nach Helligkeit* noch bestehen bleibt (z. B. bei Mondscheinbeleuchtung), um sich schließlich in vollkommener Dunkelheit zu verlieren. Dieser Unterschied des Farbensehens bei Tages- und Dämmerungslicht und das gänzliche Schwinden der Farben und Fortbestehen des Helligkeitssehens bei fortschreitender Dunkelheit führte auf den Gedanken, daß Farben und Helligkeiten nicht vom selben Aufnahmeapparat bedient werden, und daß hier der Funktionsunterschied zwischen Stäbchen und Zäpfchen maßgebend ist. Der Vergleich mit tagblinden Tieren und farbenblinden, jedoch helligkeitssichtigen Menschen, bei denen die Schicht der Zäpfchen nicht funktionierte, und die Entdeckung des Sehpurpurs in der Stäbchenschicht, seiner starken Wirksamkeit im Dunkelsehen und seiner Vernichtung unter Wirkung des hellen Lichtes, bestätigte die Vermutung, daß die Stäbchen der äußerst empfindliche Apparat der Helligkeitsauffassung, die Zäpfchen dagegen der Empfangsapparat für Farbensehen sind. Damit war die Duplizitätstheorie des Sehens begründet. Sie bietet auch die Grundlage für den enormen Empfindlichkeitsunterschied unseres Auges: Das dunkeladaptierte Auge ist für Lichtreize vielmal empfindlicher als das helladaptierte, und geringe Bruchteile der Beleuchtung bewirken im dunkeladaptierten Helligkeitseindrücke von derselben Intensität wie erst viel größere Lichtstärken beim helladaptierten.

Hier auch stoßen wir zum erstenmal auf den Begriff ‚*Adaptation*'. Er wird in doppeltem Sinne gebraucht. Die eine Bedeutung steht mit der ‚Duplizitätstheorie des Sehens' in Beziehung und muß hier besprochen werden, die andere hat allgemeinere Bedeutung und wird im Kapitel ‚Kontrast und Adaptation' behandelt.

Allgemein bekannt ist, daß unsere Sehfähigkeit nach Übergang aus starker in schwache Beleuchtung mangelhaft funktioniert, bevor unser Auge ‚dunkel adaptiert' ist, und dasselbe gilt beim Eintritt in helles Licht aus Dunkelheit: Wir sind *geblendet*, sehen schlecht und suchen das Auge vor zu greller Beleuchtung zu schützen, — bis sich unser Auge ‚hell adaptiert' hat. Die Befunde von Goethe, Purkinje, Schultze, Parinaud, v. Kries, Trendelenburg, König führten zur *Duplizitätstheorie des Sehens im* Hellen und im Dämmerlicht: Danach soll im Dunkeln ein besonders lichtempfindlicher Stoff, der sog. *Sehpurpur*, gebildet werden, der bei starkem Lichteinfall zersetzt wird und damit seine Lichtempfindlichkeit verliert. Seine zu starke Wirkung beim Übergang ins Helle ruft im dunkeladaptierten Auge Blendung und schlechtes Sehen hervor, bevor sich das Auge für die Helligkeit umadaptiert hat. Zur Wiederbildung des Sehpurpurs bedarf es einiger Zeit (bis zu 20 Minuten und darüber bis zur vollen Dunkeladaption), dies gilt als die ‚Dunkeladaptationszeit'; zur Zerstörung des übermäßigen Sehpurpurvorrates, der die Hellblendung beim Verlassen eines verdunkelten Raumes und Hinaustreten ins volle Tageslicht bewirkt, bedarf es nur einiger Minuten. — Hier ist es also die Dunkelheit, die einen auf-

Bild 15
Zeichnung zur Demonstration des blinden Fleckes*)

hellenden Stoff bringt, und die Helligkeit, die ihn vernichtet. Die Hell- oder Dunkeladaption scheint darüber hinaus darin zu bestehen, daß bei Helladaption in der Hauptsache oder sogar ausschließlich die Zäpfchen der Netzhaut arbeiten, welche neben Helligkeiten auch Farben auffassen, — das ist unser normales Tagessehen. In der Dämmerung dagegen arbeiten die (nach Eintritt der Dunkeladaption) dank dem Sehpurpur schon gegen viel geringere Helligkeiten empfindlichen Stäbchen, die jedoch durch Farbenreize nicht gereizt werden. Daher sieht man *sehr fein Helligkeiten* und Helligkeitsunterschiede und (z. B. bei Mondschein) *gar keine Farben.* — Das *Dämmerungssehen* nimmt eine besondere Stellung ein *(Purkin-*

*) Siehe dazu Anm. auf S. 46.

jesches Phänomen): Die Helligkeit der Farbenreize nimmt im Dämmerungssehen eine ganz andere Reihenfolge ein: Bei Tagessehen hell erscheinende Farbenreize (rot, orange) erscheinen im Dämmerungssehen dunkel; dunkle (blau, dunkelgrün) werden hell-grau. — Farbenblinde Menschen, deren Zäpfchenapparat ausgeschaltet ist, sehen die Helligkeitsreihe ebenso wie normale im Dämmerlicht. Nachts besonders gut sehende Tiere haben auch einen besonders gut entwickelten Stäbchenapparat.[1])

Die Adaption besteht hier also in der Umschaltung vom Stäbchen- auf den Zapfenapparat oder umgekehrt. Sie hat eine ganz besondere physiologische Grundlage und kann also nicht mit jenen Erscheinungen identifiziert werden, die wir als ‚Farbenkontrast und Farbenadaption' kennenlernen.

Das „Auflösungsvermögen" des Auges hängt von der Dichtigkeit der licht- und farben-auffassenden Organe in der Netzhaut ab. Sie ist sehr verschieden, am größten in der Sehgrube, dem Ort des deutlichsten Sehens. Die erreichte Unterschiedsempfindlichkeit, Trennschärfe zweier eng nebeneinander gelegener Lichtreize, scheint zu zeigen, daß nicht jedes benachbarte Stäbchen seinen Reiz dem Sehenden als Eigenreiz übermittelt, sondern daß wir jeweils erst das übernächste als ein getrenntes Eigenlicht aufzufassen imstande sind.

---

[1]) An sich würde man vermuten, daß für eine fortdauernde Lichtempfindung eine ebenso fortdauernde Lichtreizung derselben lichtempfindlichen Elemente selbstverständliche Voraussetzung wäre. Doch scheint es so zu sein, daß die unendliche Feinheit der lichtempfindlichen Elemente auch ihre außerordentlich leichte kurzfristige Ermüdbarkeit und ein entsprechendes immer wieder auftretendes Regenerationsbedürfnis bedingt, so daß, wie neuere Untersuchungen (Ditchburn, Ginsborg, Riggs, Ratcliff, Cornswett, Drischel) zu zeigen scheinen, das künstlich herbeigeführte absolute Ruhighalten des Auges zum Ausfall der entsprechenden Lichtempfindungen führt. Das Auge muß sich danach in ständiger minimaler Ruckbewegung (Rucke in weniger als Sekundenabständen und einigen wenigen Bogenminuten Größe) befinden, damit es normal sehen kann, — d. h. daß innerhalb einer Sekunde schon wieder neue Lichtelemente gereizt werden müssen, damit die dauernde Lichtempfindung bestehen bleibt. Unter den normalen Bedingungen stellen sich solche Neubelichtungen von immer neuen Belichtungsstellen von selbst ein, da das Auge durch seine (z. T. auch noch durch die *Kopf*bewegungen unterstützten — Rohracher) Augenbewegungen immer neue Belichtungspunkte dem Licht aussetzt und die ermüdeten aus dem Belichtungssektor herauszieht.

Eine Zeitlang spielte unter dem Druck der großen Elementarisierungstendenz in allem wissenschaftlichen Denken für Seh- und Tastsinn die *Lokalzeichentheorie* eine bedeutende Rolle: Danach wären uns die Raumunterschiede und die ganze Raumauffassung nicht als solche, sondern nur als *unmittelbar voneinander unterscheidbare Zeichen, denen der spezifisch räumliche Charakter noch fehlte*, gegeben. Erst durch die Verbindung mit der Bewegungsempfindung würde sich dann der räumliche Charakter des Sehens und auch Tastens ausbilden. — Diese Theorie bringt jedoch kaum einen Vorteil gegenüber der Annahme, daß der charakteristische Raumunterschied auch schon in diesen Lokalzeichen besteht (um so mehr Schwierigkeiten, die im Problem enthalten sind: „wie denn ein Qualitätswechsel angegebener Art im Gebiet ‚unmittelbaren Erlebens‘ überhaupt stattfinden kann?“), — wenn auch die klare geordnete Raumauffassung der Dinge und ihrer gegenseitigen Lage gewiß, wie alles klare Wahrnehmen, erst auf höherer Entwicklungsstufe des Lebens (phylogenetisch und ontogenetisch) auftritt.

B. Die Farben und das farblose Licht (Helligkeit)

Newton, und vor ihm ähnlich schon Descartes, fand, daß derselbe Gesamtreiz, der als rein weißer Lichtstrahl von uns wahrgenommen wird, in seine Bestandteile durch natürliches Prisma (z. B. Regenbogen) oder künstliches (z. B. Glasprisma) gespalten werden kann. Wir erfahren das schon in der Volksschule und sind von Kind an so daran gewöhnt, daß wir uns das darin enthaltene physikalische, physiologische und psychologische Problem erst nochmals vors Bewußtsein führen müssen, um seine Rätselhaftigkeit voll zu erfassen: Aus Farbreizen werden (zu *einem* Reiz zusammengezogen) farblose Reize — und umgekehrt! Ein Verständnis dafür fehlt uns, es sei denn die allgemeine Beziehungnahme auf die „Situation“, welche erst in toto — und nicht schon als Einzelreiz — für das Wahrnehmungsergebnis stets verantwortlich ist (s. Bd. III, S. 100 ff; s. auch Kapitel über Kontrast).

Die Farbreize, die bei der Trennung des weißen Lichtes durch Beugungsunterschiede der Farben entstehen, sind die allgemein bekannten Regenbogenfarben (Farbenspektrum), die den ganzen Farbenreichtum des Menschen (abgesehen von den unbunten Farben schwarz und weiß) auch *erschöpfen*. Die durch die Brechung des Prismas abgelenkten Farben folgen in der Reihenfolge aufeinander: am wenigsten abgelenkt ist rot (mit der größten Wellenlänge 0,00076 mm, = 400 Billionen Schwingungen pro Sekunde) dann gelb, grün, blau, violett, purpur, wobei purpur mit der kürzesten Schwingung (800 Billionen Schwingungen pro Sec. = Wellenlänge 0,00039 mm) die Ähnlichkeit zu rot, die grün ganz verloren hatte, wiedergewinnt! Aber nicht nur grün, auch die übrigen Grundfarben, gelb und blau, stellen bei kontinuierlicher Änderung der Schwingungsgröße Knickpunkte in der Farbenfolge dar: von rot nach „rötlich-gelb" ist der rötliche Ton immer noch wahrnehmbar; er verschwindet aber vollkommen, sobald das ‚reine gelb' erreicht ist. Dieses schwindet seinerseits vollkommen (Ansichten nicht eindeutig, ob auch grün eine ‚reine Grundfarbe' oder vielleicht doch eine Mischfarbe ist, — wir wollen ersteres hier annehmen) im reinen grün,[1]) und dieses wieder im reinen blau; das nach Durchschreiten des Farbenspektrums wieder vollkommen im rot schwindet. — Was zwischen je zwei benachbarten Grundfarben liegt, sind ‚Mischfarben', denn sie weisen Wesensverwandtschaft sowohl nach der einen als nach der entgegengesetzt benachbarten Farbe auf (gelb-rot, gelb-grün, grün-blau, blau-rot: purpur). — Die vier ‚Grundfarben' (rot — gelb — grün — blau) heißen so, sofern in keiner von ihnen etwas von der empfundenen Wesensart der anderen Farben

[1]) Nicht zu verwechseln mit grün als Ergebnis der Mischung von gelb und blau entsprechender Farbensubstanzen: Hier handelt es sich nicht um reine Farbenmischung der Farbenschwingungen, sondern z. T. um Überdeckungs- und gegenseitige *Differenzwirkung* von gelb und blau, wobei der früher schon vorhandene, aber unsichtbar gewesene grüne Ton sichtbar wird. Echte Farbenmischung s. S. 56 ff.

enthalten ist. Auf dieser Grundlage lassen sich alle bunten Farben, und sogar die beiden unbunten dazu, außerordentlich übersichtlich einordnen: Man konstruiert eine Doppelpyramide, deren (zunächst) annähernd rechteckige Basisflächen aufeinander zu liegen kommen, während die beiden Spitzen der Pyramiden entgegengesetzt, d. h. nach oben und unten, ragen. Oben bekommt weiß seinen Sitz, unten schwarz. Sie bleiben durch die nahezu senkrechte Achse der Pyramide miteinander verbunden, — wobei ‚weiß' sich nach oben von der Beimischung des schwarz (grau) immer mehr entfernt, es wird immer ‚gesättigter' oder ‚rein weiß'. Nach der unteren Spitze hin treffen wir auf ‚gesättigt schwarz'. Ebenso ist auch jede der um den Umfang der Doppelpyramide liegenden Basis-Spitzen einer der gesättigtsten Grundfarben in der oben angegebenen Folge zugeteilt. Dazwischen liegen die entsprechenden Mischfarben, und zwar an der *verbindenden Basiskante* ohne weiß-schwarz-Beimischung (farbegesättigt): dieses kommt hinzu erst beim Heraustreten aus der Waagerechten, nach der oberen Spitze zu — im Sinne des weißlichen, nach unten zu — gegen schwarz. Auch ins Innere der Pyramide dringt man ein durch diese Anordnung in vorgezeichneter Farbenfolge: Im Zentrum der Basis ist offenbar keine bunte Farbe mehr, denn es ist annähernd gleich weit entfernt von allen bunten Farben und liegt in der Pyramidenachse zwischen weiß und schwarz. Alle Verschiebung an den Rand der Basis läßt eine der Farben (Verschiebung gegen Grundfarbe) oder auch mehrere Farben (Verschiebung gegen Mischfarbe) vertreten sein.

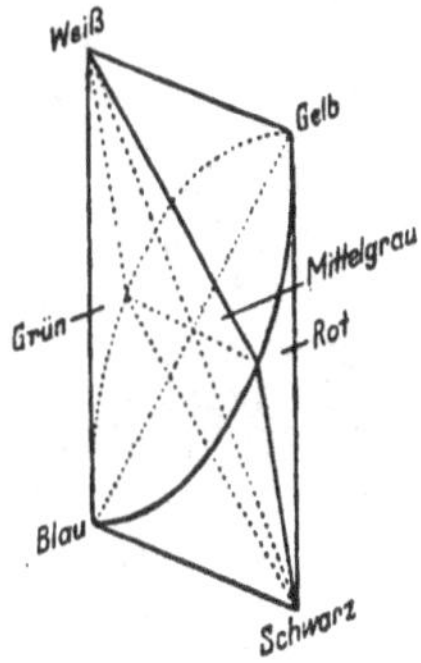

Bild 16
Farbdoppelpyramide

Noch einer Eigenart der Farben muß die Doppelpyramide entsprechen: Die Grundfarben sind in ihrem gesättigsten Zustand *nicht alle gleich hell:* Gelb ist am hellsten (s. S. 49); dann absteigend bei hellem Tageslicht rot, grün, blau. Um dieses Verhältnis zum Ausdruck zu bringen, stellt man die Pyramidenbasis nicht senkrecht auf die Pyramidenachse, sondern etwas schräg, so daß die gelbe Ecke am höchsten, die blaue am tiefsten von den vier Grundfarben zu liegen kommt. Wobei noch eine gegenseitige Eigenschaft der Farben durch deren Lagerung auf der Farben-Doppelpyramide aufs klarste demonstriert wird: Nicht allein sämtliche vier Grundfarben ergeben durch Mischung weiß (oder neutrales grau), sondern auch je nur *zwei,* aber gegenüberliegende Farben („ungefähr": gelb — blau und rot — grün). Das scheint jene Verwandtschaft der beiden ‚komplementären Farben' auszudrücken, die ganz besonders im Kapitel über den Kontrast genauer behandelt wird (s. S. 121 ff).

Mischmethoden

Drei verschiedene Arten gibt es, um mehrere *visuelle* Reize *zu einem zu vereinigen:* 1. Entweder läßt man den folgenden Reiz so rasch auf den ersten hin eintreten (evtl. ‚ihm räumlich so nahe' sein), daß seine Reizwirkung beim Eintreten des folgenden in seinem zeitlichen (oder räumlichen) Umkreis noch voll wirksam ist (auch manche Malarten benutzen diese Vereinigungsart des Farbreizes). — 2. Oder es werden die *Farbsubstanzen* als solche miteinander gemischt. Ein für den Psychologen oft nicht gangbarer Weg, weil dabei additive und zugleich substraktive Wirkungen der Farben (wegen Durchsichtigkeit der Farbsubstanz) stattfinden können. So wird z. B. die Farbe blau + gelb so zu grün vereinigt, — während die vollkommene Farbenmischung eines blauen und eines gelben *Lichtstrahles* (Fall 3. und auch 1.) auf weißem Schirm, wie oben S. 56 gesagt, *farblose* Helligkeit ergibt. — Sehr viel gebraucht, weil einfach und genau abstufbar, wird aber auch der erste Fall, indem die zu mischenden Farben nebeneinander auf einen Kreisel befestigt und dieser in drehende Bewegung versetzt wird, indem dann die mit größter Geschwindigkeit aufeinanderfolgenden Reize dieselben Sinnesorgane noch während ihres Funktionierens treffen und so die Mischung verschiedener Reize im Auge selbst zustande bringen. Auf diese Weise werden *Farbengleichungen* hergestellt, indem diejenigen Farben gesucht werden, welche, selbst untereinander verschieden, doch dieselben Mischfarben ergeben (s. u.).

Das Flimmern: Die Nachdauer des Reizes bedingt seine Verschmelzungsfrequenz mit dem nachfolgenden: Ist die Geschwindigkeit des Wechsels zu gering, so entsteht das *Flimmern;* bei schnellerer Folge kommt eine ganz gleichmäßige Mischung der Farben oder Helligkeiten zustande, und zwar sind wieder entscheidend mit einander in ihrer Gegenwirkung verbunden die — ungefähr — komplementären Grundfarben rot und grün, gelb und blau (d. h. ihre Farbwirkung hebt sich gegenseitig zur Farblosigkeit auf).

Farbenblindheiten: Sie treten nicht regellos auf, sondern es sind auch hier dieselben Kontrast- (= Komplementär-) Farben, die sich eng verbunden zeigen und deren Fehlen sich auch in der Regel gleichzeitig andeutet. Die *Daltonisten,* die Grünrot-Blinden (unter den Männern annähernd 5 % rot-grün blind oder wenigstens geschwächt empfindlich, — auffallend z. B. beim schlechten Unterscheiden von reifen und unreifen Erdbeeren). Gelb und blau-Empfindlichkeit bleibt aber in den meisten Fällen erhalten. Doch gibt es auch gelb-blau und totale Farbenblindheit, — was dann jedoch gewöhnlich schon mit allgemeiner Schädigung des Gesichtssinnes verbunden ist.

Und dieselbe paarweise Verbundenheit der Farben zeigt sich bei der regionalen Verteilung der Farbenempfindlichkeit auf der Netzhaut: Wenn ein Farbenreiz auf die Peripherie der Netzhaut zu liegen kommt, bleibt er, wie wir wissen, als Farbe — nicht als Helligkeit — wirkungslos. Am wirkungsvollsten ist der Farbenreiz in der Sehgrube. Aber die Übergangsgrenze für rot-grün und gelb-blau ist getrennt: Zuerst verschwindet grün-rot, erst weiter an der Peripherie auch gelb-blau.

Man sieht, wie nahe miteinander verwandt die sog. Kontrast- oder Komplementärfarben sind. Das läßt die Vierfarbentheorie von *Hering* an Wahrscheinlichkeit gegenüber der Dreifarbentheorie von *Young-Helmholtz* bedeutend gewinnen.

Gesetze der Farbenmischung: Zu jeder Farbe existiert eine Komplementärfarbe, die mit ihr im entsprechenden Verhältnis *vermischt eine unbunte Farbe (weiß oder grau) ergibt.* Bleibt der Zusatz der Komplementärfarbe gegenüber der vorherrschenden Farbe zunächst schwach, so nimmt die Sättigung der vorherrschenden Farbe nur einfach etwas ab. Sie bekommt einen Stich ins Graue oder Weißliche, bis bei entsprechendem Verhältnis *alle Farbigkeit schwindet* und bei weiterem Zusatz der Gegenfarbe sich ihr Vorherrschen zunächst im schwächsten und dann immer stärkeren Vortreten der Komplementärfarbe andeutet.

1. Die Komplementärfarben gehen also ineinander über durch den Grauwert.

2. Die im Sonnenspektrum *nebeneinander gelegenen Farben* (rot-gelb-grün-blau) *gehen bei Mischung durch bunte Zwischenfarben ineinander über,* indem die Mischfarbe dabei derjenigen Farbe näher liegt, die in der Mischung stärker vertreten ist.

3. Gleich aussehende Farben mit gleich aussehenden Farben gemischt, ergeben gleich aussehende Mischungen, wie sie auch gebildet worden sein mögen.

C. Monokulares und binokulares Sehen.

Schließt man das eine Auge und schaut mit dem anderen vor sich, so steht auch dann eine eindeutig gefügte optische Welt vor dem Betrachter da: Jedes Ding, jeder Eindruck hat seinen bestimmten Ort zwischen den anderen; es hat seine Nachbarn, denen es nach rechts und links, oben und unten anliegt, und andere sind da, denen es fernsteht. Das Ganze bildet das ‚Gesichtsfeld' mit seinen *Grenzen* und seiner *Mitte.* Und jedes betrachtete Ding steht entweder nahe der Gesichtsfeldmitte oder seiner Grenze. — Wo jedoch „das ganze Gesichtsfeld liegt", ist eine Frage für sich, die uns hier noch nichts angeht, — da uns zunächst nur dasjenige interessiert, was *‚innerhalb' des Gesichtsfeldes* liegt und geschieht.

Richten wir unser Auge, bei immer noch geschlossenem zweiten Auge, auf einen Gegenstand, d. h. betrachten wir ihn mit entsprechender Ferneinstellung und mit dem Punkt des deutlichsten Sehens (mag es ein Bild an der gegenüberliegenden Wand sein, ein Baum vor unserem Fenster oder was es für ein Betrachtungsobjekt auch sein mag) *und stellen auf der Linie zwischen unserem Auge und diesem Gegenstand einen ‚Schirm' auf,* so sind wir gewiß nicht erstaunt, daß der Schirm, je nach seiner Größe, den ganzen oder einen Teil des früher sichtbaren Gegenstandes *verdeckt,* denn alle Reizgegenstände, die auf der Linie ‚Auge—betrachteter Gegenstand' liegen, besitzen zwar verschiedene Entfernungen vom Auge, aber sie liegen alle in der gleichen Richtung vor dem Auge und nehmen, wenn wir das Gesichtsfeld nur in seiner zweidimensionalen Ausdehnung (rechts-links, oben-unten) ohne Tiefendimension berücksichtigen, *denselben Ort darin ein:* d. h. sie haben dieselben seitlichen Nachbarn (sofern sie überhaupt die Netzhaut erreichen), ihre zweidimensionale topographische Lage ist dieselbe. Ihre Reizbilder auf der Netzhaut fallen auf dieselben Netzhautpunkte. Daher wird der nähergelegene Schirm den vorhin betrachteten ferneren Gegenstand notwendigerweise *verdecken,* und letzterer wird seinerseits alle Gegenstände, die (im Sinne der oben charakterisierten Linie) *hinter ihm* liegen, je nach ihrer Größe ganz oder teilweise verdecken. — Die Einrichtung des Sehens als eines Fernsinnes, dessen Reize (Lichtstrahlen) sich gewöhnlich geradlinig fortsetzen, ist die Grundlage des von *Hering* aufgestellten Grundgesetzes ‚identischer Sehrichtungen' (s.

S. 70). Hier versuchen wir, dieses Gesetz seinem Inhalt nach als aus den ihm zugrunde liegenden Tatsachen — der Licht-Strahlen-Bewegung im Raum und dem Bau des Auges als eines Strahlen erfassenden Organes — sich als selbstverständlich ergebend zu betrachten.[1])

Wird nun auch das zweite Auge geöffnet, so wird das Gesichtsfeld nach dieser Seite etwas verbreitert (alles, was hier beschrieben wird, läßt sich mit den einfachsten Hilfsmitteln unserer Umgebung beobachten); damit ändert sich der Ort des Gesichtsfeldzentrums; eine gewisse Änderung tritt auch in der Ausprägung der Tiefendimension des Betrachteten ein, — sonst scheint der Gesamteindruck nicht auffallend verändert zu sein. Und gerade das ist erstaunlich: Denn das ganze große Mittelbereich des Gesichtsfeldes wird von *beiden* Augen gesehen, und allein die äußersten Seitenbezirke werden mit je nur dem rechten oder linken Auge erfaßt: *Die Reizung der beiden Netzhäute* durch denselben Lichtreiz *macht aber das Betrachtete keineswegs immer doppelt!* Folglich gibt es Sehpunkte *auf beiden Netzhäuten, die gleich (oder ähnlich) gereizt, dieselbe (oder ähnliche) Wahrnehmung am gleichen Ort des Gesichtsfeldes ergeben. Wir kennen sie schon, das sind die identischen oder korrespondierenden Netzhautpunkte.* Gäbe es keine solchen, so könnten die Sinneseindrücke der beiden Augen zwar ‚nebeneinander' bestehen und das Gesichtsfeld z. B. ins Doppelte vergrößern (ähnlich bei Fischaugen), aber sie könnten sich nicht zu *einem* Eindruck vereinigen und jene besonderen Vorteile dem Sehenden bei Bestimmung der Tiefendimension bringen, welche die Querdisparation bedingt (s. u.). — Neben den identischen oder korrespondierenden Punkten bestehen, sie an Zahl weit übertreffend, diejenigen Netzhautpunkte (disparate

[1]) Könnte die geschilderte Tatsache denn überhaupt anders sein? Sofern das Auge ein Fernsinn und die Netzhaut seine Reiz-Eintrittspforte ist, scheint es schlechthin nicht anders möglich zu sein, als daß alle Reize, die am selben Punkt auf die Netzhaut auftreffen, schlechthin auf demselben topologischen Punkt auch des Gesichtsfeldes erscheinen müssen, mögen die Reize selbst in der Welt ihrer Tiefenentfernung nach näher oder ferner gelegen sein.

Punkte), deren gleichzeitige Reizung eine Doppel-Empfindung und -Wahrnehmung liefert.

Weiteres vom binokularen Sehen: Eine Berührung an der linken und eine gleichzeitig entsprechende an der rechten Hand ergibt zwei an verschiedenen Orten gelegene Druckempfindungen. Eine Reizung der korrespondierenden Punkte am rechten und linken Auge ergibt aber nur eine einzige Wahrnehmung (wie auch die beiden Gehörsorgane, gleichzeitig durch einen Ton gereizt, nur *eine* Ton-Wahrnehmung ergeben). Da wir schon die auffallende Anlage des Gesichtsnerven, seine Spaltung nach der rechten und linken Hirnhälfte im Chiasma kennen, werden wir über einen Teil der ‚organischen Vorbereitung' zur Zusammenarbeit beider Augen nicht ganz ununterrichtet sein. Anatomisch findet man die korrespondierenden Punkte beider Netzhäute am einfachsten, wenn man sich die Netzhäute als Schalen oder Rosenblätter denkt, die man sich (ohne Drehung!), so wie sie nebeneinander im Kopfe liegen, aufeinander (die Foveae centrales übereinander) geschoben vorstellt: Dann sind diejenigen Netzhautpunkte, die übereinander zu liegen kommen, und die man beim Durchstechen der beiden Netzhäute mit einer Nadel miteinander verbindet, die gesuchten zueinander gehörenden identischen Punkte; sie liegen also nicht etwa symmetrisch, sondern sind gleichseitig gelagert. Ihre Feststellung durch Reizung der Augen mit kleinen Lichtreizen am *Perimeter* ergeben den sog. *Horopter,* — in ihm liegen also alle Außenweltsorte, in denen die paarweisen Reizpunkte jeweils je nur einen Empfindungseindruck hervorrufen. — *Alle anderen Reizorte ergeben einen Doppeleindruck* (ergänze: Kreise, innerhalb deren die Reizung einen Tiefeneindruck bedingt. Beides ist von höchster Wichtigkeit: *Die Tatsache des nur einen wahrgenommenen Gesichtsfeldes für beide Augen verlangt ‚identische Sehpunkte';* nur dadurch kann uns ein mit beiden Augen gleichzeitig betrachteter Gegenstand als *ein* Gegenstand erscheinen. Werden aber identische Punkte durch verschiedene Reize, z. B. verschiedene Farben, gereizt, so kommen diese Objekte an denselben Richtungsort des Gesichtsfeldes zu liegen und verschmelzen entweder miteinander (gleichgültig, ob sie der Tiefendimension nach gleichweit oder verschieden weit vom Auge gelegen sind; nur die Deutlichkeit ihres Bildes auf der Netzhaut hängt von der momentanen Einstellung der Linse ab, nicht aber ihr Richtungsort im Gesichtsfeld); oder: Das eine Gesichtsfeld triumphiert über das andere und verdrängt es aus der Beachtung im Gesichtsfeld.[1]) Dabei hat dasjenige Auge, welches formen- oder farbenreiche Sicht hat, in der Regel den unwillkürlichen Vorzug der Beachtung. Doch Übung der Aufmerksamkeit macht hier viel und Entscheidendes aus.

Was geschieht nun aber, wenn das Bild des gleichen Reizes (Objektes) auf *nicht korrespondierende* Punkte fällt, wobei die Anzahl der nicht identischen Punkte ja viel größer ist als die der identischen? Wie sind die Netzhautreizbilder beschaffen, wenn wir z. B. einen bestimmten Gegenstand fest anschauen? (z. B. die vor mir stehende Blumenvase).

Zum genaueren Betrachten eines nahen Gesichtsobjektes werden die beiden Augen zunächst so konvergiert, daß das Bild des Objektes in beiden Augen auf die Foveae centrales zu liegen kommt, und die Linse wird so eingestellt, daß dieses Bild die größte Deutlichkeit aufweist. Die zur Stirn parallele Ebene, in welcher der Gegenstand liegt, heißt *Kernebene.* Die Reize dieser Ebene, welche das eine und das andere Auge treffen, kommen auf paarweise korrespondierende Punkte der beiden Netzhäute und erscheinen also *einfach.* Gegenstände, die näher oder ferner liegen, ergeben aber *Doppelbilder.* Der Leser kann sich leicht davon überzeugen, indem er zwei Bleistifte in der Entfernung von etwa 25 und 50 cm vor sich hinhält und bald den näheren, bald den ferneren fixiert, wobei er auch das Bild des anderen Bleistiftes oder Fingers zu beachten sucht. Es bedarf dies einer gewissen Übung; verschiedenfarbige

[1]) Der geübte Mikroskopierer macht das freie Auge gar nicht zu und konzentriert seine Aufmerksamkeit ungestört auf das durch das Mikroskop schauende Auge, die Wahrnehmungen des anderen Auges außer acht lassend.

und eindringliche Reize (z. B. Kerzenflammen im Dunkeln oder Halbdunkeln) auf gleichmäßigem Hintergrund erleichtern das Bemerken des ‚nicht fixierten, nunmehr aber beachteten' Objektes, — welches dann deutlich in doppelter Ausfertigung erscheint. Fixiert man die Augen auf dem näheren (z. B. blauen) Gegenstand, so wird der entferntere (z. B. gelbe) doppelt, und zwar mit dem rechten Auge rechts vom fixierten, mit dem linken Auge links davon gesehen, — was man leicht durch Schließen bald des einen bald des anderen Auges feststellen kann. — Fixiert man dagegen den ferneren Gegenstand, so führt das Schließen des linken Auges zum Sehen des näheren Objektes mit dem rechten Auge auf der linken Seite des fixierten. Man spricht im ersten Fall von gleichseitigen, im zweiten Fall von gekreuzten Doppelbildern. — Alle diese Befunde ergeben sich aus der mitgeteilten Verteilung der korrespondierenden Netzhautpunkte und der Tatsache, daß, je weiter der Reiz (auf beiden Netzhäuten!) rechts zu liegen kommt, desto weiter links erscheint er im gesehenen Bild und natürlich vice versa. — Nimmt man statt zwei — drei hintereinanderliegende Objekte und betrachtet das mittlere, so sieht man vom näheren zwei gekreuzte, vom ferneren zwei ungekreuzte Bilder; die ersten beiden liegen auf den von der Fovea aus betrachtet lateralen, die letzteren auf den nasalen Netzhautteilen. Natürlich gilt diese Verdoppelung nicht nur von den zentral vor mir stehenden, sondern auch seitlich näher und ferner als der gerade fixierte Gegenstand liegenden Objekten (nur die im Horopter liegenden Gegenstände lassen jeweilen *nur ein* Gesichtsbild trotz Reizung beider Augen entstehen).

Die Verhältnisse im binokularen Gesichtsfeld sollten also ganz anders sein als beim monokularen Bild oder auf der Mattscheibe der photographischen Kamera, — viel verworrener (Doppelbilder!), unübersichtlicher und undifferenzierter. — Das Gegenteil ist der Fall: Das binokulare Gesichtsfeld ist nicht weniger klar als das monokulare, und es bekommt noch eine prägnante Eigenschaft dazu, welche das monokulare zwar auch in sinnlich überzeugender, aber doch nur in ‚übernommener', ‚geliehener' Weise erhalten kann, das aber das binokulare Bild doch noch einprägsamer und ohne Hilfe ‚indirekter Kriterien' besitzt: die dritte *Dimension, die Tiefe.*

Zunächst die Bereinigung von der befürchteten ‚Verwirrung im binokularen Sehbild': Das Sehen (Bemerken) der Doppelbilder unter oben beschriebenen Umständen wird dem Leser nicht leicht und nicht sofort gelungen sein, — das eben ist es, was ihn vor der Verwirrung im binokularen Gesichtsbild rettet! Seine Aufmerksamkeit ist so sehr auf die *fixierten* Sehgegenstände eingestellt, daß die anderen, und so auch alle Doppelbilder, auf seiner Netzhaut zwar erscheinen; zu ihrer geistigen Erfassung (Apperzeption) normalerweise aber nicht zugelassen werden. In unserer bewußten Erfassung der Umwelt verhält es sich, soweit es auf ihr *Bemerken* ankommt, fast so, als ob sie gar nicht bestünden. Nein, doch nicht ganz so: nur von den Reizungen der Netzhäute, die weit von den korrespondierenden Punkten, außerhalb der sog. *Panumschen Kreise* liegen, gilt das, was bis dahin entwickelt wurde. Nahe an identischen Punkten rechts und links liegende Reizungen ergeben nicht schlechthin das einfache Bild der identischen Punkte, aber auch nicht das besprochene Doppelbild, — sondern *sie tragen* zusammen mit den für das rechte und linke Auge in verschiedenem Abstand hintereinander liegenden Gesichtsbildern *das Tiefensehen in das binokulare Sehen hinein.* Denn: Nur dadurch, daß die dritte Dimension ins Gesichtsfeld hineingesehen wird, schließt sich das gesehene Bild zu einem widerspruchslosen räumlichen Gebilde (s. den Zusammenschluß der zwei auseinanderstrebenden Drähte zu einem konkav auf uns zustrebenden Gebilde (Kap. 4, Bd. III, S. 61).

Beim Fund dieser Verhältnisse hatte man die Bedeutung der Querdisparation, wie sie sich in den allgemein bekannten Stereoskopen und stereoskopischen Bildern zeigt, vielleicht überschätzt und die Bedeutung der *indirekten Tiefenkriterien* nicht hinreichend gewertet (s. S. 67). Aber die Tatsache als solche war wichtig genug.

Die normalerweise auf beiden Netzhäuten von demselben gleichzeitig betrachteten Objekt (z. B. obiger Vase) entstehenden Reizbilder sind nicht ganz gleich, weil der seitliche Standpunkt der beiden Augen um etwa 6—7 cm voneinander differiert. Das rechte Auge sieht die Objekte mehr von rechts, das linke mehr von links. Wir haben schon die Wirkung der nach entgegengesetzten Seiten gekrümmten Linien und der verschiedenen rechts-links Breite derselben Objekte kennengelernt. Sind zwei senkrechte Drähte in etwas verschiedener Entfernung so gespannt, daß man den seitlichen Abstand zwischen ihnen merkt, so wird er mit dem einen Auge etwas größer gesehen als mit dem anderen, und dieser geringfügige Größenunterschied am rechten und linken Auge, besonders die Art seiner Änderung bei kleinsten Bewegungen des Sehenden, genügt, um den Eindruck der verschiedenen Entfernung der beiden Drähte und ihrer Art hervorzurufen. Wenn die Netzhautbilder der beiden Drähte innerhalb der Panumschen Kreise liegen, d. h. werden sie nicht doppelt, aber dank dem kleinen seitlichen Lagenunterschied auch nicht am gleichen Ort (bezüglich der dritten Dimension) gesehen, sondern übereinstimmend mit dem zwischen ihnen gesehenen Abstand, als näher oder ferner gelegen aufgefaßt, so ist die Wirkung der orthogonalen Projektion und der Querdisparation, die auch bei stereoskopischen Versuchen so schön zur Wirkung kommt, damit beschrieben.

Man kann sich leicht denken, daß man die zwischen zwei Telegraphenstangen gespannten Drähte nur zweimal zu photographieren braucht, so wie sie vom Ort des rechten und des linken Auges aus erscheinen, und die beiden Bilder darauf gleichzeitig in entsprechendem Tiefenabstand (etwa 30 cm) anschauen, aber so, daß das links aufgenommene Bild nur dem linken, das rechte nur dem rechten Auge sichtbar ist, dann empfangen die beiden Augen genau denselben Eindruck von den beiden Bildern, wie beim direkten Anschauen der Gegenstände, und er muß ebenso plastisch erscheinen wie beim direkten Anschauen. — Und dies geschieht in der Tat: das Stereoskop ist fertiggestellt. Damit ist allerdings nur erklärt, wieso die künstlichen stereoskopischen Bilder räumlich wirken, obwohl sie selbst vollkommen eben sind, — indem die von ihnen ausgeübte Reizung derjenigen des wirklichen Raumobjektes entspricht.

Nicht aber wissen wir, wieso diese auf den annähernd ebenen Netzhäuten stattfindende Reizverteilung überhaupt zum räumlichen Eindruck führt. Der Empiriker hat es hier leicht, indem er darauf hinweisen kann, daß dieser Eindruck ja dem der Wirklichkeit entspricht, die durch den *von vornherein drei-dimensionalen Tastsinn* richtig erfaßt und dem Gesichtssinn ‚zum Lehen' weitergegeben wird, der diesen Tatbestand im Laufe der Zeit so in Fleisch und Blut aufnimmt, daß er nunmehr auch selbst den in assoziativer Weise vom Gesichtssinn übernommenen Eindruck erzeugt. Daß eine solche gegenseitige Einwirkung der Sinneswahrnehmungen eine Tatsache ist, ist leicht an anderen Beispielen (s. Bd. III, S. 74, Athlet und Clown) zu zeigen: Und in der Tat hat das Gesichtsorgan wohl für Farben, Helligkeiten und Formen, aber gar keine unmittelbare Auffassungsfähigkeit für Kräfte und so auch nicht für das Gewicht der Körper. Und so glauben wir auch, die Säure der vor uns aufgeschnittenen noch unreifen Zitrone zu „spüren", während auch dies nur durch assoziative Bindung der Geschmacksvorstellungen aus früheren Erfahrungen bedingt wird. Weitere Beispiele solcher und sogar noch viel erstaunlichere Übertragungen lernen wir später kennen.

Und so könnte es sein, daß auch das Tiefensehen unseren Augen (wie dies bei der oben-unten Richtung sicher der Fall ist, s. Bd. III, S. 65 u. 85 ff) nicht angeboren, sondern nur durch Erfahrung ins Sehen hineingelegt worden wäre. Dagegen spricht aber manches, so das schon erwähnte richtige Picken des jungen Hühnchens. So auch die Tatsache, daß es uns auch bei monatelangem Tragen der rechts-links vertauschenden Brille nicht gelang, die Wirkung der Querdisparation ins Gegenteil zu verkehren. Die Frage nach dem empiristischen oder nativistischen Charakter der

Querdisparation bleibt also noch unentschieden. Es hat sich jedoch gezeigt, daß neben der Querdisparation andere Bedingungen ebenso stark, ja unter bestimmten Umständen selbst noch stärker bei der Bildung des Tiefeneindrucks beteiligt sind, so sei z. B. der ‚Verant' erwähnt, ein mäßig starkes, recht großes Vergrößerungsglas, das auch bei *einäugigem* Sehen einen recht ausgesprochenen Tiefeneindruck hervorruft (er wird beim einäugigen Sehen sogar ausgesprochener als bei zweiäugigem, — begreiflich, weil im letzten Fall das Fehlen der Querdisparation trotz Verwendung beider Augen *gegen* den Eindruck der Tiefe wirkt).

Weitere sog. ‚indirekte' Faktoren des Tiefensehens sind: 1) Bezweifelt, aber wie es scheint doch sicher: Die unmittelbare Auffassung der Konvergenz der beiden Augen und besonders ihrer Änderung beim Übergang der Betrachtung von fern auf nah und umgekehrt. 2) Kulissenwirkung — das Zudecken des hintenbefindlichen durch vordere Objekte gilt uns mit Recht als sehr starkes Kriterium für den Unterschied des Vorne- und Hintensehens. 3) Ähnliches gilt von der Verteilung von Licht und Schatten, welche bei einer räumlich bekannten Lichtquelle mit einer bestimmten Tiefenverteilung der beleuchteten Gegenstände übereinstimmt. 4) Die uns vertraute Größe bekannter Gegenstände und deren Netzhautgröße veranlaßt uns ebenfalls, bekannt große Gegenstände bei kleinem Netzhautbild als entfernt aufzufassen. 5) In gleicher Richtung wirkt, Größe und Gestalt verändernd, die Perspektive. Die beiden Schienen eines ebenen Eisenbahngeleises scheinen in der Ferne, und zwar (bei senkrecht gehaltenem Kopf) in der Höhe unserer Augen zusammenzukommen (erst wenn wir den Kopf zurückbiegen müssen, scheint uns das Gleis zu steigen). Beim Zeichnen müssen diese rein physikalisch gegebenen Verhältnisse wiedergegeben werden, wenn der Eindruck der Tiefe in der Zeichnung erweckt werden soll. 6) Entfernte Gegenstände werden auch durch die sich zwischen ihnen und den Betrachter lagernde Luftschicht anders gesehen als nahe (s. *Schmale)* (daher bei sehr klarer Luft — Föhn — die Berge näher erscheinen). 7) *Der Sehende und seine Bewegung gegenüber dem Gesehenen ist mitentscheidend für den Entfernungseindruck.* Wenn zwei Bäume (C und B) so vor Ihnen (A) stehen, daß C am entferntesten ist und Sie eine Bewegung nach rechts machen, so scheint der entferntere Baum die Bewegung nach rechts mitzumachen, während der nähere Baum die Gegenbewegung auszuführen scheint, — wie sich das aus der räumlichen Perspektivenwirkung natürlich ergibt. Erlebt man also unmittelbar anschaulich, nach welcher Seite die Bewegung des eigenen Körpers stattgefunden hat, und sieht die gegenseitige Bewegung der Objekte, so muß die Verschiebungsrichtung der gesehenen Objekte (falls sie nicht noch von sich aus eine Bewegung hineintragen!) ihre Entfernung vom Sehenden eindeutig ausdrücken, was sie auch tatsächlich, und zwar schon *beim kleinsten Ansatz einer Bewegung,* eindringlich tun.

Fundamentalversuch von Hering

Dies vorausgeschickt, wenden wir uns wieder dem ‚Fundamentalversuch' von *Hering* zu, der vieles grundsätzlich schon vorwegnimmt, was wir weiter unten noch im einzelnen zu bringen haben. Zwei verschiedenfarbige Gegenstände, zwei Stäbe, z. B. zwei womöglich glänzend lackierte, gut beleuchtete Bleistifte, noch besser zwei verschiedenfarbige Lichter (A- z. B. links-rot und B-rechts-grün), sollen in einer Entfernung von 3 m vom Betrachter und 25 cm voneinander aufgestellt sein. Zwischen ihnen und dem Beobachter, 50 cm vor ihm, steht ein Visierstab, der so aufgestellt ist, daß, wenn der Betrachter das rechte Auge zumacht, dieser Stab den unteren Teil des rechten grünen Bleistiftes gerade zudeckt; bei Schließen des linken Auges soll ebenso der untere Teil des linken roten Bleistiftes verdeckt werden. — Öffnen wir nun beide Augen und fixieren den einen oder den andern der beiden Bleistifte, so erscheint der *jeweils fixierte einfach* und *ungefähr im Zentrum des Gesichtsfeldes,* und auch der andere (da er

— s. Versuch S. 62 — ebenso wie der fixierte Bleistift auf derselben Horopterebene liegt, auf der alle, auch die mit beiden Augen gesehenen Objekte *einfach* erscheinen) wird ebenfalls *einfach* gesehen. Es ist der uns aus der Alltagserfahrung so gewohnte Anblick des fixierten Gegenstandes und seiner in gleicher Entfernung gelegenen Umgebung (z. B. einer an der Wand uns gegenüber hängenden Photosammlung, von der wir gerade ein Bild fixieren, wobei die anderen auf derselben Wand in der Nachbarschaft hängenden Photos zwar weniger deutlich erscheinen, aber ebenfalls nur einmalig auftreten). Wenn man auch den Visierstock mitbeachtet (nicht fixiert!), so muß er, als nicht im Horopter gelegen, *doppelt* erscheinen, — was er auch tut, — nur daß (wie wir es schon gehört hatten) eine gewisse Übung dazu gehört, diese Doppelbilder in ihrer Doppelheit auch zu bemerken.

Was nun aber geschieht, wenn man zum Fixationsobjekt beider Augen eben diesen viel näher stehenden Visierstab macht? Nun liegt natürlich er im Zentrum des Gesichtsfeldes und die ihm vorher zukommende Doppelhaftigkeit schwindet, denn er liegt ja jetzt im Sehzentrum beider Augen, dessen Netzhautpunkte korrespondieren. Und umgekehrt: die früher einfachen Photobilder an der Wand (und alle gegenüber dem fixierten näheren oder ferneren Objekte) werden nun doppelt. Man kann mit einer gewissen Übung, wenn man die Augen langsam immer mehr konvergiert, bis sie sich auf dem Visierstab zusammenfinden, — direkt beobachten, wie sich der rote Bleitstift (den man vorher fixiert hatte) spaltet, und sein rechtes Bild nach rechts wandert, bis es mit dem von links herkommenden Bild des grünen Bleistiftes in der Mitte des Sehfeldes, wo auch das einfache Bild des Fixationsstabes liegt, zusammentrifft. Und umgekehrt: Wenn man vom Visierstab die Augen wieder auf den linken roten Bleistift lenkt (indem man sie allmählich in die Ferne richtet), bis beide Augen auf den linken roten Bleistift gerichtet sind, kann man sehen, wie die beiden im Zentrum vereinigt gewesenen Bilder des Fixierstockes nach beiden Seiten immer mehr auseinandergleiten, bis die zwei Bilder des roten Bleistiftes sich wieder vereinigen, — was gleichzeitig auch von den beiden Bildern des grünen Bleistiftes gilt.

Das Gesetz der identischen Sehrichtungen für nah und fern gilt für alle Punkte der Netzhaut, ob sie in ihrem Zentrum oder mehr an der Peripherie liegen: Denn genau die gleiche Begründung bleibt für die beschriebene Erscheinung des verdeckenden Schirmes bestehen, auch an der Peripherie, wie sie im Sehzentrum gilt. Und ebenfalls für alle dabei möglichen verschiedenen Richtungen des Kopfes und Lagen des Auges in der Augenhöhle. — Nur dank dem in dieser Fundamentalbeobachtung von Hering enthaltenen Gesetz der identischen Richtungen, allerdings im Verein auch mit der Tatsache der identischen Punkte und der Aufmerksamkeit, welche uns die Doppelbilder bei unserem gewöhnlichen Sehen übersehen und nur die einfachen Bilder ins klare Bewußtsein treten läßt, wird unser binoculares Sehen in seiner Klarheit und Eindeutigkeit möglich. Eine geniale Lösung unseres Organismus der äußerst schwierig zu beantwortenden Frage, wie ein Doppelorgan für klare Fernaufnahme bei wechselnder Distanz gebaut werden kann.

Die besonderen Verhältnisse beim „Zyklopenauge"

Schon beim beschriebenen Versuch hatten wir es mit dem *Zyklopenauge* zu tun: Als wir den Visierstab mit beiden Augen anvisiert hatten, erschien er, der monokular betrachtet nach links verschoben war (und umgekehrt) beidäugig gesehen plötzlich in der Mitte des Gesichtsfeldes! — Der fixierte Gegenstand scheint geradezu einen Sprung von links nach rechts beim Wechsel des gebrauchten Auges rechts-links zu machen (s. nächstes Kapitel ‚Stroboskopie'). — Wird er aber zugleich mit beiden Augen angeschaut, so steht er *(wie es auch der Wirklichkeit entspricht)* mitten im Gesichtsfeld, — wie er erscheinen müßte, wenn wir ihn mit einem Auge betrachteten, das nicht seitlich nach rechts oder links verschoben wäre, sondern mitten zwischen den beiden

Augen säße (Zyklopenauge) und den fixierten Gegenstand genau vor sich hätte. Das rechte Auge sieht ihn also etwas nach links, das linke nach rechts verschoben. Beim Zusammenschauen kommt aber nicht dieser widersprechende Eindruck zum Bewußtsein, sondern beide heben sich im Sinne der seitlichen Richtung ‚gegenseitig' auf und der Gegenstand steht in der Mitte. Alle vor oder hinter ihm in derselben Richtung stehenden Gegenstände erscheinen in Doppelbildern, die oft sehr schwer nur bewußt zu erfassen und die gegenseitig für das linke Auge nach rechts (und umgekehrt für das rechte Auge nach links) verschoben sind. — Schon hierbei also korrigieren sich die beiden Augen im Zusammenspiel und *bringen zusammen ein objektiv richtigeres Gesamtbild des Betrachteten zustande,* wie das nicht selten auch in der Auffassung der Tiefendimension auf Grund der Querdisparation geschieht, wo jedes Auge für sich etwas ganz anderes bezüglich Tiefe und Richtung sieht, als das Gesamtbild beider Augen ergibt. — Auch hier jene wunderbare Organisation der übergeordnet zusammengeschlossenen Systempartner, wie überall im Organischen, und desto ausgesprochener je höher der Organismus und seine Organe sind.

Die beiden mittleren Doppelbilder (s. den Versuch mit der Identitätsrichtung S. 63) rechts und links verbinden sich ganz natürlich zu einem gemeinsamen Bild, denn sie können *im Raum* kein anderes als eben dieses gemeinsame räumliche Bild ergeben; und sie ergeben keine Doppelbilder, weil die Bilder des *rechten und linken Auges zu einem Gegenstande zusammentreten.*

Die eigentlich stereoskopischen Versuche erleichtern zwar dem Ungeübten die Beobachtung der Tiefendimension bedeutend, und die überzeugende Kraft der Wahrnehmung wird dort, wo es sich auf der Netzhaut um doppelt vorhandene, aber dank der entsprechenden Zeichnung nur einfach gesehene Linien handelt, leicht zunehmen, — aber im Grunde handelt es sich um die gleiche visuelle Erscheinung, die wir im Laufe dieses Kapitels wiederholt erwähnten und im rechts-links Brillen-Versuch noch zu erwähnen haben werden.

Das monokulare rechts-links vertauschte Sehen

Natürlich wäre es ganz falsch, einfach zu erklären: „*Wir können nicht* in der dritten Dimension sehen, denn die Netzhäute unserer Augen sind in der Hauptsache in nur zwei Dimensionen ausgedehnte Organe." Die methodologisch richtige Ausgangsstellung ist die schlichte Frage: „Sehen wir die Welt drei- oder nur zweidimensional?" Denn um diese Grundfrage handelt es sich zunächst, — und erst dann kommt die Frage: „Wie ist die in der erhaltenen Antwort liegende Tatsache des Tiefensehens möglich? Wie kommt sie zustande?" — Und daß wir die vor uns dastehende Welt dreidimensional nicht nur tasten, sondern auch *sehen, ist* eine Tatsache, und nur dank ihr können wir uns auf Grund der Gesichtswahrnehmungen so sicher in der dreidimensionalen Welt auch orientieren.

Ob dieses dreidimensionale Sehen uns *angeboren* ist oder sich in uns erst auf Grund der *Erfahrung* durch bestimmte Kriterien sekundär (onto- oder phylogenetisch) entwickelt, ist eine noch diskutierte Frage. Tatsache ist, daß das eben *aus dem Ei geschlüpfte* Hühnchen schon richtig nach den vor ihm liegenden Körnern pickt. Und es wäre nicht ausgeschlossen, daß das menschliche Augenpaar in der ‚Querdisparation' eine angeborene Vorrichtung besitzt, die ihm bei binokularem Sehen unmittelbar die dritte Dimension im visuellen Bilde bietet, und daß diese Fähigkeit in Jahrmillionen der *phylogenetischen Entwicklung* mit dem Werden des Sehapparates ihm mitgegeben wäre. Manches spricht für tiefgehenden Einfluß der Erfahrung beim Tiefensehen. — Eine Zeitlang herrschte die Ansicht, daß die *Querdisparation* als der grundsätzliche Faktor die Tiefendimension unseres binokularen Lebens bedingt. In letzter Zeit haben sich gewichtige Stimmen dagegen erhoben. Vieles kann in dieser Richtung unmittelbar den hier folgenden Versuchen mit rechts-links vertauschenden Brillen entnommen werden. Sie sind folgendermaßen aufgebaut: Durch Spiegelung, sei es mit Spiegel oder Prisma, wird dem Brillenträger des Wahrnehmungsbild so verändert dargeboten, daß die normalerweise äußersten Rechtspunkte seines Gesichtsbildes nach der äußersten linken Seite zu liegen kommen und die sonst am weitesten links gelegenen — nach rechts.

Wird dieses vertauschte Bild *nur dem einen Auge* gezeigt, bei Abschluß des zweiten Auges, so kann die Vp bei *ruhendem* Kopf in einer ihr sonst *unbekannten Umgebung* visuell zunächst überhaupt nichts Auffallendes bemerken: Die Gegenstände, die sie jetzt rechts sieht, könnten ja ebensogut auch objektiv rechts liegen und auch in ihrer Anordnung entsprechend orientiert sein (wie z. B. auf rechts-links verkehrtem Projektionsbild). Erst das Ablegen der Brille zeigt rein optisch, daß die brillenlose Welt rechtslinks anders aussieht. Selbstverständlich *widerspricht* aber diese einäugige Brillenwelt auch den Mitteilungen *aller anderen Raumsinne:* Die ins Brillenfeld eingeführte Hand der Vp sieht sie von rechts kommen, während ihr Körpersinn ihr sagt, daß es ihre linke Hand ist, die von links in den Sehraum eintritt; die Stimme des Versuchsleiters tönt von links, während er rechts gesehen wird usw. — Jeder kann den Versuch leicht, wenn auch nicht in wissenschaftlicher Strenge, mit einem nicht zu kleinen Handspiegel ausführen, indem er dabei das direkte Sehen möglichst ausschließt und nur das seitlich betrachtete Spiegelbild beachtet. Dann sieht er den Geigenspieler mit der linken Hand den Bogen führen, ihm beim Begrüßen die linke Hand reichen usw. Und bei der praktischen Orientierung im Raum nach den Angaben des einen spiegelbewaffneten Auges wird er in einem fort an wirklichen Ecken anstoßen und vermeintliche (‚gesehene‘) Ecken und Gegenstände zu umgehen suchen usw. — Die Situation mit der extra konstruierten Brille ist nur viel reiner und klarer, da die Brille so gebaut ist, daß eine direkte Sicht vollkommen ausgeschlossen ist und das ganze visuelle Bild ebenso *vor* der Vp, nur seitenvertauscht, dasteht wie sonst das normale Gesichtsbild.

Bei ruhigem Kopf und Körper und ohne Mitbeteiligung der anderen Sinne und der gewohnten Bewegungen der Außenweltsobjekte (z. B. auch der eigenen Hand!) wird der einäugige Brillenträger also gar keinen Unterschied zum normalen Sehen vorfinden; ganz beliebig kann sich dabei sein Auge über das Gesichtsfeld bewegen. Das bleibt so auch bei Kopfvor- oder -rückwärtsneigen (dabei: kein Kopfwackeln!). — *Ganz anders aber wird die Wahrnehmung, sobald Rechts-Linksdrehung des Kopfes oder Körpers* eingeführt wird: Wir sind im normalen Sehen daran gewöhnt, daß bei Kopfdrehung nach rechts immer mehr von den weiter rechts gelegenen Objekten erscheinen, während die links gelegenen auf der linken Seite zurückbleiben und daselbst unsichtbar werden. Dabei ist es im allgemeinen kein ‚nach links Weglaufen' oder Wegschwimmen der Objekte: Man nimmt *nicht die Umwelt als bewegt wahr,* sondern man spürt sich selbst, *seinen Kopf oder auch seinen ganzen Oberkörper, als bewegt* gegenüber den am Boden feststehenden, unbewegten Füßen. Ganz anders bei rechts-links vertauschenden Brillen (auch schon beim *einäugigen* Sehen): Die wahrgenommenen Gegenstände bleiben nicht der Erwartung entsprechend zurück, sondern sie kommen bei *Rechts*drehung des Kopfes von *links* her, indem sie mit doppelter Geschwindigkeit die Rechtsgeschwindigkeit des Kopfes überholen; sie (oder ihre Wahrnehmungsbilder) sind nicht in Ruhe, sondern in voller Bewegung, — wobei diese Bewegung als im Zusammenhang mit der Kopfbewegung erlebt wird, — ähnlich wie wenn man die Gegenstände im Spiegel tanzen sieht, wenn man den Spiegel nicht ruhig hält. Und neigt man den Kopf seitlich nach rechts, so neigt sich das Wahrnehmungsbild ebenfalls nach derselben Seite und ebenfalls mit doppelter Geschwindigkeit die Neigung des Kopfes überholend, so daß die gesehene Welt bei 45° Kopfneigung liegend (der Fußboden stehend) gesehen wird. Alles Eindrücke, die außerordentlich ververwirrend wirken, besonders, wenn man in dieser tollen Wahrnehmungswelt sozusagen eingesperrt ist, da ja dank der Brille eine andere optische Kommunikation zur Umgebung ausgeschaltet ist. Die meisten Vpn halten einen längeren Aufenthalt in dieser Welt überhaupt nicht aus, es wird ihnen schlecht, der Körper reagiert auf das schwankende Gebilde mit See-Krankheit, — der Versuch muß abgebrochen werden.

Wird aber dieser Zustand rein körperlich überwunden, so bleiben für längere Zeit die Schwierigkeiten und Gefahren der Auseinandersetzung mit der realen Umwelt, welche die Objekte der Außenwelt nicht dort und nicht so zeigt, wo und wie sie in Wirklichkeit sind, noch bestehen: Und greift man nach einem rechts gesehenen Gegenstand, so greift man ins Leere, da der betreffende Gegenstand links liegt, stößt dafür aber rechts mit der Schulter gegen eine scharfe Ecke schmerzhaft an, da man diesen Gegenstand links gesehen hatte, oder man kommt in Gefahr, von der an der falschen Seite gesehenen Treppe zu stürzen.

Den genaueren Verlauf der allmählichen Überwindung dieser Schwierigkeiten, die Beherrschung der Orientierung in der seitenverkehrten Welt (erste Stufe) und dann das nach und nach einsetzende ‚Richtigsehen' der Umwelt (zweite Stufe) wollen wir hier nur mit diesen kurzen Worten andeuten, da sie eingehender beschrieben wird bei der ‚oben-unten' Brille (s. Bd. III, S. 81 ff), und der Verlauf des Versuches gewisse Parallelen aufweist. Nur daß hier manche Schwierigkeiten größer sind als dort, da dort die Richtung oben-unten der Vp durch andere Kennzeichen (Schwerkraft) eindeutig *objektiv* geboten werden, die hier in dieser Objektivität gar nicht bestehen, — ist doch die Richtung rechts-links selbst nur eine ‚auf mich persönlich' und nicht eine auf die objektive Welt bezogene Richtungsangabe. Desgleichen tritt die r-l-Verkehrung des physiologischen Sehbildes nie außerhalb des Versuches so ein, wie dies bei oben-unten z. B. beim Liegen (s. Bd. III, S. 84) geschieht, — weswegen sich im Alltag eine Gewöhnung an diese Wahrnehmungssituation der r-l-Brille nicht einstellen und von selbst einüben kann. Aber einiges wiederholt sich dort wie hier, sofern es sich bei Seitenverkehrung um nur ein einziges Auge handelt — und wird ganz anders, wenn man das monokulare Sehen durch das binokulare ersetzt, was ganz neue Schwierigkeiten, aber auch ganz neue Möglichkeiten der am Versuch beteiligten Vp bietet, — zu deren teilweisen Besprechung wir jetzt übergehen.

Binokulare rechts-links-Umkehrung

Mit der binokularen Umkehrung müßten auch die nahe-ferne-Verhältnisse, sofern sie von der Querdisparation abhängen, ebenfalls umkehren: Denn die Querdisparation ist doch dadurch hervorgerufen, daß die beiden Augen den Gegenstand nicht vom selben Raumort aus betrachten, sondern eben das rechte Auge mehr von rechts, das linke mehr von links. Und in der Tat kehrt sich auch der Tiefeneindruck bei den einfachen stereoskopischen Figuren um, sobald man das sonst rechte Bild ohne Drehung links legt und vice versa das linke — rechts. Hier bewahrheitet sich also die erwartete Wirkung der Adaptation. — Wie aber erscheint uns unsere räumliche Umwelt mit der rechts-links vertauschenden Brille (abgesehen davon, was wir mit der

Umkehrbrille bei Gebrauch nur des *einen* Auges schon kennengelernt hatten)?[1])

Zu unserem Erstaunen kommt zunächst noch gar nichts Neues dazu! Das binokulare Sehen ergibt dasselbe verkehrte Bild wie das monokulare... Wenigstens so im Anfang. Doch da fällt uns (sofern der Versuch an uns ausgeführt wird) plötzlich auf, daß die schräg nebeneinander und zugleich immer weiter zurücktretend aufgestellten gleich großen Photobilder tatsächlich nicht nur seitlich verkehrt, sondern dem Wahrnehmungseindruck nach auch *tiefenverkehrt* dastehen (dies aber nur, wenn sich unsere Augen in Tischhöhe befinden und wir also die Standfläche der Bilder nicht sehen: sonst bewirkt die zwischen den Bildern sichtbare Standfläche wieder den ursprünglichen Tiefeneindruck). — Dann gesellt sich dazu der Eindruck, daß das nun entferntest gesehene Bild zugleich auch bedeutend *größer* (!) erscheint als das vorderste. — Auch im Gewirre des auf dem Tisch stehenden Blumenstraußes geht etwas Merkwürdiges vor: Die sich früher nach hinten dehnenden Zweige stoßen jetzt, andere Zweige unnatürlich überschneidend, nach vorne vor. Und die drei zu Versuchszwecken hintereinander aufgehängter verschiedenfarbigen Drähte haben ihre Tiefendimension deutlich verändert. Selbst eine Faschingsmaske (deren konkave uns zugewandte Innenfläche so ausgemalt ist, wie es sonst nur die konvexe Oberfläche zu sein pflegt), die lange nicht konvex werden wollte, schlägt nun plötzlich um und wirkt in ihrer natürlichen Konvexität (nachdem die Beleuchtung so eingestellt worden ist, daß sich keine zu großen Widersprüche aus der neuen Konvexität ergeben!). Selbst die entgegengesetzte Verwandlung der objektiv konvexen Maskenfläche in eine konkave gelingt nach größerer Übung (was bei menschlichen Körpern und Gesichtern in der Regel nicht gelingen will!). Desgleichen bleiben die meisten Gegenstände des Zimmers nach wie vor in objektiv richtiger Tiefensicht. — Die plastischen Verzierungen am Ofen wollen gar nicht in die Tiefe gehen; desgleichen sind alle kleinen Gegenstände, wie Bleistifte, Stemmeisen, Feilen, die Bohrmaschine usw. nach wie vor konvex körperlich zu sehen.[2]) Der zusammengezogene Bettvorhang hängt nach

[1]) Eine gute Bestimmung scheint mir von *Rohracher* bezüglich der Wahrnehmung allgemein gemacht zu sein, indem er von Wahrnehmungen mit *Unbestimmtheitscharakter* spricht: Zweifellos gibt es solche, ja erst die eindeutig und „volleindeutig" entwickelten Wahrnehmungen erreichen einen hohen Bestimmtheitsgrad.

[2]) Daß die *Längsdisparation* keine Rolle bei der Entfernungsauffassung spielt, ergibt sich schon daraus, daß nur die *seitliche Entfernung der beiden Augen* bei der Wahrnehmung der Entfernung von Bedeutung sein kann.

wie vor in gleichen Falten und darüber hängt das Nachthemd. Halt — da plötzlich ändert sich das Bild, die unteren Teile des Hemdes treten in unnatürlicher Form zurück, und wo der Rand des Hemdes den Vorhang zudeckte, steht der Vorhang wie ausgeschnitten im Raum vor. — Besonders überraschend ist es, daß die kleine Statuette, die vor der durchsichtigen Vase des Blumenstraußes stand, nun in die Vase hineingeraten ist: sie steht nicht davor, sondern mitten im Wasser (so geht es auch einer brennenden Kerze, die ‚in der Vase' zu brennen fortfährt, auch wenn man die Vase mit Wasser anfüllt).

Die hinreichende allgemeine Begründung, die auch für das hier Folgende gilt, ist im letzten Teil zusammengefaßt, — und im ganzen Text mit Beispielen reich belegt. Daher können wir hier die Beobachtungen, welche manche Psychologen am visuellen Sinn mit einer gewissen Überraschung gemacht hatten, nun kurz erwähnen: Nicht allein die ‚Konstanz der (in gewissen Grenzen der Entfernung eingefangenen) gesehenen Größe', trotz riesiger Größenänderung des Netzhautbildes, machte auf sich achten, sondern auch die physikalisch mit Apparaten sicher zu messenden *Farbänderungen,* denen *keine Empfindungsänderungen entsprachen:* Der Schnee blieb weiß, wenn er auch einen bläulichen Schimmer trug, die Tischdecke unter der Lampe ebenfalls, und man merkte kaum den Gelbstich drin, wenn er für den Farbmeßapparat auch eigentlich mehr gelb als weiß war usw. Und nun erinnern wir uns an die Einleitung von Bd. III, S. 55: Es folgt daraus, daß wir dem Wesen der Wahrnehmung nach nichts anderes zu erwarten haben. Die Wahrnehmung ist nicht ein absolut starrer Mechanismus, der nur von *einem* Ursachenfaktor eindeutig abhängt, sondern: eine *Organismusäußerung,* die auf verschiedene gleichzeitige oder aufeinanderfolgende Reizkombinationen verschieden reagiert, — oft: damit, trotz der Reizverschiedenheit, dasselbe Ding als sie erzeugend wiedererkannt wird; oft (z. B. auch bei der Adaptation): damit mit der Zeit ein Unterschied bemerkbar wird, der sich anfangs nicht geltend machte, — aber *stets als Antwort auf die Gesamtsituation der Wahrnehmung.* Am deutlichsten wird das im Kapitel 10 (Kontrast und Adaptation) experimentell gezeigt. Aber jeder Blick in eine Zimmergegend, wohin auch ein Schatten fallen mag, zeigt unsere Fähigkeit zu sondern und wiederzuerkennen — unter den physikalisch teilweise identischen und teilweise sehr verschiedenen Umständen. Wird z. B. ein ‚Schattenstrahl', ohne daß die Vp seine Herkunft und sein Wesen sonst merkt, auf ein Stück Würfelzucker geworfen (das man eventuell sogar zur Verdeckung der objektiv im Raum herrschenden Schatten- und Lichtverhältnisse an einem Faden anhängt), so sieht die Vp ein dunkles Stück Zucker von Natur aus oder beschmutzt, das sie *im gesehenen Schatten* als „weiß im Schatten" sehen würde.

Große Forscher untersuchten den Zusammenhang zwischen physikalischen Kräften und den physikalisch-psychologisch darauf erfolgenden Antworten des Sinneserlebens des Lebewesens, in dem sie z. T. unerwartete Unterschiede vorfanden: z. B. die Helligkeit der nichtglänzenden *Steinkohle zur Mittagszeit als objektiv heller* gegenüber *weißem Papier zur Dämmerung*, das als solches (d. h. als *weißes* Papier) noch gut erkannt wird,[1]) am Abend (was nur

---

[1]) Nicht leicht (aber möglich) ist es, einen hinunter hängenden, aufgespannten Schirm von der Seite aus unter der Wirkung der Brille so zu sehen, als ob seine vordere Hälfte verschwunden wäre, und man nicht die äußere konvexe, sondern die innere konkave Fläche erblickte; nimmt man aber statt des bespannten Schirmes nur das Schirmgestänge, das man am Henkel an einer Schnur aufhängt und in Rotation versetzt, so entsteht ein ganz merkwürdiger Eindruck, dessen Deutung aus dem Mitgeteilten sich eindeutig ergibt und daher dem Leser überlassen bleibe: Die wahrgenommene Drehung des Schirmes vollzieht sich in gleicher Richtung wie ohne Brille (!): doch hat sich die Richtung des Schirmstockes etwas verändert. Vor allem aber ist die Größe seines Drahtgestänges ganz verändert: die auf mich zukommenden Speichen werden immer *kleiner* — und wenn sie sich entfernen, wachsen sie ins Ungeheure. — Noch merkwürdiger wird der Eindruck, wenn man an den Schirmstock dieses Schirmgeständes unten noch einen bespannten Schirm anhängt: Er scheint sich in der Gegenrichtung des oberen Schirmes zu drehen, an dem er hängt, und also in *Gegenrichtung* der ohne Brille gesehenen Drehung. Dieser merkwürdige (aber aus dem, was wir schon wissen, sehr erklärliche) Eindruck wird noch überboten von der Drehung einer Puppe, die man mitten ins Gestänge des Schirmes hineinsetzt: Sie gleitet bei der Drehung (wie der untere Schirm) in rätselhafter, aber absolut deutlich wahrgenommener Weise in Gegenrichtung zur Drehung des Schirmgestänges, in dem sie sitzt. — Das Ganze ist eine kleine Denkaufgabe mit lauter bekannten Voraussetzungen für deren restlose Lösung!

Ein Hinweis zur Deutung, sofern sie ohne anschauliche Hilfsmittel zu schwierig wäre: Warum erfolgt die Drehung des Schirmgestänges in gleicher Richtung wie ohne Brille? Weil die Umkehrung der Drehung mit der Brille zweimal erfolgt: einmal durch Seitenvertauschung und dann durch Tiefenumkehr: Man sieht näher den ferneren Teil des Gestänges, das ja in Wirklichkeit eine entgegengesetzte Bewegungsrichtung hat, und man sieht diese Bewegungsrichtung durch rechts-links Vertauschung umgekehrt, — also so, wie man die vordere ohne Brille sieht. Nicht so bei der Puppe: Deren Körper bleibt in der Regel (es gibt Ausnahmen) nicht vorne-hinten vertauscht, die Querdisparation wirkt nicht auf sie, — macht nur die rechts-links Vertauschung durch, sie erscheint also vorn, wenn sie in Wirklichkeit vorn ist, muß daher in ihrer Drehbewegung eine der Bewegung des Schirmgestänges entgegengesetzte Richtung besitzen. — Sobald sie aber durchsichtig — hohl gesehen wird, gleicht sich auch ihre Bewegung der des Schirmgestänges an (s. o.: ‚bezogener Schirm' und ‚Schirmgestänge'). — Unnatürlich groß sieht man die entfernt gesehenen Gestängespeichen, weil das in Wirklichkeit die nahegelegenen sind, denen selbstverständlich ein viel größeres Netzhautbild entspricht und vice versa.

wäre, wenn es auf den absoluten Helligkeitsvergleich von Kohle und weißem Papier zu verschiedenen Beleuchtungszeiten ankäme, und nicht *auf das Erkennen der Kohle* auch in der Mittagshelligkeit und des weißen Papiers auch im halben Morgengrauen — als Kohle und Papier).

Eine Methode hatte *D. Katz* entwickelt, um die Farben und Helligkeiten deutlich von den Dingen, denen sie nach unserer täglichen Erfahrung angehören, zu unterscheiden: Man schaue die farbige Fläche nicht als solche, als ‚Ding' an, sondern man halte eine Blende (z. B. aus Karton, 15 × 15 cm, mit Ausschnitt von 2 cm^2) und versuche, nicht ins Innere der Öffnung durch das Loch zu sehen, sondern man schaue *auf die Öffnung*, wo man ebenfalls die in der Blende herrschende Helligkeit oder Farbe, aber unverbunden mit dem damit ‚gedeckten' Gegenstand, gleichsam wie ein unmaterielles unwägbares über die Blende gespanntes Häutchen wahrnimmt. Katz nannte es *Flächenfarbe*, gegenüber der den *Gegenstand deckenden* oder seine Naturfarbe ausmachenden *Oberflächenfarbe*. Er nennt es eine *Reduktion* der letzteren auf die erstere. ‚Reduktion', weil sie nicht mehr belastet ist wie die Oberflächenfarbe vom Gegenstande, der sie trägt; sie wird nicht durch die gewohnten Miteindrücke und Assoziationen begleitet — und dadurch in unserer Auffassung auch verändert. Ein sehr glückliches Verfahren, die Farben und Helligkeiten „als solche" in ‚Reduktion' zu sehen (was jedoch nicht bedeutet, daß man sie dabei auch ‚natürlich' sieht, wie wir ein Bild nicht natürlich sehen, wenn wir es zu bestimmtem Zwecke vielleicht sehr vorteilhaft, durch ein dünnes Rohr Teil für Teil successiv anschauen).

In ähnlicher Weise läßt sich auch der durchsichtige farbige, z. B. flüssigkeitsgefüllte Raum ansehen. Immer die „Situation der Betrachtungsart" verändernd führt man den allgemeinen Begriff der *„Situation"* ein, deren Bedeutung auch noch über die hier gesteckten Grenzen führt und selbst im Gebiete der experimentellen Psychologie eigentlich keine Grenzen kennt (s. Kap. 5).

Aus dem Mitgeteilten ergeben sich eindeutige Schlüsse: Die indirekten Tiefenkriterien wirken zusammen oft stärker die Tiefe bestimmend als die Querdisparation. So läßt sich das menschliche Gesicht und seine Gestalt nicht ebenso tiefenverkehrt sehen wie eine Maske, weil ein derartiges Sehen all unserer Erfahrung und unserer Auffassung einer solchen ‚Seinsmöglichkeit' von Grund auf widersprechen würde. Die Gestalt, die sich durch Tiefenwechsel ergeben würde, muß irgendwie *‚vorstellungsmöglich‘* sein, da sonst die gewohnte Sicht über die der Inversion einen unüberwindlichen Sieg davonträgt. Die ungewöhnliche Schattenverteilung erschwert sehr oder macht gar unmöglich die Tiefeninversion bei diesem Versuch. Kulissenwirkung ist ein starkes, jedoch nicht unüberwindliches Hindernis, sofern man sich mit dem bei der Inversion entstehenden Bild irgendwie ‚seinsmäßig‘ abfinden kann. Dasselbe ist von der Perspektive zu sagen. Das näher Erscheinende, in Wirklichkeit Fernere, sieht nicht selten *durchsichtig* aus, weil ja die objektiv näheren, also nichtverdeckten, Gegenstände dahinter zu sein scheinen usw. Und allgemein, je weniger indirekte Gegenkriterien sich einstellen, desto leichter setzt sich die Tiefenumkehr durch. Schlechthin die *ganze* Situation beherrschend ist sie aber keineswegs. Das *Gesamtbild* ist nie durchgehend von der *vorne-hinten-Inversion* beherrscht, wie es dies (schon vom ersten Augenblick an) von der *links-rechts-Inversion* ist. Immer sind es für eine solche Sicht nur besonders passende Einzelbildteile des Gesichtsfeldes.

Irgendein vernünftiges ‚sinnvolles‘ (nicht ein in sich selbst widersprechendes, unmögliches) *Weltbild muß hinsichtlich der Gestalt, der Schattenwirkung, der Perspektive, der körperlichen Raumausfüllung* und auch der hergebrachten *tief eingewurzelten Erfahrung* (s. Unterschied zwischen Menschenantlitz und Maske), *muß vom Sehenden gefunden werden, damit die Seheindrücke in es hineinfließen können,* — dann erst kann die Querdisparation siegen und die Inversion sich vollziehen.

Die Erklärung der vielfachen *Gesichtstäuschungen* ergibt sich zum großen Teil *aus dem Wesen der Gesichtswahrnehmung als solcher* (so z. B. die stroboskopische Bewegungstäuschung, s. Stroboskopie S. 81, z. T. aus *Kontrast und Adaptation* (s. Kap. 11) und allgemein gesprochen: *Aus Situation und Situationseffekt und Nacheffekt* (s. Kap. 5). Sie schwinden zum großen Teil, wenn man die Beobachtungsbedingungen entsprechend ändert: So wird

z. B. die berühmte Größentäuschung des aufgehenden Mondes aufgehoben, wenn man ihn durch ein ziemlich schmales Rohr ansieht, *das die Landschaftsumgebung des Mondes* und damit seine scheinbare Entfernung vernichtet. — Zweifellos spielt auch *die in Fleisch und Blut eingegangene Erfahrung* eine große Rolle dabei.

D. Scheinbewegung (stroboskopische Bewegung)

Bewegung ist räumliche Verschiebung eines identischen Etwas in der Aufeinanderfolge der Zeit. Das ‚identische Etwas' wird manchmal im abstraktiven Sinne gemeint: ‚dieselbe Zahl', ‚dieselbe Gestalt', ‚dieselbe Farbe'. Aber der ‚Ursinn der Bewegung' ist immer die in der Zeit vor sich gehende räumliche Verlagerung *desselben Gegenstandes:* der bewegte Arm, der bewegte Pfeil, der bewegte Ast, der bewegte Wagen, der laufende Hund, das fließende Wasser. Schon im Tierreich spielt die ‚Dieselbigkeit' eine entscheidende Rolle: der Hund sucht seinen Herrn, eben ihn unter allen ‚Anderen'. Projizieren wir einen Lichtflecken auf die Wand und ‚bewegen' ihn, lassen ihn tanzen, — im Russischen heißt er rein gegenständlich ‚das Häschen' — so wissen wir zwar von der Physik her, daß hier von einer ‚Identität' der bewegten Lichtflecken keine Rede sein kann und auch hier, wie immer, neue Lichtstrahlen immer neue Lichtempfindung hervorrufen; dennoch bewegt sich für uns ‚derselbe Lichtflecken', er ist bald hier, bald dort. Dies um so mehr, wenn es ein projizierter Gegenstand ist, z. B. eine menschliche Gestalt, die auf einem Projektionsschirm eingestellt und dabei hin und her verschoben wird.

Nun hat aber jedes so projizierte Bild, auch der einfache Lichtpunkt oder Strich, noch eine besondere Eigentümlichkeit, die den Psychologen viel zu denken gegeben hat: Steht ein Lichtpunkt auf der Leinwand im Punkt A und verschwindet plötzlich daselbst, während zu gleicher Zeit (ja nicht merkbar früher!) in nicht allzu großer Entfernung B ein anderer Lichtpunkt aufleuchtet, — so sehen wir nicht zwei zeitlich aufeinanderfolgend erscheinende Punkte, sondern: wir haben *den Eindruck der Wanderung desselben einen Punktes vom ersten Punkt A zum Punkt* B. Man nennt diese Scheinbewegung *„stroboskopische Bewegung"*. Sie war im menschlichen Leben schon immer von großer Bedeutung, — spielt aber in den letzten Jahrzehnten eine besonders große Rolle: denn sie ist *die psychologische Grundlage der ganzen Kinematographie.*[1])

Durch welche Kräfte aber entsteht in uns der Bewegungseindruck der kurzen, in Wirklichkeit statischen, räumlich *unbewegten,* sich nur *zeitlich folgenden* Lichteindrücke? Die alte Vermutung, daß es Nachbilder seien, die unser bewegtes Auge von A nach B hinüberträgt, ist längst fallen gelassen, weil auch bei stillstehendem Auge der Bewegungseindruck bleibt und man außerdem zwei *entgegengesetzte* stroboskopische Bewegungen in voller Deutlichkeit wahrnehmen kann. Man suchte die Erklärung in einer Kurzschlußtheorie, — vergeblich, denn diese müßte geradlinige Bewegungen hervorbringen und stimmt auch zu den weiter unten geschilderten Versuchsergebnissen (z. B. zur ‚einpoligen Stroboskopie') nicht. Aus der Summe der hier folgenden Versuche ergibt sich die Erklärung von selbst. — Stellen wir uns, auf dem Projektionsschirm hingeworfen, eine schematische *Ankerfigur* vor: Senkrechte Zentralstange — rot, seitlich gekrümmte Ankerarme weiß; die untere Spitze der roten Zentralstange soll unter dem weißen Halbbogen der Seitenarme noch etwas tiefer vorstehen. Der ganze projizierte Anker scheint oben an einer Achse zu hängen und während des Versuches pendelartig hin und her zu schwingen. Wird die Vp noch besonders gefragt, ob ihr die Bewegung aller Ankerteile — der roten Zentralstange, der weißen Seitenarme, der vorragenden roten Spitze — gleich deutlich wahrnehmbar ist, so erhält man darauf die eindeutig positive Antwort. — Nun wird ein (oben halbkreisförmig ausgeschnittener) Abdeckschirm vor der Schwingungsebene des Ankers aufgestellt, so daß die unren vorragende rote Spitze des Ankers nur noch in ihren Extremlagen rechts und links sichtbar wird, während der übrigen Ankerbewegung aber vom Schirm abgedeckt bleibt. — Darauf wird die Dämmerbeleuchtung des Raumes noch herabgesetzt; zwei kleine Lämpchen am unteren Teil des Schirmes zeugen noch von seinem Vorhandensein, da er sonst in der Dunkelheit nicht mehr sichtbar wäre. An der Bewegung des Ankers ändert sich natürlich gar nichts: Er pendelt nach wie vor, nur seine untere Spitze ist während der Bewegung durch den Abdeckschirm unsichtbar gemacht. — Eine neuerliche Erhellung des Raumes bringt aber eine Überraschung: Der obere Teil des Abdeckschirmes ist in der Dunkelheit heimlich abgetragen worden!

[1]) *Flimmern beim Kino:* Solange die aufeinanderfolgenden Bilder weniger als etwa *18—24* pro Sekunde liefern, ist die Filmdarbietung unruhig; ein Flimmern tritt ein statt des fließenden naturgetreuen Ablaufs des dargebotenen Geschehens.

Wieso war denn die Bewegung der unteren Spitze in der Dunkelheit nicht sichtbar gewesen?! ... Und in der Tat, sobald der Abbau des Oberbaues des Schirmes wahrgenommen wird, wandert auch schon, ebenso überzeugend wie vor der Abdeckung, die Spitze mit dem ganzen Anker hin und her! — Des Rätsels Lösung: Die objektiven Versuchsbedingungen waren von Anfang an anders, als sie vom Betrachter wahrgenommen wurden: Die untere rote Spitze bewegte sich in Wirklichkeit nie mit dem bewegten Anker, — sie trat von Anfang an immer wieder *nur in den Extremstellungen des Ankers auf;* ihre scheinbaren Wanderungen mit dem Anker waren nur stroboskopisch bedingt! — Abgedeckt wurde nur der *sowieso leere* und nur durch stroboskopische Bewegungen der Spitze ‚ausgefüllte' Teil der Bewegungsbahn! Da aber der Betrachter das Anbringen des Schirmes (der die Bewegung der Spitze über die nun verdeckte Bewegungsbahn ebenfalls notwendig mitverdecken muß) wahrnimmt, ist er überzeugt, daß er die Bewegung der Spitze im verdeckten Gebiet nicht sehen kann; und tatsächlich sieht er sie auch hinter dem Schirm verschwinden! Sobald er aber erfährt, daß der Schirm abgebaut ist, tritt die rote Spitze ihre gewohnte stroboskopische Bewegung sofort auch wieder an! — Rein physikalisch betrachtet, ist der Versuch natürlich völlig abstrus, weil mit dem Schirm ‚etwas *abgedeckt* wird, was *nie dagewesen* war; nicht so psychologisch, da der Betrachter das Wandern der roten Spitze vor Abdeckung deutlich und nach Abdeckung sie nicht mehr sah, — bis es sich herausstellte, daß der Schirm schon längst abgebaut war, — und der Betrachter sich immer noch im Banne der Überzeugung befand, daß der Schirm ihn am Sehen der Spitze behindert, er sie dementsprechend auch hinter den (eingebildeten) Schirm verschwinden und erst kurz vor der entgegengesetzten Extremstellung wieder auftauchen sah.

Der Versuch zeigt deutlich, daß (1) die stroboskopische Bewegung von der Realbewegung, unter optimalen Bedingungen, nicht unterschieden werden kann (außer durch das Nachbild); (2) sie in ihrer Bewegungsausrichtung durch die näheren Umstände des wahrgenommenen Bildes bestimmt werden kann: Hier vollzieht sich die Bewegung nicht in einer geraden, sondern gekrümmten (pendelförmig geschwungenen) Linie; (3) ihr Auftreten nicht nur von den gebotenen Reizen, sondern ebenso auch *von der Situation abhängt, an deren Vorhandensein vom Betrachter geglaubt wird,* — daß sie also in ihrem Auftreten nicht rein peripher physiologisch bestimmt ist. Die letzten Punkte werden bestätigt durch folgenden Versuch: Ein auf der Spitze stehendes Quadrat wird projiziert, dessen je zwei gegenüberliegende Seiten zusammen verschwinden, wenn die ihnen anliegenden Seiten auftreten (und wieder auftreten, wenn jene schwinden): In diesem Falle scheinen die leuchtenden Leisten pendelartig um die jeweiligen Eckenachsen hin und her zu schwingen, — aber um welche der vier möglichen Achsen?: entweder um die obere und untere *oder* um die rechte und linke, — was einen ganz anderen Bewegungseindruck bedingt. Manche Beobachter sehen es so, andere anders. Aber man kann den Beobachter auch zwingen, die eine oder die andere Bewegungsart zu sehen: Man schaltet z. B. die beiden unteren Leisten ganz aus, dann sieht der Beobachter notgedrungen das Schwingen eines gewöhnlichen Uhrpendels; bei Ausschalten des oberen Paares schwingt das aufrechte Pendel eines Metronoms. Und läßt man darauf alle vier Leisten paarweise aufscheinen und schwinden, so schlagen *beide Pendel* gleichzeitig in entgegengesetzter Richtung aus. — Schaltet man aber zuerst die rechten und dann die linken Leisten aus und dann wieder ein, so sind es *liegende* Pendel, die auf- und abschlagen, — die Bewegung erfolgt jetzt um die in der rechten und linken Ecke gelegenen Achsen. Durch Einstellen des Betrachters auf die eine oder andere stroboskopische Wahrnehmung wird sie auch mit aller Deutlichkeit erzeugt — unter genau denselben physikalischen Wahrnehmungsbedingungen. Also hängt (4) nicht nur das Auftreten der stroboskopischen Bewegung von der Einstellung des Betrachters ab, sondern *auch die Art der auftretenden stroboskopischen Bewegung* hängt ganz von der psychischen Einstellung des Betrachters ab. — (5) Stets zeigt dieses Experiment *zwei der Richtung nach entgegengesetzte gleichzeitige* sehr deutliche stroboskopische Bewegungen.

Nun läßt man wieder eine leuchtende senkrechte Leiste stroboskopisch in Parallelverschiebung rechts-links hin und her wandern. Dann aber wird deren untere Hälfte dauernd leuchtend gemacht und sowohl rechts als links an ihrem Ursprungsort zurückbehalten, während die obere Hälfte rechts-links abwechselnd aufleuchtet und verschwindet und dementsprechend der obere Leistenteil so wie früher rechts-links hin und her wandert. Sehr bald (oder sofort) schon, denn die neue Wahrnehmungsmöglichkeit ist stärker, obwohl die alte weiterbesteht, ändert sich aber das stroboskopische Bild grundsätzlich: Das frühere Wanderungsfeld zeigt in sich nun nicht mehr die Spur einer darüber streichenden Bewegung, — weil sich etwas ganz anderes eingestellt hat: Die beiden oberen Hälften scheinen jetzt aus den (dauernd leuchtenden) unteren Hälften herauszuwachsen und in sie wieder hineinzuverschwinden! Dies ist ein absolut anderer Bewegungseindruck am oberen Leistenteil; der untere Leistenteil leuchtet ja durchgehend. Und dennoch entwickelt sich aus ihm eine Bewegung, ein Wachsen des oberen Leistenteiles, der nicht einfach plötzlich auftritt oder verschwindet, sondern deutlich *aus dem dauernden Teil herausschießt und in ihm wieder untergeht.* Dieses beständige Auf und Ab erinnert lebhaft an ein Kasperlespiel. — Wir nähern uns dem unipolaren stroboskopischen Eindruck. — Statt der unteren Leistenteile sollen nun zwei Schirme angebracht werden, z. B. als dunkle Quadrate auf grauem Bewegungsfeld oder auch nur als schwarz oder hell gezeichnete (projizierte) Quadrate in unmittelbarer Nähe der oberen Wechselhalbleisten: Die oberen Halbleisten scheinen sich jetzt einfach hinter den Schirmen zu verstecken und hinter den Schirmen wieder herauszuspringen. — Da denkt man an die Feststellung von *Schumann:* Daß ein plötzlich in ganzer Größe gebotener visueller Reiz nie sofort als ganzer aufzutreten scheint, sondern sich *stets von irgendeiner Stelle aus, gleichsam aus einem Keim heraus* entwickelt. Hier sind die dauernd leuchtenden Unterhälften oder Schirme willkommene Keimorte, aus denen sich die Oberhälften entwickeln können.

Aber die stroboskopische Bewegung kann (6) auch gänzlich unipolar bedingt sein, — was natürlich sämtliche Erklärungen, die Bipolarität voraussetzen, unmöglich macht: Die beiden senkrechten Leisten wandern wieder stroboskopisch hin und her (r-l), doch wird bei der linken Leiste das mittlere Drittel herausgenommen, so daß also rechts die ganze Leiste, links aber nur das obere und untere Drittel aufscheinen: Bei der Bewegung nach links spaltet sich da die in Bewegung befindliche stroboskopische lange Leiste (wie ein sich spaltender Blitz) und der obere Teil landet beim oberen, der untere beim unteren Drittel. Das ist schon an sich eine merkwürdige Erscheinung, denn die Spaltung kann ja erst *nach* dem Aufleuchten der beiden linken Drittel erfolgen, — *scheint aber schon während der Bewegung* (bei der man ‚noch nicht wissen sollte', daß sie in zwei kurzen Leisten und nicht in einer langen enden wird) zu erfolgen. *Aber das ist dem Grundwesen der Stroboskopie eigentümlich, daß* (7) *die Aufeinanderfolge der Eindrücke so aufgefaßt wird, daß daraus ein geschlossener, ‚sinnvoller' Eindruck entsteht, — wobei erst später Gebotenes als ‚früher' aufgefaßt und wirksam wird, wenn das in die Entwicklung des ganzen Vorganges besser hineinpaßt.* — Aber die eigentliche *unipolare Stroboskopie* tritt erst auf, wenn der Ausschluß des Mittelteiles nicht einfach durch Weglassen geschieht, sondern wenn man *in das Bewegungsfeld der langen Leiste zwischen die beiden kürzeren aufleuchtenden Stücke einen das Bewegungsfeld mehr oder weniger tief abdeckenden schwarzen Schirm* einfügt, der sozusagen wie ein Brett sichtbar in das Bewegungsfeld von links hineinragt. Man hat dann den Eindruck, daß die ganze lange Leiste auch links durchgehend vorhanden sei, nur daß ihre Mitte durch den Schirm abgedeckt wäre. Und siehe: Nun wandert die ganze Leiste (ohne sich ungefähr in der Mitte schon zu teilen) *über das ganze Bewegungsfeld von rechts her bis zum Schirm, wo ihr mittlerer Teil hinter dem Schirm verschwindet,* während die beiden anderen Teile bis ans Ende der Bahn sichtbar bleiben. Ein höchst wichtiges Ergebnis, denn es zeigt, daß der entsprechende Gesamt-Endreiz gar nicht einmal unbedingt nötig ist zur Entstehung der stroboskopischen Bewegung, und daher die Erklärung der Stroboskopie nicht einfach von der Tatsache des Doppelreizes, sondern von der psychischen Gesamtauffassung der Situation ausgehen muß.

Bis jetzt ist es uns nie gelungen, die stroboskopische Bewegung zu *unterdrücken:* Sobald die die Stroboskopie bedingende Situation (zeitliche Folge der beiden Reize, kein übermäßiger Raumabstand dazwischen) da war, trat auch die stroboskopische Bewegung auf. Nur *scheinbar* gelang uns deren Unterdrückung beim Schirmversuch: Denn der Schirm hebt die Bewegung nicht auf, — er macht sie nur unsichtbar; — die *Identität* der leuchtenden Objekte bleibt für den Betrachter ebenso bestehen wie auch die *Auffassung ihrer Bewegung.* Es ist so, wie wenn jemand hinter einem als Schirm verwendeten Buch seine Hand so hin und her bewegt, daß sie nach beiden Seiten über das Buch hinausschießt und nur während ihrer Bewegung vom schirmenden Buch zugedeckt wird: Es ist für den Betrachter immer dieselbe Hand, die rechts und links hervorkommt, nachdem sie eine Bewegung hinter dem Buch ausgeführt hat. — Nicht anders wirken alle übrigen äußeren Mittel, welche die Bewegung unmöglich machen sollen: Wird in die Bewegungsbahn von zwei Lämpchen, die abwechselnd aufleuchten und stroboskopisch hin und her samt ihrer Fassung zu fliegen beginnen, ein Bleiklotz aufgestellt, so schlagen sie ihn einfach durch; er wirkt grundsätzlich gleich einem Schirm, nur daß die Bewegung nicht hinter ihm, sondern *durch ihn* durchgeht (die eigentliche ‚Tunnelwirkung'). — Offenbar müssen wir nach allem, was wir wissen, ganz andere Mittel suchen, um die stroboskopische Bewegung nicht einfach unsichtbar zu machen oder ihre Richtung wie oben (S. 84) zu ändern, — sondern: *überhaupt nicht aufkommen zu lassen.*

Warum tritt denn die stroboskopische Bewegung überhaupt auf? Die uns umgebenden Objekte verschwinden nach unserer gewöhnlichen Erfahrung nie schlechthin im Nichts und kommen nicht aus dem Nichts, sondern sie kommen durch Bewegung aus anderen Orten und verschwinden, indem sie an andere Orte sich hinwegbewegen. So z. B. die bewegte Hand eines Menschen, so der vorbeifliegende Vogel, so das vorbeifahrende Auto. Und wenn ein Strich, d. h. ein ‚Gegenstand' auf dem Projektionsschirm verschwindet, in gewisser Nähe von ihm aber ein anderer auftritt, — was liegt näher als: im aufscheinenden Strich — *denselben* zu sehen, der seinen Ort nur gewechselt hat? Er braucht dazu gar nicht immer dieselbe Farbe, Größe oder Form zu haben, — denn wir sehen ja oft genug, wie Gegenstände unserer Umgebung ihre Eigenart während der Bewegung ändern (die Flügel des flügelschlagenden Vogels verändern weitgehend sein Aussehen, wechselnde Beleuchtung und Schatten ändern die Farbe des bewegten Gegenstandes, die Beine des laufenden Pferdes nehmen kontinuierlich andere Formen an, ebenso verändert der Entfernungswechsel seine Größe) — und dennoch bleibt es für uns immer *derselbe bewegte Gegenstand.* Das Bezeichnende bleibt immer die zeitliche und die Identitätsbeziehung: An dem einen Ort verschwindet *er,* am anderen taucht *er* auf. Und so stört auch im stroboskopischen Versuch der Wechsel von Größe, Farbe, Form nicht den Bewegungseindruck des identischen Objektes, dessen Eigenschaften sich während der Bewegung ändern. Auf diese Weise läßt sich die stroboskopische Bewegung zwar mehr oder weniger optimal gestalten, nicht aber schlechthin aufheben. Viel näher bleibt uns immer die Annahme einer während der Bewegung eintretenden Änderung (ist doch auch schon die Bewegung selbst eine solche ‚Änderung'), — als das Rechnen mit etwas, was uns ganz fremd ist und bleibt: das Verschwinden des Objektes im Nichts und Auftauchen des anderen Objektes aus dem Nichts! Daher drängt uns die Unmöglichkeit eines solchen Urauftretens und Verschwindens dort, wo der eine Eindruck schwindet und der andere zur rechten Zeit darauf eintritt, *beide Eindrücke zu verbinden,* indem sie *durch Bewegung* vom ersten zum zweiten *zu einem einzigen Bewegungs- und Objekteindruck verschmolzen werden,* — wie ihn die Stroboskopie in der Tat auch zeigt Indem sie die Bewegung ergänzt, tut sie nichts anderes, als daß sie uns das Geschehen unter den außergewöhnlichen Verhältnissen der Projektion oder des Beleuchtungswechsels so zeigt, wie es sich in unserer Umgebung beim Sehen bewegter Objekte in einem fort abspielt. Wobei dieses Geschehen zwar sehr eindeutig, aber dennoch auch *nur huschartig* sich zeigt: Das Hinüberfliegen des Punktes von einem zum anderen Ort vollzieht sich nicht etwa langsam, so daß man alle Stadien seiner Bewegung gut übersehen könnte; sondern rasch und huschartig, wie die ruckweisen Bewegungen einer Meise.[1])

Wir sehen also die Bewegung in das stroboskopische Bild hinein, *weil sie die einfachste, uns entsprechendste Auffassung des vor uns Geschehenden ist* und wir nicht wahrnehmungsbereiter sind für eine andere Wahrnehmungsart. Wie aber, wenn eine solche Wahrnehmungsart geschaffen wird und die stroboskopische Bewegungsauffassung *nicht mehr nötig wird?* Dann sollte sich, wenn die vertretene Theorie richtig ist, der stroboskopische Bewegungseindruck *gar nicht einstellen,* trotz der sonst voll erhaltenen stroboskopischen Situation. Läßt sich eine solche Wahrnehmungssituation schaffen? Ja, und sogar sehr leicht: Nehmen wir an, daß der Beleuchtungswechsel der beiden stroboskopisch bewegten Punkte dadurch erreicht wird, daß in der entsprechenden Schablone ein zwischen den beiden Punkten vorhandener (für den Betrachter als solcher unsichtbarer) Schirm bald die eine Öffnung freimacht und die andere schließt, bald umgekehrt. Auch wenn wir von dieser Einrichtung der Schablone wissen, nützt uns das nichts, der stroboskopische Eindruck bleibt voll erhalten. Wie aber, wenn wir die ganze Schablone etwas durchscheinend machen, während der die beiden Punkte abwechselnd abdeckende und wieder freigebende Schirm *ganz undurchsichtig* bleibt, so daß man seine Bewegungen und den Vorgang des Zudeckens des einen Lichtpunktes und Aufdeckens des anderen durch den Abdeckschirm *direkt beobachtbar wird??* — Dann ist es aus mit der ganzen Stroboskopie! — *denn man braucht sie nicht mehr, um das Verschwinden und Auftreten der Lichtpunkte durch stroboskopische Bewegung sinngemäß zu erklären,* — da die viel einfachere Erklärung durch die Hin- und Herbewegungen des Abdeckschirmes alles in ihrer Art restlos klärt. — Wird aber die Bewegung des Schirmes wieder unsichtbar gemacht, so bleibt die ganze visuelle Situation genau dieselbe, nur *die Abdeckungs-*

---

[1]) Läßt man ein Pendel hinter einem Schirm vorschießen und in der anderen Extremlage wieder hinter dem Schirm verschwinden, so sieht man ein solches ‚Vorbeihuschen', das unübersehbar (d. h. sich als Bewegung eindeutig aufdrängend) und dennoch relativ flüchtig ist. Ganz anders wird der Eindruck, wenn man das Pendel auch schon in seinen beiden Ausgangslagen beobachten kann: Auch der Bewegungseindruck (obwohl sich an der Bewegung selbst rein physiologisch nichts verändert hat) wird unvergleichlich klarer und bestimmter. Da kommt zum direkten Wahrnehmungseindruck auch noch der stroboskopische Eindruck hinzu.

art der Lichtpunkte bleibt unsichtbar und ungeklärt, — und der stroboskopische Eindruck muß wieder heran, um den visuell auftretenden Wechsel zu klären, — und schon erscheint er auch wieder in voller Deutlichkeit.

Die stroboskopische Bewegung beruht also auf einer Illusion,[1]) einer psychisch bedingten Ergänzung des rein sinnlich Gegebenen, wie sie unsere Beziehungen zur Umwelt tausendfach bestimmt. Keineswegs bedeutet ‚Illusion' immer *Täuschung:* die Ergänzung geschieht oft in der durch frühere Erfahrung vorgespurten Richtung, welche unsere Wahrnehmungen außerordentlich erleichtert. So verstehen wir durch den Fernsprecher die Worte der uns bekannten Sprache oder gar die sinngebundene Rede viel deutlicher und richtiger, als ebenso deutlich gesprochene sinnlose Silben. Bekannte Bilder werden im Kurzsehversuch viel besser erfaßt als unbekannte usw. Immer sind hier illusionsartige Ergänzungen des nur rein empfindungsmäßig Aufgefaßten am Werk, die segensreich unsere Wahrnehmung beeinflussen, — allerdings manchesmal die Erklärung in die gewohnte Bahn führend, wo in Wirklichkeit ein Ausnahmefall vorliegt, und uns zum Irrtum verleitend: so z. B. beim bekannten leichten Übersehen der Druckfehler, Versprechen usw., — *so auch bei der reinen Stroboskopie.* Denn die stroboskopische Ergänzung, die, wie sich nachweisen läßt, bei unserem ganzen optischen Wahrnehmen wirksam ist, ist in Summa vielmehr eine segensreiche Hilfe zum richtigen Sehen als eine Quelle störender Irrtümer.

10. Die übrigen Sinne

Das Ohr und das Hören

Das Gebiet des Schalles gehört, wie alle Empfindungsgebiete, drei Wissenschaftsbereichen an: der Physik, der Physiologie und der Psychologie. Der Schall als *Objekt der Physik* ist noch besser erforscht als das Licht; ist er doch, als Gegenstand der Mechanik, viel einfacher als die von den größten Forschern z. T. gegensätzlich vertretene Lehre vom Licht. — Wenn auch viel unsicherer, läßt sich auch die *Physiologie des Schalls* im Anschluß an die physikalische Akustik aufbauen, wobei hier jedoch schon viele

[1]) Vgl. z. B. auch die verschiedenartige Illusion am blinden Fleck(s. S. 46).

Unsicherheiten verbleiben. — Noch größer wird die Unsicherheit in der Psychologie des Hörens, besonders wenn man zu ihr auch die Emotionalität hinzunimmt, die mit der Akustik engstens verbunden ist, wie es vor allem die Musik zeigt.

Die schöpferische Phantasie der Natur ist unbegrenzt. Unser zweiter Fernsinn, das *Gehör*, ist entsprechend der ihm eigenen anderen Reizart (mechanische Schwingungen) ganz anders gebaut als das auf elektrische Schwingungen hin ausgebildete Auge. Auch sind im Ohr drei sehr verschiedene, aber alle auf mechanischen Druck als auf ihren Reiz aufgebaute Organe enthalten: 1. Das *Gehörsorgan*, 2. das die *Richtung der Schwere anzeigende System der Otolithe* und 3. das die *Drehbeschleunigung erfassende System* der drei jeweils miteinander verbundenen *Bogengänge* in jedem Ohr.

Vibration, in der Hauptsache Luftvibration ist der adäquate Reiz für die akustischen Empfindungen. Wird eine in Aktion befindliche elektrische Glocke unter einen Rezipienten gestellt und die Luft aus dem Rezipienten nach und nach ausgepumpt, so hört man das Läuten der Glocke immer leiser, bis man schließlich die Aktivität der Glocke nur noch mit dem Auge sieht, dagegen sie akustisch überhaupt gar nicht mehr wahrnimmt; die die Vibration von der Glocke zum Ohr leitende Luftschicht fehlt nun um die Glocke herum und mit ihr auch der akustische Reiz außerhalb der Glocke.

Und in welcher Weise wirkt die vibrierende Luft als Reiz auf das Gehörsorgan? Genauso wie auf Stimmgabeln, die der vibrierenden Luft ausgesetzt werden: Sie werden durch die schwingende Luft mechanisch angestoßen und in gleiche Vibration versetzt. Wobei ein wesentlicher Unterschied besteht zwischen Schwinggegenständen mit einer ihnen eigentümlichen Schwingungsfrequenz, wie Stimmgabeln oder Saiten, und ohne eine solche, die *jede* Schwingungsart annähernd gleich gut übernehmen können (wie es z. B. die Luft selbst oder das Trommelfell des menschlichen Ohres vermag): Die ersten werden durch die relativ geringe Kraft der einzelnen Luftschwingung kaum aus ihrer Ruhe gebracht; erst wenn sie durch wiederholte Luftstöße getroffen werden, die mit der ihnen entsprechenden Schwingungsfrequenz konform gehen, kommt das Summationsprinzip zur Geltung, indem mit jedem Einzelstoß die entsprechende, übereinstimmende Wirkung sich immer steigert und man nun hört, wie die anfangs stumme

Querschnitt durch das menschliche Ohr
A = Amboss
Bg = Bogengänge
F = Felsenbein
GG = Gehörgang
H = Helicotrema (Schneckenloch)
Ha = Hammer
K = Ohrknorpel
KL = knöchernes Labyrinth
N = Hörnerv
OF = ovales Fenster
OM = Ohrmuschel
OT = Ohrtrompete
OP = Paukenhöhle
PT = Paukentreppe
RF = rundes Fenster
SK = Spiralkanal
St = Steigbügel
T = Trommelfell
VT = Vorhofstreppe

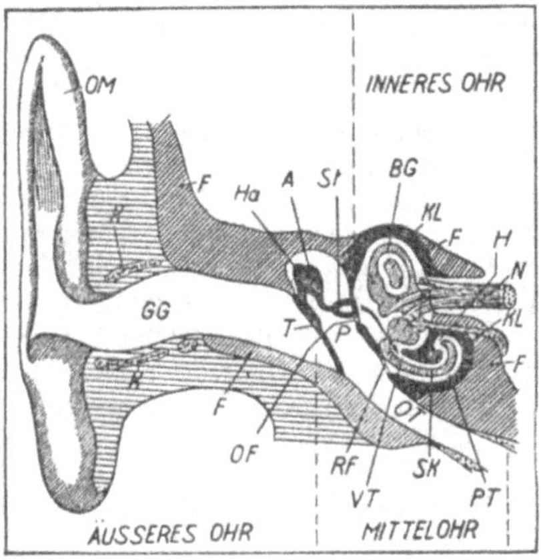

Bild 17 Querschnitt durch das menschliche Ohr

Saite oder Stimmgabel zu vibrieren und selbst zu tönen beginnt. Eine aus vielen Schwingungsarten zusammengesetzte Vibration (z. B. Luftvibration) kann auf diese Weise durch verschieden gestimmte Saiten oder Stimmgabeln in ihre Einzelkomponenten zerlegt werden, die durch die einzelnen Stimmgabeln oder Resonatoren erfaßt und getragen werden. Wir finden dieses Prinzip (nach *Helmholtzens* Theorie) angewandt auch beim Übergang vom Mittelohr zum Innenohr, wo gleichzeitig auch der Übergang von der Vibration des Trommelfelles und der Gehörsknöchelchen, die in der Luft stattfindet, zu solcher der kleinsten Saiten des Cortischen Organes in der Flüssigkeit der Schnecke geschieht, was die Schwingungen viel träger macht und daher auch kurze Saiten langsam vibrieren läßt, als es ihnen in der Luft zukäme, und auf diese Weise sie (trotz ihrer Kürze) zu Trägern relativ tiefer Töne macht. Dies ist die Grundlage der *Resonanztheorie von Helmholtz*, die wir noch genauer kennenlernen werden.

So wie durch unseren Gesichtsapparat nur ein sehr kleiner Bereich der elektromagnetischen Schwingungen wahrgenommen wird, steht es auch mit den mechanischen Schwingungen beim Hören: Ungefähr 16 bis 20000 Schwingungen pro Sekunde werden vom menschlichen Ohr als Schall wahrgenommen; tiefere, d. h. langsamere Schwingungsfolgen als 16 p. S. (Infraschall) werden zwar in der Regel nicht mehr gehört, sie können (z. B. Windstöße) aber manchmal noch als rhythmische Stöße zu einem einheitlichen Vibrationseindruck zusammengefaßt werden, — bei noch größeren Zeitunterschieden zwischen den einzelnen Stößen fehlt auch dieser vereinheitlichende Sinneseindruck. Auch der *Ultraschall* erzeugt keine Schallempfindungen, hat aber trotzdem z. T. sehr bedeutsame physiologisch-biologische Wirkungen: So wirken sich die bei solchen Erschütterungen eintretenden positiven und negativen Beschleunigungen auf den Zustand der vibrierenden Materie und ihren Bestand eventuell zerstörend aus, indem Geschwulstbildungen und sogar Knochen abgetragen werden können, was zu therapeutischen Zwecken verwendet werden kann. Kleine Lebewesen kann eine solche Ultraschall-Bestrahlung sogar zum Tode führen (‚Todesstrahlen'). — Die obere Hörschwelle anderer Lebewesen (z. T. auch schon höherer Säugetiere) übertrifft die des Menschen, z. T. liegt sie dagegen tiefer: Der Hund hört z. B. noch hohe Töne (38000 Hz), die dem Menschen schon unzugänglich sind, — darauf ist das dem Menschen selbst unhörbare ‚Heranpfeifen' von Hunden mit besonders hochklingenden Pfeifen basiert (die weiße Maus hört dagegen nur bis 4150 Hz).

Die Empfindlichkeit des Gehörsapparates für mittlere Töne ist viel feiner als für hohe und tiefe; die zur Erzeugung eines Tones von mittlerer Höhe notwendige Energie ist außerordentlich gering, z. B. nur 4 Zehntausendstel von einem Millionstel der normalen Luftdruckschwankung. Bei tiefen Tönen bedarf es einer mehr als tausendfachen Energie, um einen Ton hervorzurufen. — Physikalisch wird die Eigenschaft des Tones, die wir psychologisch als seine in *Phon* ausdrückbare *Stärke* empfinden, in der Größe der Schwingungsamplitude gemessen. Zu große Stärke erzeugt Schmerz und auf die Dauer Schädigung des Gehörorganes.

Die schwingende Außenluft, gut reflektiert und eingefangen in der *Ohrmuschel*, dringt zunächst in den Gehörgang. Der Gehörgang findet in der Tiefe seinen Abschluß mit einer Membran, dem *Trommelfell*, das, wie oben angedeutet, die Luftschwingungen *jeder Art* übernimmt (nicht so wie die durch die Art der Eigenschwingung determinierten Saiten oder Stimmgabeln). Dabei kann die Größe der Ausschläge des Trommelfelles noch variiert werden durch die mit Hilfe eines besonderen Muskels, des *Tensor tympani*, herbeigeführte reflektorisch eintretende größere oder geringere Spannung des Trommelfells. Diese Schwingungen sind auch noch bei starken Außengeräuschen sehr klein, bei lauten Rufen z. B. etwa $^1/_{50}$ mm. Es tritt dadurch eine reflektorische Dämpfung des lauten Schalles parallel zu der Verstärkung seines tontragenden Mechanismus ein.

Die Vibration des Trommelfelles wird nun an die drei Mittelohrknöchelchen weitergegeben, und zwar zunächst an den *Stiel des Hammers*, der ungefähr in der Mitte des Trommelfelles ihm anliegt; dieser leitet sie über den Hammerkopf an den Amboß und dieser an den Steigbügel weiter, indem bei dieser Übertragung der Ausschlag entsprechend den Hebelgesetzen an Größe verliert und an Kraft gewinnt. Diese rein mechanische Übertragung muß sehr fein und ohne merkbaren Reibungsverlust funktionieren. Bei Otosclerose und mit zunehmendem Alter entspricht der Knochenapparat auch dieser Forderung nicht mehr, wodurch (auch die rein nervös bedingte) Altersschwerhörigkeit mitentsteht, die in allerdings zunächst gar nicht störender, aber wissenschaftlich nachweisbarer Weise schon mit etwa dreißig Jahren beginnt. — Die Vibration, die von der Luft auf das Trommelfell und die Gehörknöchelchen übergegangen war, sich aber immer noch im lufterfüllten Raum vollzog, geschieht von der Schnecke an in Flüssigkeit, denn die Schnecke ist damit angefüllt. Dadurch ändern sich die Schwingungsverhältnisse grundsätzlich: Tiefe Töne, welche in der Luft langer Saiten bedürfen, können nun durch viel kürzere Saiten übernommen werden. Nur auf dem Boden dieser Tatsache konnte die *Theorie von Helmholtz* überhaupt aufgestellt werden, welche annimmt, daß nun eine Zerlegung der noch in den Gehörknochen ungeschiedenen sehr komplexen und komplizierten Gesamtschwingungen je nach der Höhe des Tones in die an der Basilarmembran befestigten Einzelsaiten stattfindet: Sonst wäre eine solche Annahme ganz unmöglich, da die einzelnen danach als Saiten funktionierenden Fasern nur eine Länge von 0,05—0,5 mm besitzen — und sie dennoch auch die von uns gehörten tiefsten Töne aufnehmen und weiterleiten sollen. Hier tritt also nach Helmholtz jene Differenzierung der Einzeltöne ein, welche den Resonanzverhältnissen entsprechen, wie sie oben bei den Stimmgabeln geschildert wurden. Die Anzahl dieser Tonvibration aufnehmenden Fasern geht an 20 Tausend.

Die Vibration des Trommelfelles wird durch die Gehörknöchelchen, Hammer, Amboß und Steigbügel, an das ovale Fenster weitergegeben, welches das Mittelohr von der Schnecke trennt. Die Schnecke (welche beim Menschen in der Länge 2,5 Windungen aufweist und ungefähr 30 mm lang ist) denkt man sich am besten zunächst wie eine Papiertüte. Es ist ein häutiges Labyrinth, welches im Inneren durch eine Doppelmembran begrenzt ist: die untere, die sog. *Basilar- oder Grundmembran* und die obere *Reissnersche Membran.* Dieser Grundmembran wird für die Weiterleitung der Töne besondere Bedeutung zugeschrieben. Auf ihr sitzt nämlich das durch Corti 1851 entdeckte *Cortische Organ* und ungefähr 20 000 ganz kurze, aber verschieden lange Saiten finden sich darauf gespannt, welche die zum ovalen Fenster gebrachten Schwingungen aufnehmen, zum Cortischen Organ und zu den Nerven leiten sollen. Die Saiten sind nicht etwa nach der Länge, sondern nach der Breite der Basilarmembran gespannt. Die Breite der Basilarmembran wird immer größer, je mehr man an die Spitzen der Schnecke kommt. An der Spitze sind die beiden Schneckenteile nicht gegeneinander abgeschlossen. Dieses Ende scheint das Aufnahmeende für tiefe Töne zu sein, am Gegenende, wo die kürzesten Saiten liegen, für die hohen Töne. Helmholtz nimmt an, daß die einzelnen Fasern auf einzelne Töne gestimmt sind und daher hier jene Entwirrung der komplexen Töne zu einzelnen sie zusammensetzenden Tönen stattfindet, welche auch der Hörende im subjektiven Hören als Einzeltöne vernehmen kann. Andere Forscher neigen zu der Auffassung, daß nicht einzelne Fasern der Basilarmembran, sondern sie als Ganzes oder doch umfassende Teile von ihr die einzelnen Teiltöne wiedergeben, indem ihnen entsprechende Formänderungen der ganzen Membran zugeordnet sind (das Problem ist noch eifrigem Weiterforschen unterworfen), die dann an die Nerven geleitet werden, indem dabei natürlich eine grundsätzlich neue Art der Leitung (nicht mehr mechanische Vibration), sei es von den einzelnen Fasern, sei es von der ganzen Basilarmembran aus, eingreifen muß.

Die Helmholtzsche Theorie scheint in der Auseinandersetzung bis jetzt noch den Vorzug der größeren Durchsichtigkeit für sich zu behalten.

Die Gehörsempfindungen

Ton und *Geräusch* bilden die beiden Grundbereiche der Gehörsempfindungen. Töne sind klarer, bestimmter und eindeutiger als Geräusche; sie lassen sich besser in Systeme bringen und einander gegenüber ordnen; wenn auch Geräuschen der Toncharakter nicht vollkommen abgeht, wie auch umgekehrt die meisten Töne von Geräuschen begleitet werden. Töne werden vorallem durch Metalle erzeugt und besitzen den Charakter des Klingenden; reine und obertonfreie Töne werden von Stimmgabeln hervorgebracht. — Das Rauschen der windbewegten Bäume, der Wasserleitung, des vorbeifahrenden Wagens oder der Eisenbahn sind in der Hauptsache Geräusche. Konsonanten sind im allgemeinen Geräusche, während Vokale zwischen Ton und Geräusch stehen, was sich schon darin kundtut, daß die Sprache verschiedene Konsonanten als auch verschiedene Vokale verwendet, um verschiedenartige Geräusche zu bezeichnen: Brummen, Knurren, Schnurren, Murmeln, Rauschen, Sausen, Knarren, Wehen, Knistern, Zischen. — Durch eine bloße Summation von harmonischen Tönen ergeben sich mehr oder weniger eng zusammenklingende Akkorde. Erst wenn es nur ungeordnete Bruchstücke von Tönen sind, machen sie auf uns in Summa den Eindruck, den wir mit dem Wort „Geräusch" bezeichnen.

Eine gewisse Analogie im Aufbau zum Geräusch zeigt die *Klangfarbe:* Sie ergibt sich aus dem Zusammenklingen von verschiedenen Tonstärken in den Haupt- und Obertönen und auch den hinzutretenden Geräuschen. Dies gilt z. B. sehr ausgesprochen für die verschiedene Klangfarbe von Musikinstrumenten: Auch wenn sie gleich hohe Töne erzeugen sollen, klingen diese ganz verschieden und werden nach dem ihnen eigenen Grundton doch als von gleicher Höhe aufgefaßt! Was kann dabei verschiedenere Klänge bei gleicher Tonhöhe von sich geben als Orgel, Trompete, Fagott, Flöte, Geige, Klavier?

Intensität, Höhe (Distanzähnlichkeit und Höhenähnlichkeit) und Klangfarbe

Physikalisch ausgedrückt: 1. Größe der Schwingung (Amplitude), 2. Anzahl der Schwingungen in der Zeiteinheit und 3. Zusammensetzung der Gesamtschwingung aus verschieden stark vertretenen Einzelreizen.

Für den Hörenden bieten sich diese Eigenschaften der Töne mit einer Selbstverständlichkeit dar, als ob sie gar nicht anders sein könnten. Man braucht aber nur an die Gesichtsempfindungen zu denken, um einzusehen, daß sogar die Intensität nicht eine ‚selbstverständliche Eigenschaft der Empfindungen', geschweige denn überhaupt von allem sich unserem Bewußtsein Bietenden ist: Das Denken z. B. unterscheidet sich innerhalb seines Bereiches sehr wohl nach Klarheit — Verworrenheit, Sicherheit — Unsicherheit und vor allem nach Grad und Tiefe der Einsicht, — aber nicht nach der Intensität. Erst wenn wir hinter dem Denken den Willen und die Aufmerksamkeit als die aktiven Elemente herausheben, kommt auch der Faktor der Intensität, und zwar ‚der aktiven Kräfteentwicklung' noch in den Vorgang des Denkens hinein. Die Intensität der Empfindungen ist aber passiver Art: Beim Empfinden sind wir die Beeinflußten, — der äußere Reiz ist es, der mit mehr oder weniger großer Intensität auf uns einwirkt.

Beim Hören ist Intensität des Schalles seine mitbestimmende, eindeutig mitgegebene Eigenschaft. Neben ihrer *zeitlichen Verteilung*, wie sie der *Takt* mit sich bringt, und der Höhe der Töne ist sie einer der wichtigsten Bestandteile der Musik.

Die Verwendung der Bezeichnung ‚Höhe und Tiefe', ‚tiefer und hoher Ton', die ursprünglich von der Beziehung zur Erdoberfläche stammt, ist in den meisten Sprachen üblich, was ihre psychologische Berechtigung zeigt. Schwere und ‚tief klingende' Gegenstände finden sich im allgemeinen auch in der Tiefe, kleine Singvögel dagegen in der Höhe. Aber tiefe Töne erscheinen uns auch an sich massiger, massiver; hohe Töne sind schneidender, durchdringender, schärfer, und insofern treten auch hohe Töne in einem Chor besonders deutlich hervor. Die Baßstimmen besitzen die größere Gewalt, die hohen Frauenstimmen können aber dennoch Chor und Orchester ‚übertönen' und sich in die ‚vordere Gehörsreihe' vorschieben.

Nach dem Prinzip der Tonhöhe lassen sich alle Töne (und bis zu einem gewissen Grade auch die Geräusche) in *einer Reihe* anordnen, — wie dies in ähnlich einreihiger Ordnung auch nach der Intensität geschieht. Aber das *Prinzip der Höhe* trägt in sich noch eine wichtige Unterscheidungsmöglichkeit, die in der Tonkunst schon seit jeher gemerkt und verwendet war: Es ist dies die *Höhenähnlichkeit* neben oder innerhalb dem ‚Höhenabstand' (von *Révész* ist erstere ‚Qualität' genannt); Intensität und Höhe zeigen jeweils nur eine einzige kontinuierliche Reihe vom schwächsten und tiefsten bis zum stärksten und bis zum höchsten Ton hinauf; die Qualitäten dagegen weisen, auch wenn sie kontinuierlich ineinander übergehen können (wie es z. B. auch die Farben tun), *ausgezeichnete Punkte von auffallenden Ähnlichkeiten oder Unähnlichkeiten auf*, — so bei Farben, wenn z. B. der nach Durchlaufen des ganzen Farbenspektrums erreichte Purpur dem Rot wieder ähnlicher wird als die dazwischenliegenden Farben es wären, oder wenn die Grundfarben bestimmte Umsprungpunkte im Farbenspektrum zeigen. Und so weist auch die kontinuierliche Veränderung der Höhe solche erstaunliche Ähnlichkeiten sogar bei vergrößertem Höhenunterschied auf: Es ist dies die seit alters her schon bekannte Ähnlichkeits- und Unterschiedsreihe der Töne nach *Oktave, Quint, Quart* und großer *Terz* — ausgehend von den ausgesprochen gut konsonierenden zu immer *disharmonischeren* Tönen. Schon den Alten war auch die rein physikalische Grundlage dieser Reihe bekannt, nämlich, daß die Saitenlänge und Schwingungszahl bei der Oktave von 1 zu 2 übergeht, und dann bei den folgenden Intervallen 2:3, 3:4, 4:5 und bei der stärkst disharmonischen Septim 8:15 erreicht. Aber auch aus dieser physikalischen Grundlage kann man nicht ‚verständlich ableiten', warum die Harmonie gerade in diesen Zahlenverhältnissen sich birgt. Doch ist etwas Ähnliches auch bei Raumgestalten festzustellen: Warum ist der goldene Schnitt wohlgefällig? Schon eher scheint die Frage sinnvoll beantwortbar: Warum verschmelzen für den Betrachter parallele Linien so leicht zu einem einheitlichen Gesamteindruck; windschiefe vereinzeln sich dagegen ebenso leicht? Gerade das Verschmelzen zu einer geradezu undifferenzierbaren Einheit ist bei zwei (oder sogar mehreren) durch eine oder mehrere Oktaven getrennten Tönen besonders oft ausgesprochen vorhanden. Daß physikalische, zahlenmäßige Ähnlichkeiten und vielfache Beziehungsdurchdringung hier eine Rolle spielen, zeigen alle diese Beispiele; ob sich dabei noch eine ‚verständlichere' einheitliche Wurzel finden läßt, oder ob wir diese Verhältnisse als letzte Tatsächlichkeiten hinnehmen müssen, — bleibt zunächst eine Frage für weitere Untersuchungen. Aber *eine* physikalische Eigenheit, die für eine bestimmte Gewohnheit unsererseits gerade bei den oben angegebenen Zahlenverhältnissen konsonanter Töne spricht, liegt unbezweifelbar vor: Eine in Schwingung versetzte Saite weist nicht nur Schwingungen ihrer ganzen Länge nach, sondern auch Schwingungen der halben Länge usw. auf, welche gerade den oben angegebenen, miteinander gut konsonierenden Tönen entsprechen, an die wir also durch unser ganzes Leben gewohnt sind. Ohne diese „Obertöne" kommt uns der Klang arm und leer vor.

Die wichtigsten Erforscher dieses Gebietes, Stumpf, Brentano, Révész, Wellek betrachten diese wiederkehrende, durch Oktave usw. gegebene Tonverwandtschaft als etwas innerhalb des Höhenunterschiedes Besonderes, dem sie auch eine besondere Bezeichnung geben, — so Stumpf ‚Oktavenähnlichkeit' gegenüber ‚Distanzähnlichkeit', welche letztere Brentano ‚Helligkeit' nennt: Révész nennt die sich in der Oktave usw. äußernde Tonbeziehung ‚Qualität' gegenüber der reinen ‚Höhebeziehung'. — In pathologischen Fällen können beide Eigenschaften sich trennen: die eine kann schwinden, die andere bestehen bleiben. Selbst in Normalfällen können beide etwas auseinandergehen (Révész).

Auf ganz anderen Urkräften als Elastizität (der Luft, der Saite, der Feder, der Stimmgabel) ruht die Funktion des in der Nähe des Gehörsapparates und im selben Schädelknochen untergebrachten *Otolithen:* Er hat die Richtung der Schwerkraft und damit auch des Gleichgewichtes anzugeben. Der Otolithstein ruht auf feinsten Härchen und die von ihm belasteten und somit auch gereizten Haare wechseln mit dem Wechsel der Kopflage. Damit erfährt der Besitzer des Otolithen auch bei geschlossenen Augen, in welcher Beziehung sein Kopf zur Richtung der Schwerkraft steht. Im Wasser ist die Wirkung der Schwerkraft für die Muskulatur weitgehend aufgehoben und die feinere Angabe über deren Richtung besorgt der vom Außenwasser abgeschlossene Otolith. Ist er beschädigt oder entfernt, so weiß das mit dem Kopf ins Wasser eingetauchte Tier nicht, in welcher Richtung es sich bewegen muß, um aus dem Wasser aufzutauchen.

Eine noch allgemeinere, von *Galilei* entdeckte Kraft, die mit aller Materie untrennbar verbunden ist, wirkt in den, ebenfalls im selben Knochen untergebrachten, miteinander kommunizierend verbundenen, senkrecht aufeinanderstehenden drei Bogengängen. Es ist das Beharrungsvermögen: Man gieße Wasser in eine Untertasse, streue ein paar Papierstückchen auf das Wasser und versetze die Untertasse vorsichtig in drehende Bewegung, indem man z. B., die Untertasse in der Hand, sich selbst um seine senkrechte Achse dreht. Die Untertasse macht dabei eine volle Drehung bei jeder vollen Drehung des Menschen. Nicht so das Wasser und die darauf schwimmenden Papierfetzen, deren Bewegungszustand den des Wassers widergibt: Das Wasser macht die Bewegung der Untertasse nur sofern mit, als es durch die Reibung zwischen den glatten Untertassenflächen und dem Wasser mitgezogen wird. Seine Drehbewegung bleibt also hinter derjenigen der Tasse zurück. Und läßt man vom Untertassenrand aus, wo sie befestigt sind, einige Fädenenden ins Wasser frei hineinreichen, so läßt deren Richtung im Wasser deutlich das Nachhinken der Wasserdrehung beobachten. — Im Prinzip ist das genau das, was in den Bogengängen geschieht: die in die Bogengänge von der inneren Bogengangfläche hineinhängenden Härchen werden aus ihrer Normallage abgelenkt und empfangen dadurch jenen Reiz, der die Drehbewegung des Kopfes bei jeder positiven und negativen Beschleunigung dem Besitzer der Bogengänge ansagt.

Geschmacks- und Geruchssinn

Geschmacks- und Geruchsempfindungen werden im Erleben gewöhnlich nicht reinlich auseinandergehalten und man ist als Nichtpsychologe erstaunt, wenn der beste

Apfel kaum anders als eine Kartoffel schmeckt, wenn man beim Essen die Nase zuhält oder an Stockschnupfen leidet. Das *Aroma*, das so stark am Wohlgeschmack beteiligt ist, wird genau genommen nicht durch den Geschmack, sondern durch den Geruch gebracht, indem die im Mund befindliche gasförmige Substanz durch die Rachenhöhle zum geruchsempfindlichen Gebiet der Nase, der regio olfactoria aufsteigt. Beide Sinne sind einerseits unbedingt voneinander zu trennen, und doch sind sie andererseits enger miteinander verwandt und ähnlicher gebaut als z. B. die höheren Sinne des Sehens und Hörens. Diese letzteren leiten dem Organismus nur *Schwingungen* (Licht- und Luftschwingungen) zu und keine stoffliche Substanz, die der Organismus in sich aufnehmen und verarbeiten würde. Beim Schmecken und Riechen sind es aber Körperpartikelchen, welche in den Organismus eingeführt werden und dort chemisch zur Wirkung kommen. Allerdings sind die dabei notwendigen Mengen der Stoffe erstaunlich klein, um schon deutliche Wahrnehmungen hervorzurufen. Auch schon beim Menschen ist es z. B. möglich, eine Geruchsempfindung für Vanillin zu erzeugen, wenn der millionste Teil eines Milligramms pro Luftliter verdampft wird. Und dabei ist der Geruchssinn des Menschen bekanntlich sehr grob, verglichen mit demjenigen des Hundes, und dieser ist wieder viel weniger empfindlich als das Riechvermögen mancher Insekten für besondere, bei der Geschlechtswahl mitentscheidende Gerüche, — denn das Vorhandensein eines einzigen Weibchens scheint von männlichen Insekten derselben Art schon auf mehrere Kilometer Entfernung gerochen zu werden.

Natürlich ist die Geruchswelt schon beim Hunde ganz anders aufgebaut als beim Menschen: Wir können nur mit Mühe in einem Raum, in dem wir einen Geruch spüren, gleichzeitig auch die Intensitäts-Verteilung des Geruchs so wahrnehmen, daß sich uns der ganze Raum der Richtung und Entfernung nach ‚geruchsanschaulich' bietet, und wir können ihn in diesem Sinne nicht von *einem* Ort aus wahrnehmen und ‚übersehen', wie dies für uns z. B. in der Verteilung der Farben und Helligkeiten durchaus möglich ist, und wie sich auch die Töne eines Orchesters für einen Dirigenten mit großer Feinheit räumlich bieten müssen, damit er sich seiner Aufgabe gewachsen zeigen kann. Gerade diese Fähigkeit muß denjenigen Geschöpfen eigen sein, deren Geruchsvermögen das unsrige um vielfaches übersteigt, — sie haben einen reich und differenziert mit Gerüchen erfüllten ‚Gesamt-Geruchsraum'. Der gute Jagdhund braucht nicht am Boden zu schnüffeln, um den Ort des Wildes nach Richtung und Entfernung richtig zu bestimmen. Man darf diese Fähigkeit vielleicht einigermaßen mit dem durch Anlage und große Übung erreichten Vermögen eines Degustators vergleichen, der dort die verschiedensten Geschmäcke (und Gerüche!) herausheben kann, wo der Durchschnittsmensch nur einen Gesamtgeschmack wahrzunehmen vermag; nur daß der Geruchssinn des Menschen auch als ‚Fernsinn' bezeichnet werden darf, sofern die Orientierung mit seiner Hilfe auf große Raumentfernungen hin erreicht werden kann (aber immer noch eine Übertragung materieller Partikelchen vorausgesetzt).

Dementsprechend ist bei Tieren mit hochentwickeltem Geruchssinn auch die körperliche Entwicklung der dazu gehörigen *zentralen Gehirnpartie* unvergleichlich stärker und differenzierter als beim Menschen, bei dem die höheren Sinne und dementsprechend diejenigen Gehirnpartien vorherrschen, die überhaupt nicht mehr den einzelnen Sinnen, sondern der Verbindung und der gedanklichen Weiterverarbeitung der Sinneswahrnehmung, dem Denken, zu dienen haben.

Geschmackssinn

Es liegt auf der Hand, daß der Geschmackssinn in nächster Beziehung zur Ernährung des Lebewesens steht, sogar noch näher, als dies schon vom Geruchssinn gesagt werden kann. Uns schmeckt im allgemeinen das, was zu ernähren imstande ist, was uns körperlich fördert. Tiere, deren Geschmack noch mehr Ausdruck des ihnen körperlich Bekömmlichen ist, werden z. T. auch im Krankheitszustand von ihnen Heilsamem und Förderlichem angezogen, was sie im gesunden Zustand verschmähen. Wie bei jedem Instinkt, gilt diese Bevorzugung des Nützlichen allerdings nicht ausnahmslos, es gibt Schädliches, Giftiges, was den Geschmackssinn nicht abstößt. Doch herrschte diese Bevorzugung des Schädlichen allgemein vor, so bedeutete es den Untergang der betreffenden Tierart.

Wenn auch der Mensch im allgemeinen viel leichter ohne den Geruchssinn auskommen kann als ohne den Gesichtssinn, gilt dies nicht für die Tierwelt: Es gibt blinde Arten von Lebewesen (z. B. Termiten), nicht aber solche, denen der, mit dem Geschmackssinn und den ganzen Ernährungsfunktionen so eng verbundene Geruchssinn vollkommen abginge: Er ersetzt ihnen den Gesichtssinn für Nähe und Ferne.

Unsere Speisen scheinen uns sehr viele verschiedene Geschmacksempfindungen zu bringen. Sie alle lassen sich aber durch Geschmacksanalyse als Kombination von *bloß vier Grundgeschmäcken* erkennen, zu denen neben den erwähnten Geruchsempfindungen auch die beim Essen auftretenden Tastempfindungen und Temperaturempfindungen als wichtiger Faktor hinzutreten. Die vier Grundqualitäten des Geschmackes sind: *süß*, *sauer*, *bitter* und *salzig*. Der Geschmack des *Salzigen* ist nur durch Salze zu erzeugen; nur durch Mitwirkung der Wasserstoffionen kommt *sauer* zustande; *süß* und *bitter* können dagegen durch die verschiedensten Reizarten hervorgerufen werden. Die Geschmacksempfindungen werden ausgelöst durch Geschmacksorgane, die in der Hauptsache vorne und hinten an der Zunge gelegen sind, — die Zungenmitte ist davon frei, die Bedeutung der Gaumen- und inneren Wangenpartien tritt gegenüber der Zunge zurück. Die geschmacksempfindlichen Teile der Zunge sind von *gelblichen Papillen* auf rötlichem Grund bedeckt: in diesen Papillen sitzen die *Geschmacksknospen*. Sie sind nur unter ein Zehntelmillimeter groß, ihre Zahl schwankt pro Papille zwischen etwa zehn und hundert. Von entscheidender Wichtigkeit ist die oft verschiedene Verteilung der einzelnen Geschmacksempfindungen auf die verschiedenen Geschmacksknospen und Papillen: So ist der vordere Teil der Zunge hauptsächlich Süßempfindungen zugeteilt, der Zungenrand den Empfindungen der Säure, und der hintere Teil der Zunge und der Zungengrund sind für bittere Empfindungen reserviert. Dank dieser räumlichen Verteilung der Empfindungen lassen sie sich einzeln reizen und untersuchen. Die eigentliche Geschmacksreizung geschieht an den Geschmackszellen in den Geschmacksknospen, wohin die Geschmacksstoffe zur Erzeugung eines bestimmten Geschmackes gelangen müssen. Das geschieht dadurch, daß durch vorangehenden Druck auf die Zunge die Geschmacksknospen entleert und saugfähig für die neue Füllung gemacht werden, sie saugen nun durch den schmalen Eingangskanal die aufgelösten Speiseteilchen in sich auf und bringen sie an die Geschmackszellen. — Die Umwandlung des physiologischen Vorganges in die psychische Empfindung ist natürlich hier ebenso unbekannt wie bei allen anderen Empfindungen (s. Theorie von der Identität von Körper und Seele, Bd. I, Kap. 1 und 6), aber beim Sehen und bis zu einem gewissen Grad auch beim Hören können wir das Eindringen der physikalischen Außenweltsreize in die tieferen Lagen des physiologischen Systems doch weitgehend verständnisvoll verfolgen, — dies ist beim Schmecken und Riechen weniger der Fall.

Die dem zentralen Nervensystem Geschmacksempfindungen zuführenden Nerven sind nicht zu einem Nervenstrang zusammengefaßt; sie folgen anderen Nervenbahnen. Doch treffen sie sich im Gangliensystem des verlängerten Markes und dem sog. *Nervus glossopharyngeus*. Das Zentrum scheint für die Geschmacksempfindungen im Schläfenlappen der Hirnrinde zu liegen, in der Nähe des Geruchszentrums.

Der Geruchssinn

Der Geruchssinn ist schon durch die große Anzahl der verschiedenen Gerüche viel komplizierter gebaut als der

Geschmackssinn. *Linnée-Zwaardemaker* unterschieden vier Nahrungs- und fünf Zersetzungsgerüche:

I. Aetherische Gerüche (Äpfel, Birnen, Wein, Bienenhonig; Aether, Aldehyde, Ketone).

II. Aromatische Gerüche (Spezerei-Gerüche): Kampfer, Rosmarin, Terpentin, Nelke, Pfeffer, Muskat. Anis-Lavendel-Gerüche: Menthol, Arnika, Valeriansäure. Zitronen-Rosen-Gerüche: Apfelsinenschalen, Zedern-Gerüche, Mandel-Gerüche.

III. Balsamische-Blumen-Gerüche: Jasmin, Orange, Lilien, Veilchen, Reseda, Tee, Vanille.

IV. Moschus-Gerüche.

V. Lauch-Gerüche: Schwefelwasserstoff, Merkaptan, vulkanisierter Gummi, faule Eier und Fische; (Chlor, Brom).

VI. Brenzlige Gerüche.

VII. Bockgerüche: Käse, Schweiß, Ranziges.

VIII. Widerliche Gerüche: Wanzen, Nikotin beim Erhitzen.

IX. Ekelhafte Gerüche: Aas, Leichen-Gerüche (auch bei manchen Blumen und Pilzen); Faeces.

Nur z. T. stimmt mit dieser Einteilung die spätere von *Henning* überein: Blumig, würzig, fruchtig, harzig, brenzlig, faulig. Man beachte, wie groß die Anzahl der Geruchskategorien auch hierbei noch verbleibt, — denn jede dieser Kategorien ist ja nicht ein einziger in seiner Eigenart deutlich erfaßter Einzelgeruch, sondern eine ganze Klasse, innerhalb der man viele nicht auf andere reduzierbare Gerüche unterscheiden muß. Die Verhältnisse sind viel komplizierter als bei den vier Grundfarben und ihren Zwischenfarben. Bei *Henning* scheinen sie mehr nach einem eindeutigen *Prinzip der Herkunft* eingeteilt zu sein; obige Aufzählung von Zwaardemaker führt dagegen den Leser noch anschaulicher in die Mannigfaltigkeit der Gerüche selbst ein.

Die beiden Riechspalten liegen hoch im Nasenraum; durch sie streicht die mit der Riechsubstanz eingeatmete Luft (wahrscheinlich aufgelöst in dem Nasensekret) und reizt das Riechepithel, welches die ungefähr 25 mm^2 große

Fläche der *Regio olfactoria auskleidet*. Die eigentlichen Riechzellen sind Ganglienzellen, die in die Nervenfasern übergehen, durch das Siebbein ins Gehirn eintreten und endlich durch den *Tractus olfactorius* in die Riechzentren der Hirnrinde eingehen. Auch hier kennt man, ähnlich wie bei den Geschmacksnerven, die genaueren Vorgänge der Reizung und ihrer Fortleitung noch nicht genauer.

Wir wissen schon, daß nur Stoffe riechen, welche, wenn auch in kleinsten Mengen, verdampfen können. Interessanterweise scheinen alle reinen chemischen Elemente (selbst Chlor, wenn es als ganz reines Element an die Riechzellen herantritt) geruchlos zu sein. Und von den Verbindungen sind es die mit hohem spezifischem Gewicht, die einen stärkeren Geruch aussenden, — was für Tiere, die den an der Erdoberfläche leicht klebenden Geruch aufsuchen und sich nach ihm richten, ausgesprochen zweckmäßig ist.

Elektrische inadäquate Reize scheinen sowohl auf Geschmacks- als auch auf Geruchsreize eine gewisse Wirkung auszuüben.

Geruch weist starkes Nachlassen der Intensität durch Dauerwirkung auf; — jedermann wird schon bemerkt haben, daß bei längerem Aufenthalt im Raum mit schlechter Luft, wo viel geraucht und geatmet wurde und starke körperliche Ausdünstungen sich ansammeln, der allmähliche Übergang von der anfänglich guten zur schlechteren Luft kaum gespürt wird, dagegen er sofort auffällt, wenn man dazwischen in frische Luft tritt. Der Geruch wird dabei jedoch nur aufgehoben, wenn er nicht zu hohe Intensität erreicht, — was für die sog. Adaption auch anderer Sinne gilt. Doch bei Geruch und Geschmack ist die Abnahme der Intensität rasch und sehr auffallend.

Manche Geruchsreize vernichten sich gegenseitig, — was sowohl den Physiker und Chemiker, wie den Physiologen und Psychologen interessieren wird. Einige Gerüche bleiben aber in der Außenwelt weiterbestehen, ohne mehr als spezifische Reize auf den Organismus einzuwirken. Dies tritt manchmal bei sehr differenten Geruchsarten gegenseitig auf, während bei ähnlichen Gerüchen eher eine Mischung festgestellt wird. Natürlich ist auch eine Zurückdrängung und Verdeckung der schwächeren Geruchs-Empfindung durch die stärkere möglich. — Alle angeführten Tatsachen, besonders auch das räumlich verschieden lokalisierte Vorkommen einzeln reizbarer Geruchsorgane, sprechen für eine Komponententheorie des Geruchssinnes, — wie dies auch für den Geschmacksinn gilt.

Hautsinne

‚Arbeitsteilung' — jenes Prinzip des modernen aufstrebenden Wirtschaftslebens — ist es auch, das seit dem Werden des Organischen seine Unterteilung nach Art, Individuum und innerhalb dieser nach verschiedenen Tätigkeitsgebieten und Sinnesqualitäten anstrebt. Jedes Sinnesorgan nimmt nur eine Reizart, die Wirkung nur einer Naturkraft auf und ist, wie wir schon wissen (S. 13), anderen Naturkräften gegenüber entweder unempfindlich — oder, wenn es auch von anderen Kräften gereizt werden kann, so antwortet es doch nur in der dem Sinnesorgan eigenen Reaktionsart. Nie ‚hört das Auge' oder ‚sieht das Ohr'. Nicht weniger wesentlich ist aber für das konkrete Bestehen des organischen Prinzipes auch *die Wiedervereinigung des* durch die einzelnen Sinnesorgane getrennt erfaßten Naturgeschehens *zur Gesamtwahrnehmung des Individuums.* Jene Grundeinheit des Organismus, welche das in Sinnesorganen getrennte Geschehen im zentralen Gehirngeschehen wieder vereinigt und ihm die physiologische Grundlage ‚desselben Bewußtseins' bietet, gestattet auch erst, den Nutzen aus der vorangehenden Teilung zu ziehen. Dies gilt für alle Sinne, für alles Leben.

Doch nicht für alle Sinne in ihrer Beziehung zum *Bewußtwerden* ihrer eigenen Vorgänge; der *Gleichgewichtssinn,* ebenso wie auch der *Muskelsinn* und mancher innere Körpersinn regelt z. B. manche Abweichung in der Körperhaltung, Bewegungstendenz und Lage *ganz instinktiv* und bedarf, wie dies z. B. beim Gehen, Laufen, Radfahren usw. der Fall ist, keines ‚Bewußtwerdens der Abweichung von der Norm', um ihr Eintreten (,unbemerkt') zu korrigieren und den richtigen Verlauf zu sichern. Erst das Bewußtsein der Sicherheit oder der Eintritt einer deutlichen Schädigung dieser *selbständigen Korrektionsmechanismen* macht uns auf deren Selbsttätigkeit und Wichtigkeit aufmerksam. Selbst den höheren Sinnen kommt diese Eigenschaft weitgehend zu; die Einstellung des Auges auf Lichtfülle und allgemeine Feinheit der Seheinstellung geschieht automatisch, ja z. T. sogar reflektorisch, und die peripheren Partien der Netzhaut, deren Reizung deutliche Gesichtseindrücke überhaupt nicht mehr zu liefern imstande ist und die daher z. B. zum direkten Lesen unbrauchbar sind, erweisen sich dennoch von größter Wichtigkeit für unsere Allgemeinorientierung im Raum: Die Albinos, bei denen die peripheren Retinapartien so gut wie ausgeschaltet sind, sind gerade dadurch in ihrer räumlichen Orientierung im Straßenverkehr besonders stark behindert, obwohl sie mit dem Netzhautzentrum relativ gut sehen können.

Es gibt zwei Arten von Sinnesorganen: solche, die ihr ganzes Betätigungsgebiet von einem Körperort aus erfassen, — Auge und Ohr sind typische Vertreter dieser Art. Im Auge (resp. in den beiden Augen) liegt der Sitz des Sehens, die normale Eingangspforte des Sehens ist im Körper auf einen kleinen Raum beschränkt. Und wenn nicht synästhetische Erscheinungen vielleicht eine gewisse Verbindung des Sehens mit anderen Sinnen möglich erscheinen ließen, wäre der ganze ‚Sehapparat' auf einen sehr beschränkten Körperteil zusammengezogen. — Ganz anders ist es z. B. mit dem *Tast-* oder dem *Schmerzsinn* bestellt: Deren Fühler haben den Körper an die verschiedensten Körperteile zu begleiten, ihre Sinnesorgane müssen den ganzen Körper dicht durchsetzen und das ihnen Gebotene unmittelbar daselbst erfassen. — Dementsprechend sind auch ihre zum zentralen Nervensystem führenden Nerven völlig anders gestaltet: Bei Ohr und Auge sind es die jeweils zu dicken Strängen zusammengefaßten ‚Sinnesnerven', die von der örtlich beschränkten Stelle des Sinnesorganes zur örtlich beschränkten Stelle des zentralen Nervensystemes führen (so der Nervus opticus und Nervus acusticus). Während bei Wärme und Kälte, bei Druck und Schmerz und anderen Körpersinnen das zentrale Nervensystem *durch Einzelnervenstränge mit den über den ganzen Körper ausgebreiteten Sinnesorganen verbunden ist.*

Druck-, Temperatur-, Schmerzsinn

Das gilt z. B. in hohem Maße von den Sinnesnerven der Haut, die die Verbindung und den Schutz des lebenden Körpers seiner Außenwelt gegenüber zu besorgen hat. Berührung mit festen Außenweltskörpern, mit Einflüssen der Temperatur, welche bis zur Schädigung des Lebewesens führen können, künden sich in der Regel schon früher als *Druck, Schmerz, Wärme* und *Kälte* an. Die Hauthaare sind bei behaarter tierischer Haut die bevorzugten Sitzstellen der *Meissner'schen Körperchen, in denen die druckauffassenden Nerven* endigen; und so ist es auch beim Menschen geblieben, wenn der Rückgang seiner Hautbehaarung auch ausgedehnte, fast haarfreie Hautpartien geschaffen hat, die ebenfalls mit Meissner'schen Punkten besetzt sind. — Die Haut meldet uns Druck, Temperatur, Schmerz; darüber hinaus aber auch eine ganze Reihe von komplexen Eigenschaften der berührten Gegenstände: so die Bewegung und Ruhe, Härte, Weiche, Rauhheit, Elastizität; Trockenheit, Feuchte, Nässe; ferner die verschiedensten Oberflächenbeschaffenheiten und Formen der berührten und ergriffenen Gegenstände. Und gerade hier gilt es streng zu scheiden, ob sich damit auch neue Sinnesgebiete anzeigen, wie dies bei Druck, Temperatur und Schmerz der Fall ist, oder ob es nur eine besondere Verwendungsart und Verarbeitung der schon genannten Sinnesdaten und vor allem auch deren eigenartiges Zusammenwirken ist, das eine scheinbar neue Qualität hervorruft. So meinte man z. B. eine Zeitlang, daß es einen besonderen Feuchtigkeits- und Trockenheitssinn gibt, — eine Auffassung, die sich höchstwahrscheinlich erübrigt, da man, wie die Analyse zeigt, den eigenartigen Feuchtigkeitseindruck aus dem Zusammenwirken der schon genannten Sinne ableiten kann. Dasselbe gilt von dem *Vibrationseindruck*, den *Katz* mit großer Umsicht untersucht hatte, — auch hier scheint es uns, daß es sich nicht um einen völlig neuen Sinn handelt, wenn auch die Bedeutung des Vibrationseindruckes für unseren Verkehr mit der Außenwelt eine, wie Katz gezeigt hat, viel größere ist, als man dies vor seinen Untersuchungen vermuten konnte.

Außer den von ihr besorgten Sinneswahrnehmungen dient die Haut in hohem Maße zur Regulation der Atmung und der Wärme- und Wasserregulation und des Exkretionsvorganges (Schwitzen).

Die Verteilung der Druckempfindungen an den einzelnen Orten des Körpers ist außerordentlich verschieden dicht angeordnet. Dementsprechend liegt auch die *Raumschwelle* in der großen Spanne zwischen 1 mm (so an der Zunge, ebenfalls sehr fein an Lippen und Fingerkuppen), dagegen am Rücken bis zu etwa 70 mm. — Man mißt sie durch Verwendung von zwei zirkelartigen meßbar miteinander verbundenen stumpfen Spitzen, die möglichst gleichzeitig an der untersuchten Körperstelle aufgesetzt werden, — die aber keineswegs immer als ‚zwei' aufgefaßt werden: die innerhalb angegebener Entfernungen gelegenen Doppelberührungen oder Stiche werden unterhalb der UE als *einfache* Reizungen erlebt. Und wo eine Doppeltheit der Reize wahrgenommen wird, wird ihr Abstand an Orten feinerer Empfindung als größer aufgefaßt: So scheinen die Zirkelspitzen zusammenzurücken, wenn man sie, über das Gesicht streichend, von den Lippen über die Wangen zur Stirn und den Orten geringerer Unterschiedsempfindlichkeit führt.

Auch die *Temperaturempfindungen* werden nicht über die ganze Haut gleichmäßig aufgefaßt, sondern sind an bestimmten Punkten lokalisiert, deren genaue Berührung mit einer ‚stumpfen Spitze' (z. B. einer Borste) ganz verschiedene Empfindungen auslöst, je nachdem sie auf einen Druck-, Schmerz- oder Temperaturpunkt fällt. Der gleiche Druck ist ‚nur Druck' auf dem Druckpunkt, dagegen

‚Stechen' auf dem Schmerzpunkt. Ja, die Sinnesdifferenzierung stellt sich schon innerhalb des *Temperatursinnes* ein: Der mit normal warmer Spitze ausgeübte Druck ergibt eine *Kälte*-Empfindung auf dem Kältepunkt, eine *Wärme*-Empfindung auf dem Wärmepunkt. Jedoch werden Wärmepunkte stärker durch warme Reize gereizt als durch kalte, daher ergibt eine *flächenhafte Berührung* die der

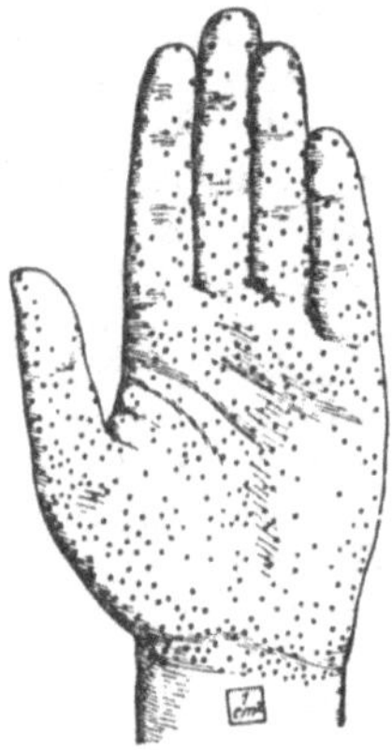

Bild 18
Kältepunkte an der Hand

Bild 19
Wärmepunkte am Unterarm

Temperatur des berührten Gegenstandes entsprechende Durchschnitts-Temperatur-Empfindung. — Der erlebte Empfindungsunterschied ist besonders zwischen warm und kühl auffallend, — weniger zwischen sehr kalt und sehr heiß. Die letzteren Empfindungsarten sind auch mit Schmerz durchsetzt und können unter Umständen einander sehr nahe kommen. — Die Anzahl der Kältepunkte auf der menschlichen Haut ist viel größer (etwa 250 000) als die der Wärmepunkte (30 000). Die Reaktion der Haut ist beiden Reizarten gegenüber zweckentsprechend: Wärme erzeugt größere Wärmeabgabe der Haut durch Erweiterung der Hautkapillaren und durch Schweißabsonderung; Kälte dagegen Zusammenziehung der Hautkapillaren und unwillkürliche Wärme fördernde Bewegungen der Muskulatur (Zittern).

Aber nicht nur die Häufigkeit der Druck- und Temperaturpunkte ist verschieden über den Körper verteilt, sondern auch deren Empfindlichkeit: Man zählt 80 000 hochempfindliche und 640 000 minder empfindliche Druckpunkte.

Auch die *Schmerzpunkte* der Haut (von dieser oberflächlichen Schmerzsensibilität ist die *Tiefensensibilität* zu unterscheiden) sind eigene Organe. Sie liegen in der Haut tiefer als die Druckpunkte und sind zahlreicher als diese. Ihre Tiefenlage erklärt, daß man z. B. beim Waschen der Hände oder Füße in heißem Wasser zuerst die Berührung mit dem heißen Wasser *sieht* und als Berührung wahrnimmt, bevor man den Brennschmerz empfindet. — In diesem Fall erweist sich der Gesichtssinn als rascherer Warner vor Verbrennung. Allgemein gesagt aber gibt es keine Empfindungsart, welche uns so sicher vor Schädigungen warnt als gerade der Schmerz, der instinktiv zur Meidung und Unterbrechung der Schmerzreize führt. Die Inaktivität der Schmerz- und Berührungsorgane, wie sie pathologisch vorkommt, läßt den Kranken die schmerztauben Stellen (z. B. die Hand) unter besonderer bewußter Kontrolle halten, damit sie nicht unbemerkt beschädigt wird.

Bezeichnend ist, daß sich fast allen Empfindungsarten in ihren höchsten Stufen Schmerzempfindungen zugesellen.

Die *Dehnung und Faltung* der Haut läßt uns auch kleine Bewegungen sicherer erkennen, als dies bei Hauttaubheit der Fall ist. Es ist aber nicht wahrscheinlich, daß hierfür in der Haut ein besonderes Sinnesorgan besteht, — die oben besprochenen genügen zu dieser besonderen Leistung.

Bewegungssinn, Drucksinn und Tastsinn

Natürlich steht der Tastsinn mit den Hautsinnen in engster Beziehung und ohne *Berührungs(Druck-)sinn* ist Tastsinn ausgeschlossen, — so wie er das auch ohne Bewegungssinn ist. Die Fähigkeit der Haut, auch *Bewegungen* aufzufassen, bringt die beiden Sinnesgebiete noch näher zusammen. Denn gerade Bewegung und Ruhelage, aber nicht nur von der Haut aus aufgefaßt, sondern *aus der Tiefe des ganzen Körpers,* aus der *Muskulatur,* den *Sehnen* und den *Gelenken* heraus, sind die wesentlichen Wahrnehmungen des Tastens. Sie sind es auch für die *Schwere-* und *Gleichgewichts*auffassungen, sofern letztere nicht durch die im Ohr gelegenen und schon erwähnten besonderen Gewichtsverteilungsapparate festgestellt werden. Die Bedeutung der oben-unten-Auffassung wird uns bei Besprechung der Umkehrbrillen-Versuche (s. Bd. III, S. 81 ff) eindringlich vorgeführt. Sie verfolgt uns in allen Lagen das ganze Leben lang und jede ihrer Schädigungen ist ein schwerer Eingriff in die Orientierungsfähigkeit des Menschen seiner Umwelt gegenüber. Nur der Kurven- und Kunstflieger unterliegt hier auch normalerweise besonders starken Täuschungen dank den besonderen Kraftverhältnissen, denen sein Körper ausgesetzt ist.

Fälschlich würde man meinen, daß die Druckempfindungen hinreichen, um uns den von der Außenwelt (z. B. einem Gewicht) auf uns ausgeübten *Druck* restlos mitzuteilen. Dies ist nur dann der Fall, wenn wir unsere Hand zwischen Unterlage und Gewicht einpressen lassen, — was, nebenbei gesagt, eine nur sehr ungenaue Schätzung des aufgeladenen Gewichtes ermöglichte. Das normale Gewichtschätzen ist stets mit *Ergreifen* des Gewichtes und seinem *‚Abwägen‘ in der auf und ab bewegten Hand* verbunden. Und bei der Aufwärtsbewegung der Hand spüren wir nicht allein den Druck des Gewichtes auf den Druckpunkten der Hand, sondern gleichzeitig auch die *Muskelanstrengung* in der Hand, dem Arm und letzten Endes selbst im ganzen Körper, die uns die Größe der zu überwindenden Kraft mitteilt. Sie ist es auch, welche uns *die Außenwelt in ihrer ganzen Realität besonders sinnlich anschaulich vorführt,* — so z. B. die Realität einer fremden Kraft, eines schweren Steines etwa, den wir mit Anstrengung aller Kraft hochzuheben versuchen: Wir schalten uns *mit eigener aktiver Kraftanstrengung* zwischen den Grund und Boden, auf dem wir stehen, und den Schwerezug nach unten, den uns jedes Gewichtgramm unseres eigenen Körpers sowie des Fremdkörpers fühlen läßt, den wir dem Zug der Erde entgegenheben. (Nur daß die Eigenkraft im jungen gesunden Körper so stark ist, daß die Gegenleistung uns nicht niederdrückt wie den Alten und Kranken, sondern mit kraftvoller Freude ihres Seins und Bewußtwerdens erfüllt.) Und nicht anders erleben wir jeden anderen Druck oder Zug, den wir zu überwinden suchen durch eigene *vollerlebte zielgerichtete Muskelkraft.* So wenn wir mit Anstrengung aller Körperkraft gegen einen gewaltigen Sturmwind ankämpfen, der uns zurückzuwerfen versucht. Hier verbinden sich, wie auch sonst oft, ja in der Regel, Empfindungen der Druckpunkte der Haut mit den Muskelempfindungen zu *einem Eindruck,* — der uns *gleichzeitig die eigene zielgerichtete Kraftanstrengung und den Außenweltszustand wiedergibt.* Und so wie in diesem extremen Anstrengungsbeispiel ist es bei jedem Tastverkehr, den wir mit der Außenwelt pflegen: Die Haut mit ihren Sinnen und die tiefer gelegene Druck-, Zugsensibilität und nicht weniger die ‚aktive Muskelsensibilität‘ lassen in uns einen *lebhaften Realitätseindruck entstehen von den uns umgebenden Kräften, ihrer Einwirkung auf uns, unserer Gegenwirkung und nicht selten auch unserer ganz autonom unternommenen Einwirkung auf die Umwelt.*

Die Nervenendigungen, welche uns den Zustand des Muskels mitteilen, sind keulen- oder eiförmige in den Muskeln gelegene Gebilde *(Vater-Pacinische, Golgi-Mazzonische* Körperchen und Muskelspindel-Fasern) oder in den Sehnen frei endigende Nerven. Falsch wäre es anzunehmen, daß die Nervenleitung nur zu den Muskeln vom Gehirn geht, um die Muskeln vom Zentrum aus zu beeinflussen. Annähernd die Hälfte der Nerven arbeitet nicht vom Zentrum zu der Muskulatur, sondern von der Muskulatur und dem Sehnensystem zum Zentrum und bringt uns Kunde vom Zustand der nahen und fernen Körperpartien.

Das Zusammenwirken des Tastsinnes und des Gehörsinnes

Selbstverständlich kommt die Bedeutung dieser Sinne in dem bedauernswerten Fall des *Taubblinden* am klarsten zur Auswirkung. Wobei der entscheidende Unterschied zwischen dem *Blinden* und dem *Taubblinden* im Haushalt des Lebens unter anderem auch das Problem des *Fernsinnes der Blinden* ins klare Licht setzt. Dieses Problem wurde durch vieljährige Untersuchungen unter anderem auch des Innsbrucker Institutes endgültig geklärt: Die Blinden besitzen tatsächlich einen (individuell außerordentlich verschieden entwickelten) *Fernsinn,* mit dem sie größere, in etwa Kopfhöhe befindliche Gegenstände auf Entfernung spüren und ihnen beim Gehen ausweichen können. Sie selbst nehmen in der Regel (zu Anfang der Versuche) an, daß dies ein besonders fein entwickelter Druck- und Tastsinn sei, denn sie spüren, besonders in der Schläfengegend einen deutlichen Druck, welcher sie vor dem Weitergehen warnt. Eine ganze Reihe verschiedenartiger Versuche hat uns aber gezeigt, daß diese feinste Empfindlichkeit nicht von der Körperhaut ausgeht (die z. B. ohne Fernsinnverlust auch anästhesiert werden kann), sondern die *Leistung des Gehörsinnes* darstellt, — dessen Ausschaltung (die sehr genau durchgeführt werden muß!) alle Erscheinungen des sog. ‚Fernsinnes der Blinden' *aufhebt.* Dabei handelt es sich nicht nur um Töne, die durch die wahrzunehmenden Gegenstände selbst erzeugt werden (Sprechen, Gehen usw.), sondern um die Art und Weise wie durch diese (an sich stillen Gegenstände) Töne, die stets in unserer (auch der *sog. stillen)* Umgebung tatsächlich vorhanden sind, *zurückgeworfen* und *akustisch geformt* werden (in grober Weise ist das jedermann z. B. von großen Gewölben [Kirchen, Sälen, Kellern] her bekannt). In der ‚wirklichen Stille', wie sie z. B. die ‚schalltote Kammer' bietet, ist der Blinde vollkommen desorientiert und verloren. Und wird ihm in der gewöhnlichen Umgebung ein ‚Schalltausch-Apparat' aufgesetzt (der die rechten Töne zum linken Ohr und die linken zum rechten Ohr leitet), so ist auch die sonst richtige Orientierung des Blinden *verkehrt* geworden, und er stößt überall dort an, wo er früher richtig auswich. — Das Ergebnis ist, daß auch der Blinde von seiner mitgebrachten Auffassung über das Wesen seines Fernsinnes abläßt und sich zur Auffassung bekehrt, daß die Sensibilisierung der Haut nicht von den Außenweltobjekten, sondern *von ihm selbst* hervorgerufen wird: indem er durch die vom Gegenstand erzeugte Tonartung, sie aus einem bestimmten

Ort wahrnehmend, dort den Gegenstand auch ‚mit der Haut erwartet', — und *selbst in der Haut jene Vorempfindungen aktiv setzt, welche der objektiven Situation der Gegenstandsverteilung im Raume entspricht;* — wie wir das auch tun, wenn wir einen schmerzhaften Stoß an irgendeiner Stelle des Körpers erwarten.

Für den Blinden ist jene Raumspanne, die er durch seinen Tastsinn am klarsten beherrscht und am genauesten wiedererkennen kann, die innerhalb der Griffbreite seiner beiden ausgespannten Arme gelegene. Zwar ist die eine Zeitlang in der experimentellen Psychologie sich breit machende Ansicht sicherlich verfehlt, daß die *Raumanschauung* uns nur durch das Auge vermittelt wird, und der Blindgeborene *in einer streng genommen raumlosen Welt lebt,* deren ‚Abstände' eigentlich ‚Energieabstände', d. h. Energiequanten sind, welche der Blinde aufbringen muß, um z. B. von der einen Wand zur Gegenwand zu gelangen, — und keine eigentlich ‚räumlich erlebten Distanzen', — und daß der Blindgeborene nur *Bezeichnungen des Sehenden für Räumliches übernimmt* und verwendet, so wie er auch von ‚hell' und ‚dunkel' zur Tag- und Nachtzeit spricht, ohne hell und dunkel im eigentlichen Sinne des Wortes zu kennen. Diese Ansicht ist sicher irrig, denn der intelligente Blindgeborene kann Aufgaben aus dem räumlichen Gebiet vollkommen selbständig lösen, die nur der Raumbegabte verstehen und richtig beantworten kann. — Es ist dennoch gewiß richtig, daß ihm die Beherrschung des Raumes und seiner Beziehungen viel schwerer fällt als dem Normalsichtigen. So ist ihm die Übersicht einer größeren Distanz, z. B. des Weges, den er tagtäglich von seinem Hause zur Blindenanstalt allein und trotz Straßenverkehr sicher zurücklegt, nicht ebenso räumlich anschaulich in ihrer Totalität gegeben wie uns, denen derselbe Weg, von einer Anhöhe betrachtet, sich synoptisch bietet, — und nicht so raumanschaulich wie sich ihm die Lage der Utensilien auf seinem Schreibtisch annähernd „syntaktisch" bietet. Dennoch kann er räumliche Fragen richtig beantworten, die er weder in der Schule kennengelernt noch in der vorangehenden Erfahrung beantwortet erhielt: Er versteht es z. B. zunächst sehr wohl, was das heißt, daß der Raum *drei* Dimensionen besitzt, während die übrigen Qualitätseigenschaften, und so auch die Zeit, dieser Vielfalt ganz fremd sind; daß man durch das Bestreichen der Seiten eines Drei- oder Vieleckes zum selben Punkt zurückkehren kann, ohne jemals denselben Weg in umgekehrter Richtung zu beschreiten. Er kann, ohne es vorher zu wissen, selbst ableiten aus der Natur des Kreises oder der Kugel, wieviele unmittelbare Berührungen drei oder vier Kugeln miteinander haben können (als offene oder geschlossene Kette, als Fläche, Pyramide oder als Würfel); ja, er kann (aber nur mit großer Mühe) ohne Erfahrungsunterstützung, rein vorstellungsmäßig aus den genannten Figuren ableiten, *wie der zwischen der Berührung der Kugeln oder Kreise beschaffene leere Raum geformt sein muß.* Ein sehr intelligenter Geburtsblinder vermochte die Lösung folgender Aufgaben einzusehen, die auch für den gutbegabten Normalsichtigen nicht weit von der oberen Grenze seiner (räumlichen) Vorstellungsfähigkeit liegt: Gegeben ist ein Holzwürfel, der z. B. mit Schmirgelpapier beklebt ist (beim Sehenden würde man einfacher irgendeine Anstrichfarbe verwenden); der Würfel soll durch sechs (davon je zwei stets parallele) Schnitte in 27 kleinere Würfel zerschnitten werden. Nun folgen zwei *Fragen,* die beide zugleich gestellt werden müssen, denn bei der Lösung der ersten Frage muß schon die bevorstehende zweite mitberücksichtigt sein: 1. Können die 27 kleinen Würfel durch Drehung und Umstellung so wieder zu einem Gesamtwürfel zusammengefügt werden, daß alle mit Schmirgelpapier beklebten Seiten im Innern des Würfels verschwinden und der Würfel wieder mit seinen Holzseiten nach außen gekehrt *dasteht?* 2. Nachdem diese relativ leichte Frage (positiv) beantwortet ist, wiederholt sich dieselbe Situation und Frage nochmals: Kann der wieder (diesmal z. B. mit Samt) beklebte Gesamtwürfel durch die Verdrehung und Verlagerung seiner kleinen Teilwürfel nochmals so zusammengefügt werden, daß seine Außenflächen wieder aus reinem Holz bestehen? Rein zahlenmäßig ist die Aufgabe scheinbar leicht zu lösen, da die Gesamtzahl der zur Verfügung stehenden kleinen Flächen 162 beträgt, die mit Samt oder Schmirgelpapier beschlagenen aber jeweils 54 Flächen ausmachen; 54 Flächen bleiben also nicht beschlagen. Aber das ist insofern nur eine Scheinlösung, als es nicht allein auf ihre Zahl, sondern auch auf ihre räumliche Verteilung über die Flächen der kleinen Würfel bei ihrem Beschlagen (oder Anstreichen) ankommt: hier können die in der Aufgabe enthaltenen Forderungen auf unvereinbare Widersprüche stoßen, deren Vorhanden- oder Nichtvorhandensein *nur von einer die Beschaffenheit des Raumes anschaulich sich vorstellenden Vp erkannt werden kann,* — wie dies von dem erwähnten Geburtsblinden auch geschehen war.

Die Leistungen des sog. ‚Fernsinnes der Blinden‘ führen sich dagegen tatsächlich nicht auf den Tast-, sondern auf den Gehörsinn zurück (s. S. 115). Nach der geschilderten, ohne räumliche Anschauung schlechterdings nicht aufzulösenden Aufgabe über die Raumlosigkeit des Tastsinnes der Blinden zu sprechen, ist vollkommen unmöglich. Es ist also die im Tastsinn gelegene Räumlichkeit, die den Blindgeborenen nicht nur die Fragestellung begreifen, sondern auch die Lösung der Doppelaufgabe in der Vorstellung nacherleben läßt.[1])

Im Tasteindruck ist es in der Regel nicht bloß *eine* Sinnesangabe, sondern eine ganze Reihe verschiedener Sinneseindrücke, aus deren Gesamtheit erst das Tastbild entsteht. Der Tastende umfährt und betastet den Gegenstand (ein Buch, ein Werkzeug, eine Statuette) von verschiedenen Seiten und gewinnt erst aus den ihm aufeinanderfolgend gegebenen Eindrücken das endgültige ‚synochrone' Bild des betasteten Gegenstandes. Das ihm aufeinanderfolgend in der Zeit Gebotene muß er zum ‚gleichzeitig Bestehenden' zusammenfügen, — worin ein großer Nachteil des Tastenden gegenüber dem die einzelnen Dinge *synoptisch wahrnehmenden* Normalsichtigen liegt. — Diese Zusammenfügung geschieht auch dort, wo die Griffweite nicht mehr ausreicht, in der Vorstellung des Geburtsblinden; so kann er sich z. B. eine große Kugel (einen Bierbraukessel od. dgl.), die er nicht umfassen kann, dennoch in ihrer besonderen Gestalt vorstellen. Ebenso stellt er sich das Zimmer vor, in dem er wohnt, den Tramwagen, in den er einsteigt, das Haus, in dessen zweitem Stock seine Wohnung liegt. Ähnlich wie wir uns die Erde als annähernde Kugel vorstellen können, auch ohne sie jemals als Gesamtkugel gesehen zu haben.

In seinem ‚Momentan-Reich' wirkt aber der Tastsinn ebenso synchrongestaltend wie der Gesichtssinn, indem erst aus der Gleichzeitigkeit der Teileindrücke ‚Sinn' und ‚Wesen' des Gesamteindruckes hervorgeht. Eine herunterhängende Perlenkette fassen wir auch taktil *als unbewegt* auf, wenn wir sie mit bewegter Hand streichend betasten, trotzdem die Eindrücke an unseren Fingerkuppen dabei immer wieder wechseln, — denn wir beziehen diese Veränderung auf die Bewegung des eigenen Armes. Bleibt unser Arm dabei aber bewegungslos, und wird die Kette zwischen den tastenden Fingerkuppen durchgezogen, so ist *der Tasteneindruck der Finger genau derselbe wie im ersten Fall;* der Bewegungseindruck dagegen der entgegengesetzte: die Kette war

[1]) Die letzte Aufgabe ist so schwierig, daß deren Lösung hier angedeutet werden mag: Auch nach dem zweiten Anstreichen kann die Oberfläche des großen Würfels wieder von aller Bemalung oder Beklebung durch richtigen Ortswechsel der kleinen Würfel befreit werden.

unserem Körper gegenüber ruhig, jetzt ist sie bewegt. Ähnliche Verhältnisse finden wir auch im Gesichtssinn (s. Brillenversuche, Bd. III, S. 98) vor.

Indem wir vom Tastsinn sprechen, scheinen wir des öfteren nicht Psychologie des Normalen, sondern des Pathologischen zu treiben, da wir in einem fort auf den Geburtsblinden hinweisen müssen. Aber der Leser wird eingesehen haben, daß dieser Eindruck insofern ganz irrig ist, als der Blindgeborene selbst ein großes ‚Experiment der Natur' darstellt, in dem der Gesichtssinn ausgeschlossen ist und der Tastsinn (und der Gehörsinn) alles aus sich herausholen muß, wozu er überhaupt fähig ist. An ihm kann man also die Grundeigenschaften und die Grenzen des Tastsinnes am klarsten übersehen.

Die Unterschieds-Empfindlichkeit für *Bewegungen* ist bei verschiedenen Körpergliedern sehr verschieden. Für die Bewegung des Unterarmes im Ellenbogengelenk liegt die relative UE um $^1/_{10}$ herum. Die UE für Lagen und für Bewegungen muß streng unterschieden werden, wobei die UE für lang dauernde Lagen sehr ungenau werden kann. — Die Vergrößerung der Tastleistung durch Übung, wie sie bei Blinden durch Lesen der Braille-Schrift erreicht wird, kommt viel weniger durch Erhöhung der Tastempfindlichkeit als durch Erhöhung der nur aus spärlichen Eindrücken sich ergebenden *Deutung* der erhaltenen Empfindungsangaben zustande. Es steht damit ähnlich wie mit dem Förster im Wald: Er braucht kein schärferes Auge zu haben als sein ihn begleitender Gast aus der Stadt, dennoch sieht er beim gemeinsamen Gang durch den Wald viel mehr als dieser.

Innere Körpersinne

Genannt seien noch die im Inneren des Körpers lokalisierten Empfindungen, deren Bedeutung im Haushalt des Lebens grundlegend ist, die jedoch entweder weniger differenziert sind als die anderen Sinne oder die sich der gesetzmäßigen Differenzierung weniger leicht zugänglich zeigen: so das Verlangen nach *Nahrungsaufnahme*, das sich zwar als Empfindung von *Hunger* und *Durst* anmeldet, zugleich aber die Aktivität des Triebes in sich hat. Noch ausgesprochener ist der passive Muß-Charakter beim Entleerungstrieb; der ‚Organismus drängt' nach Defaekation, nicht das geistige Ich ist es, das sie — im engeren Sinne des Wollens — will. Und ebenso sind die Sättigungsempfindungen eine gefühlsbetonte Empfindungsreaktion auf Einwirkungen der „Außenweltsdinge“, wenn diese Einwirkung auch „im Innern des Organismus“ stattfindet! Aber wann ist es anders, — wenn die Wahrnehmungsinhalte auch oft *in der Umwelt wahrgenommen werden* (man denke nur an den Gesichtssinn)? Anders verhält es sich hier nur mit dem *Erleben selbst:* den Hunger erleben wir im eigenen Körper, wie auch die *Anstrengung*, die *Müdigkeit* und das körperliche *Wohlbehagen* oder *Übelergehen;* Dinge, Farben und Töne aber fassen wir in der Außenwelt auf, — und wäre uns das Außenweltserleben nicht unmittelbar gegeben, so wäre unser Leben und Erleben das eines ewig einsam in sich eingeschlossenen Solipsisten, — ein Zustand, der weder sein, noch auch nur konsequent ausgedacht werden kann.

Auf der Grenze zwischen dem körperlichen Charakter der Ernährung und dem Gebiet höchster geistiger Erlebnisse und Willensrealisierungen steht die Geschlechtsliebe mit ihrem geistigen Verehren und körperlichen Begehren. Ihre Erforschung ist Gegenstand der höchsten Persönlichkeitspsychologie, die sich nur im Ernst des Lebens beobachten und nicht in den Räumen des experimentellen Laboratoriums erzeugen und fassen läßt, — wie wir dies schon in der Einleitung (Bd. III, S. 8) hörten. Das Wichtigste, was darüber gesagt und geschrieben wurde, stammt nicht von Schulgelehrten und Experimentatoren, sondern von großen intuitiven Menschenkennern her, denen auch ihre empirischen Erkenntnisse nicht in Form einer Wissenschaft mit ihren abstrakten Ideen und Gesetzen, sondern in Form lebendiger Persönlichkeiten und Gestalten geschenkt werden. Auch große Seelenärzte können zu den Eingeweihten zählen; und wenn experimentelle Psychologen natürlich auch große Seelenkenner in diesem Sinne sein können, so sind sie es ‚über ihre engere Verpflichtung als experimentelle Forscher‘ hinaus. — Die allgemeine Psychologie hat es aber mit dem Erleben der Liebe als solcher und ihren verschiedenen Abarten natürlich auch zu tun, — daher wurde auf deren Wesen in Bd. II, S. 138 eingegangen.

11. Kontrast und Adaptation

Gleichheit, Verschiedenheit und gegenseitige Abhebung des Verschiedenen

Man wäre geneigt anzunehmen, eine bestimmte Empfindung entstehe dadurch, daß sie, *sie allein* für sich, *durch einen bestimmten „ihr entsprechenden" Sinnesreiz hervorgerufen wird.* Und dementsprechend seien auch Einzelvorstellungen und Einzelbegriffe ‚für sich', d. h. unabhängig von ihnen vorangehenden oder mit ihnen gleichzeitigen Vorstellungen oder Begriffen, möglich. Aber schon die Tatsache der *Korrelativbegriffe* und der *Kontraste* zeigt, daß dem nicht so ist: Sehr viele, wenn nicht alle Grundbegriffe treten ihrem inneren Wesen nach als *Begriffspaare* auf, deren ein Teil ohne den anderen weder bestehen noch gedacht werden kann. „Gut" ist korrelativ zu „schlecht", schön zu häßlich, Vergangenheit zu Zukunft, rechts zu links, oben zu unten, groß zu klein, warm zu kalt, schwarz zu weiß usw.[1])

Die gegenseitige Abhängigkeit der Empfindungen und Begriffe voneinander reicht aber noch viel weiter: Nicht allein der besondere Fall des Kontrastes, auch die viel allgemeinere Beziehung der ‚*Verschiedenheit*' ist Grundvoraussetzung für das Bestehen unserer sinnlichen und abstrakten Objekte, d. h. der ganzen Welt unserer Wahrnehmungen. Die Gestalttheorie spricht mit Recht vom Fundamentalverhältnis von Grund und Gestalt (s. Bd. II, S. 42), aber auch diese umfassende Beziehung drückt den Tatbestand nicht erschöpfend aus. Nicht allein die Wahrnehmungs-Beziehungen desselben Empfindungsgebietes, auch die der verschiedenen Gebiete bedingen und bestimmen sich gegenseitig.

---

1) *Heraklit:* Mit Unrecht sagt Homer: „Möchte doch schwinden der Streit aus der Welt der Götter und Menschen!" Dann ginge ja alles zugrunde. Denn es gäbe keine Harmonie, wenn es nicht hohe und tiefe Töne gäbe, und keine lebenden Wesen ohne Weibliches und Männliches, was doch Gegensätze sind. Verbindungen gehen ein: Ganzes und Nichtganzes, Übereinstimmendes und Verschiedenes, Akkorde und Dissonanzen, und aus Allem wird Eines und aus Einem Alles. W. Nestle, Die Vorsokratiker

Wäre ein Sinnesgebiet, das nur eine Intensität und nur eine Qualität aufwiese, bewußtseinsfähig?

Man stelle sich vor, daß wir in einem bestimmten Empfindungs-Gebiet nur *eine einzige, weder der Intensität noch der Qualität nach veränderliche Empfindung* hätten und auch *keine Vorstellungsmöglichkeit* ihrer Veränderung innerhalb derselben Modalität besäßen, — wären wir dann überhaupt in der Lage, sie *ihrer Intensität und Qualität nach zu erfassen?* Ihrer Modalität[1]) nach zunächst scheinbar — ja: Denn der Modalität nach höbe sie sich von allen übrigen Empfindungs-Modalitäten ab, sie wäre etwas Besonderes, Eigenartiges. Ist es z. B. ein uns begleitender Ton, so hebt er sich in seiner Eigenart ab von Tastempfindungen, Geruchsempfindungen, Gesichtsempfindungen usw. Er ist etwas Ausgezeichnetes, das sich von allen übrigen Erlebnisarten unterscheidet und eben gerade dadurch zur Bewußtheit modaler Eigenart gelangt (das gilt natürlich ebenso von der optischen wie von jeder anderen Modalität). Nicht aber wird uns die *Qualität* und die *Höhe* des Tones (oder die Qualität der Farbe) bewußt, *denn beides ist nichts anderes als eine Lokalisierung des betreffenden Tones in einem Ton-* (der Farbe in einem Farben-)*System* und kann ohne Erlebnis des Ton- (oder Farben-)Systems nicht sein. Der gehörte Ton ist tief, sofern uns höhere Töne bekannt sind, und hoch, sofern wir auch viel tiefere Töne kennen.[2])

Die *Zeit* hat weder Breite noch Tiefe (wie der Raum), sondern nur *eine* Dimension von der Vergangenheit über die Gegenwart

---

[1]) D. h. der Empfindungs*art* nach als Ton, Druck, Farbe, Geruch usw.

[2]) Mit Recht kann man einwenden, daß auch eine grundsätzlich andere Beziehung herangezogen werden kann, — diejenige nämlich, die zwischen dem physikalischen Ton und *der Konstitution unseres Organismus* besteht. Ein zu starker Ton kann z. B. unabhängig von allen anderen Empfindungen das Sinnesorgan zerstören. — Für die Qualität der Wirkung verschiedener elektromagnetischer Schwingungen auf unseren Organismus kann man deren Änderung an der metrischen Tafel von S. 42 ablesen: langwellige Schwingungen bleiben auf den Organismus wirkungslos, kurzwellige können schwer schädigen, ein besonderer kleiner Ausschnitt erzeugt, auf die Netzhaut unseres Auges einwirkend, Farbempfindungen, wobei jeder *bestimmten Farbe* eine *bestimmte Länge* der Schwingungen zugewiesen ist. — Aber gerade diese Betrachtung bringt die irrtümliche Auffassung nahe, daß jede Einzelfarbe in ihrer Eigenart von dieser Reizart auch *eindeutig abhängt*. Während ihre ‚Wahrnehmung' viel mehr, nämlich auch *ihre ‚Auffassung an einer bestimmten Stelle des Farbensystems'* bedeutet — und eben von dieser Qualitätsauffassung und ihrer grundsätzlichen Bedeutung bei unserem Farbensehen handeln die obenstehenden Ausführungen.

zur Zukunft; daher kann sie auch *weder gekrümmt noch auch gerade (!)* sein. Zum Aufweisen einer Verschiedenheit muß uns jede bestimmte Qualität innerhalb eines *Mediums* liegen, das solche Qualitätsverschiedenheit wenigstens potentiell in sich enthält und sie daher auch aktuell möglich macht. So besäße auch eine einzige Dauerempfindung für den Empfindenden diejenigen Qualitäten (z. B. Ton*höhe)* gar nicht, *die ihr erst durch ihre Beziehung zu anderen Qualitäten derselben Modalität eigen werden können. Nur durch ihre Verschiedenheit von anderem und ihrem Ort im Gesamtsystem ihres Empfindungsgebietes zeichnet sie sich in ihrer Eigenart ab.*

Daher stünde *die eine Dauer-Empfindung* zwar ihrer Modalität nach von anderen Empfindungsarten möglicherweise geschieden und insofern bestimmt da; *in ihrer Qualität aber innerhalb derselben Modalität mit anderen Empfindungen unvergleichbar und daher unbestimmbar,* wenn, wie angenommen, keine verschiedenen Vergleichsempfindungen anderer Qualität, noch auch Vorstellungen oder *auch nur Vorstellungsmöglichkeiten* solcher bei gleicher Modalität vorhanden wären.[1])

Könnte uns ein Sinnesorgan in der Welt leiten, wenn es oben angegebene Beschaffenheit besäße?

Und natürlich könnte uns eine solche Empfindung nicht über unsere Umwelt *orientieren.* Wäre sie wenigstens nicht dauernd, so könnte ihr Auftreten und Verschwinden uns etwas ‚bedeuten'. Dann könnte sie auch zum Gegenstand unserer Aufmerksamkeit werden, und zwar durch die ‚größtmögliche Verschiedenheit: durch den Gegensatz, die *Kontradiktion: des Seins und Nichtseins*'. — Sehr fraglich ist es aber, ob eine einzige unveränderliche *Dauer*empfindung überhaupt bewußt werden kann, *wenn nicht ein Bewußtseinsträger da ist, dem, seinem Wesen nach, viele* (eventuell subjektiv bedingte und den subjektiven Zustand kennzeichnende) *Empfindungen zugänglich sind, über denen allen er selbst steht, und die sich für ihn in ihrer Eigenart gegeneinander abheben.*

Wäre uns nur *eine* Helligkeit und nur *eine* Farbe (gestaltlos) gegeben, so könnten wir selbstverständlich *‚nichts sehen': * keine Figur könnte sich uns vom Hintergrunde abzeichnen, wenn Figur

[1]) Und Frage, ob die ‚stets unverändert dauernde Empfindung' überhaupt eine bewußte Empfindung sein könnte, wenn ihr ihr *größter Gegensatz* (nicht die zeitweise Änderung, sondern:) das *Nichtsein,* nicht zeitweise auch beigesellt wäre!

und Hintergrund von genau derselben Farbe und Helligkeit wären, — dann gäbe es keine Figur und keinen Hintergrund.

Das Wesen des Kontrastes und des Kontrastierenden

Die Kontrast-Gegensätze *setzen sich als die größten Unterschiede innerhalb einer sie zusammenhaltenden Eigenart gegenseitig voraus:* Das nicht durch einen bestimmten Außenweltsreiz, sondern durch sein *Fehlen* bedingte Schwarz ist bekanntlich für den Sehenden nicht ein Nichts, sondern eine *unbunte Farbenempfindung,* die wir z. B. als Augengrau oder Schwarz gerade dann wahrnehmen, wenn keine Reizung unserer Augen von außen stattfindet. Aber auch der völlig Blinde (Geburtsblinde) — oder unser ‚Rücken' oder unser ‚Fuß' — die ebenso wie das blinde Auge keine Lichtreizung aufzunehmen imstande sind, nehmen (wie auch der Blinde) *auch kein Schwarz wahr,* wie es dem Sehenden in der Dunkelheit doch eigen ist. Für den Blinden gilt das nur, wenn er geburtsblind ist und *nie Weiß gesehen* oder es völlig vergessen hat. — Beim Sehenden *ruft also das Fehlen optischer Reizung ‚Schwarz' als Kontrast-Empfindung zu Weiß hervor,* während derselbe Reizmangel beim Blindgeborenen überhaupt keine visuelle Empfindung bedingt: Nur der, der „weiß, was Weiß (hell) ist", kann wissen, was Schwarz (dunkel) ist. Und selbst *das Wissen,* das wir in der anschaulichen *Vorstellung* besitzen, reicht nicht aus, um das tiefste Schwarz wahrzunehmen: Es entsteht erst als Wahrnehmungsgegensatz zu *‚gesehenem* Weiß': Legt man dasselbe Stück tief schwarzen Samt auf grauen oder farbigen Hintergrund, so ist der Schwarzeindruck nicht so tief, wie wenn man es auf weißen Hintergrund auflegt: Unser Auge verlangt nach Weiß, um das gesättigteste Schwarz empfinden zu können!

Aber nicht allein entstehen die höchstgesättigten Empfindungen nur bei Vorhandensein von Kontrastreizen, sondern *der eine Kontrastpartner verlangt nach dem anderen so sehr, daß nicht allein unsere Phantasie die Kontrast-Vorstellungen herbeizaubert,* sondern *eine Empfindung ihre Kontrast-Empfindung geradezu wahrnehmungsgemäß herbeizieht: Farbenkontrast* — Simultankontrast und Sukzessivkontrast.[1])

Und jetzt erst sind wir gerüstet, das Wesen des Kontrastes voll zu erfassen: Den ‚Kontrast' macht nicht der schlechthin ‚größtmögliche Unterschied' aus, wie man aus dem Ausdruck ‚Kontrast' vielleicht herauslesen könnte: Kann im Gebiet der Empfindung etwas verschiedener sein als Ton- und Schmerz- oder Geruchsempfindung? Aber in keinem dieser Fälle haben wir es mit Kontrast zu tun: Die angeführten psychischen Vorgänge sind zu *verschieden* voneinander, um ein ‚Kontrast*paar*' zu bilden. *Enge Verwandtschaft* auf der einen Seite — wie *Gegensätzlichkeit* auf der anderen — sind beide für den Kontrast unumgänglich: Nur ‚Licht und Dunkelheit' oder ‚Kälte und Wärme' oder ‚Bewegung und Ruhe' usw. können im Kontrastverhältnis zueinander stehen. Weiß gehört zu Schwarz viel enger als jede beliebige bunte Farbe, um so mehr als jede andere Empfindungsmodalität. Aber in der *engen Zugehörigkeitsgruppe* neutraler (un-bunter) Helligkeitsempfindungen *stehen andererseits weiß und schwarz an den beiden entferntesten Polen.* Die verschiedensten Schattierungen von Grau erfüllen in kontinuierlichen Übergängen den Abstand von weiß zu schwarz: weiß wird immer dunkler und dunkler und geht schließlich in schwarz über, — weiß und schwarz sind die beiden ‚extremen Pole derselben Reihe'. Nicht anders ist es bei warm und kalt, groß und klein, rechts und links usw. Es sind jeweils die entferntesten Punkte einer Verwandtschaftsreihe. *Nur weil enge Verwandtschaft zwischen weiß und schwarz besteht, ruft der eine Eindruck den anderen wach, und nur weil weiß und schwarz die gegensätzlichsten und dadurch ausgezeichneten Punkte dieser Verwandtschaftsgruppe sind, kommt nicht*

---

[1]) In der rein physikalischen Natur ist ein solches Anfordern und gegenseitiges Realisieren der Kontrastkräfte die Regel, ja sie steht zum Gesetz der Energieerhaltung in nächster Beziehung: Bringt man das eine Ende eines Eisenstabes in die Nähe des positiven Poles eines Magneten, so wird es negativ magnetisch, — zugleich aber entsteht auf dem entgegengesetzten Ende des Eisenstabes eine entsprechende *positive* (konträre) magnetische Ladung. Und aller *Druck* erzeugt *Gegendruck* und kann *ohne seinen konträren Partner weder sein noch auch nur gedacht werden.*

ein beliebiger Grauwert auf den Eindruck ‚weiß' hin ins Bewußtsein, sondern gerade der Gegenwert ‚schwarz'. Die Verwandtschaftsnähe ist unerläßlich: Nur unter dieser Voraussetzung übt der Kontrast auch seine eigentümliche Wirkung aus, indem *die Eigenart des Kontrastierenden durch den Kontrast besonders gesteigert wird.* — Stand man längere Zeit unter dem Eindruck großer Objekte (Überseedampfer, große Häuser, Bäume o. dgl.) und kehrt dann zum eigenen kleinen Kinde zurück, — so erscheint es nicht kleiner, als man es erwartete. Denn ein Vergleich, eine Beziehungssetzung zwischen Kind und Überseedampfer, der Größe nach, kommt gar nicht in Betracht. Kehrt man aber aus einer befreundeten Familie, wo man eine Zeitlang mit vierjährigen Kindern zu tun hatte, zum Einjährigen zurück, so fällt die Kleinheit des eigenen Kindes eindringlich auf. Nie fiel mir der Wuchs einer mir befreundeten Dame ‚als klein' auf, — mit Recht, denn sie ist auch mittelgroß, und ich verglich sie unwillkürlich ‚mit allen' Frauen meiner Umgebung, wo sie eine Mittelstellung einnahm. Als ich sie aber in Gesellschaft ihrer eigenen um fast einen Kopf größeren, wirklich großen Tochter sah, war mir die Mutter plötzlich ganz klein geworden.

Der Kontrast „logisch betrachtet" ist eine ganz besondere logisch-psychologische Kategorie, in der zwei Größen zueinander stehen. Er kann weder durch die raumzeitliche Berührung (wie es die Assoziationspsychologie versucht) noch durch eine andere Beziehung ersetzt werden. Und wir fassen diese besondere Beziehung auch als eine *besonders wichtige* auf. Nicht umsonst stellten die Alten die Assoziation ‚per Kontrast' gleichwertig *neben* die der Ähnlichkeit und Gleichheit. Daß sie auch für uns gleiche Wichtigkeit besitzt, zeigen z. B. die Assoziations-Wörterbücher, worin zu einzelnen Wörtern die im freien Assoziationsverfahren zu ihnen hinzugedachten Wörter ihrer Häufigkeit nach aufgeführt sind! Da zeigt es sich, daß assoziativ stark verbundene Wörter kaum weniger nach Gegensätzlichkeit des von ihnen Bezeichneten als nach dessen Ähnlichkeit und Gleichheit zusammenhalten, — daß also nicht nur Gleich zu Gleich, sondern auch Gegensätzlich zu Gegensätzlich strebt. So wird in freier Assoziation („mit dem ersten besten in den Sinn kommenden Wort soll auf das zugerufene Wort geantwortet werden"! s. S. 181) sehr oft auf das Wort ‚groß' mit ‚klein' geantwortet; dick-dünn, schwarz-weiß, kalt-warm, fern-nahe, Mann-Frau, Erde-Himmel, fröhlich-betrübt, Leben-Tod usw. Der Leser wird über diese Tatsache nicht verwundert sein, denn ihm selbst mögen diese oder entsprechende Assoziationspaare ebenfalls leicht eingefallen sein. „Les extrêmes se touchent".

Doch verlassen wir zunächst alle anderen Kontrastarten und konzentrieren uns auf den besonders durch die Untersuchungen *Herings* und vieler großer Forscher berühmt gewordenen *Farbenkontrast und seine Gesetzmäßigkeiten.*

Simultankontrast: Florkontrast und Randkontrast

Sehen wir verschiedenfarbige Blumen aus dem grauen Grund des Blumenbeetes aufsteigen, so vermögen wir leicht den schwarzen Erdgrund und die Blumen als völlig differente Objekte auseinanderzuhalten, die einander rein farblich sozusagen ‚nichts angehen'. — Ein ähnlicher Eindruck entsteht, wenn auf einem großen grauen Papierblatt verschiedenfarbige Papierfetzen aufliegen. Und nicht anders ist es, wenn wir den grauen Untergrund durch einen blauen ersetzen und graue Papierfetzen darauf hinwerfen. — Erst wenn ein *Florpapier* über den blauen Hintergrund mitsamt den grauen darauf liegenden Papierstückchen ausgebreitet wird, so daß die einzelnen Farbobjekte von ihrem gemeinsamen Hintergrund nicht mehr als ‚für sich bestehende Einzelobjekte' hervortreten, sondern sich nur ihrer Helligkeit oder Farbigkeit nach von ihrer Umgebung („zu der sie gehören") abheben, stehen wir vor einem novum: Nehmen wir den einfachsten Fall, indem ein nicht zu großes und nicht zu breites graues Papierkreuz auf den blauen Untergrund gelegt und samt seiner blauen Umgebung mit Florpapier bedeckt wird. In diesem Augenblick ändert sich die graue Farbe des Kreuzes: Es erscheint nicht mehr grau, sondern in der Kontrastfarbe zu blau: es ist deutlich gelblich geworden. Und so geht es mit allen Kontrast-Farben, inklusive weiß und schwarz: Auf gelbem Hintergrund wird grau bläulich, auf grünem Hintergrund rötlich, auf sehr dunklem Hintergrund hellt sich das Grau auf und verdunkelt sich auf weißem Grund.

Aber auch ohne Flor läßt sich der Kontrasteindruck leicht hervorrufen: Schneidet man in der Mitte eines weißen Kartonstückes (20 zu 20 cm) eine runde 1,5 cm große Öffnung heraus, hält das Kartonstück so, daß das Licht vom Fenster voll darauf fällt, und schaut ‚*auf* die Öffnung' (durch die der dunklere Boden zu sehen wäre), so erscheint die Öffnung ausgesprochen dunkel. Wendet man aber das Kartonstück nur um wenige Grade, aber so, daß die Lichtstrahlen vom Fenster nicht mehr auf die betrachtete Fläche fallen (sie also im Schatten liegt), ohne *daß durch die Öffnung etwas anderes als vorhin zu sehen wäre,* so erscheint dieselbe Öffnung ausgesprochen hell. — Das Gesicht eines im Zimmer vor dem Fenster stehenden, ins Zimmer schauenden Menschen erscheint dunkel und kaum erkennbar. Je strahlender das Licht draußen, desto dunkler das Gesicht. Tritt derselbe Mensch zur Seite, so daß hinter ihm sich nicht mehr das Fenster, sondern die Zimmerwand befindet, so bleibt sein Gesicht *(objektiv)* gleich hell und wird unter Umständen sogar noch weniger hell beleuchtet, — aber für den Betrachter wird es viel heller und klar erkennbar. In beiden Fällen ist der Unterschied von erstaunlicher Größe und Eindringlichkeit.

Das Maximum der Kontrastwirkung zweier farbiger Flächen wird am *Rand* jeder Fläche erreicht, wo sie an die kontrastierende Gegenfarbe angrenzt (der sog. *Randkontrast):* Hier erscheinen die beiden Flächen am stärksten verschiedenfarbig, während sich der Einfluß mit fortschreitender Entfernung von den Farbrändern abschwächt. — Ja es tritt sogar (ganz konsequent!) der scheinbare Gegenfall ein: Da jede Farbe in ihrer unmittelbaren Umgebung die Kontrastfarbe anregt, tut sie das auch mitten in ihrem eigenen Bereich, wo *alle Farbenpunkte sich gegenseitig nach der Gegenfarbe hin beeinflussen.* Und das Ergebnis muß sein und ist: eine *Abschwächung der Farbensättigung inmitten einer großen Farbfläche,* — wie umgekehrt der Randkontrast deren Intensivierung brachte.

Unter den gewöhnlichen Umständen fällt diese Abschwächung nur wenig auf: Sie wird aber deutlich z. B. unter folgenden Umständen: Man steht mitten im Zimmer und sieht zum Fenster auf den hellen Hintergrund, etwa den hellen Himmel, hinaus. Das Fenster ist aber mit sich überkreuzenden schwarzen Eisenstäben vergittert. Und nun entsteht der merkwürdige Eindruck, daß gerade an den Gitterstellen, wo die Gitterstäbe sich kreuzen und also die Dunkelheit rein physikalisch gemessen am massivsten sein muß, eine subjektive *Aufhellung eintritt,* indem das Gitter an den Kreuzungsstellen wie mit weißlichen Scheiben belegt erscheint. Vom Standpunkt der Kontrastwirkung wohlverständlich: Hier ist die Dunkelheit ausgebreiteter als hinter den einfachen Einzelstäben, wo sie durch die beidseitige Helligkeit des Hintergrundes per Kontrast besonders akzentuiert wird. Unter günstigen Umständen läßt sich das Experiment auch in kleinerem Ausmaß an einem mit (matter) schwarzer Tusche gezeichneten (etwa 2 mm breiten) Gitter auf weißem Papier wiederholen, das an den Kreuzungsstellen (objektiv) schwarze Verdickungen trägt, die dann aus besprochenen Gründen weißlich aufgehellt erscheinen.

Die Bedeutung der räumlichen Verteilung und Größe der Kontrast erzeugenden Flächen war es auch, warum im Florkontrastbeispiel das graue Kreuz auf blauem Feld nicht zu groß und zu breit sein durfte; der Randkontrast sollte sich möglichst stark auswirken, während sich die *Binnenwirkung* der Farbigkeit noch nicht geltend machte. Wird nun obiger Forderung nicht entsprochen und die graue Fläche auf blauem Hintergrund groß, vielleicht gar so groß aufgelegt, daß sie den Hintergrund *zur Hälfte* zudeckt, so breitet sich die Gelbtönung nicht über das ganze Graupapier aus und das graue Halbfeld erscheint nur am Rand des blauen Halbfeldes ausgesprochen gelblich. Das ist dann wieder der *Randkontrast:* Die Färbung in Richtung der Kontrastfarbe tritt nur am Rand der Gegenfarbe deutlich auf und verliert sich mit größerer Entfernung im Binnenfeld der Tiefe immer mehr.

Die Kontrastfärbung wird noch stärker und kann selbst über größere Entfernungen reichen, wenn man den Versuch so durchführt: Ein farbiger, z. B. grüner[1]) Strahlenkegel wird auf weißen Schirm projiziert und ein schattenwerfender Stab wird in ihn hineingehalten. Ist der Schatten des Stabes zu dunkel, so überwiegt der Eindruck der Schwärze und muß durch Beigabe weißen Lichtes aufgehellt werden. Dann aber leuchtet er (im Kontrast zur grünen Umgebung) rosarot auf — *simultankontrastfarbiger Schatten.* Seine Deutlichkeit ist ähnlich bedingt wie beim Florkontrast.

Sukzessivkontrast und Nachbilder

Wir sagten oben: ‚Am Anfang überwiegt der Blaueinfluß der blauen Farbe, dort, wo er unmittelbar wirkt, entscheidend'; man sieht dort eben blau. Das ändert sich aber im Laufe der Zeit.

Zunächst interessiert es uns, wie die *zeitliche* Beziehung der Farbwirkung beschaffen ist und ob sie sich mit der *räumlichen* einigermaßen vergleichen läßt: Was geschieht z. B., wenn der Farbreiz nach längerer Wirkung plötzlich aufhört und an Stelle des Blaureizes ein neutrales Grau als Projektionsschirm geboten wird? Hier treten nun die bekannten *Nachbilder* auf: Zunächst dauert die Wirkung des Blaureizes während ganz kurzer Zeit noch an: wir sehen nach Aufhören des Blaureizes noch blau, nach Hellreiz — hell usw. (kurzes *positives Nachbild).* Gleich darauf schlägt aber der Eindruck (unter normalen Umständen) in sein Gegenteil um und es geschieht in der Zeitfolge genau dasselbe, was wir ‚grundsätzlich' schon beim Randkontrast durch räumliche Nachbarschaft bedingt kennenlernten: Es tritt an der Stelle der früheren Farbeinwirkung das ‚negative Nachbild' in Kontrastfarben auf und dauert unvergleichlich länger (bis zu mehreren Minuten) und eindrucksvoller an. Bis schließlich auch es, immer mehr verblassend, in Grau übergeht. Man braucht nur die auf S. 51 beigegebene schwarze Figur mit streng fixierten Augen eine oder mehrere Minuten lang zu betrachten und dann die Augen

[1]) Jedoch besser nicht zu gesättigter (ja die Kontrastwirkung stellt sich am erstaunlichsten ein, wenn der Betrachter die *Farbigkeit* des Lichtkegels durch Adaption überhaupt nicht mehr bewußt wahrnimmt).

auf die weiße Zimmerdecke zu richten, um dieselbe Figur, aber in Kontrasthelligkeit und -farbe (weiß, wo sie schwarz war, blau statt gelb usw.) zu sehen.[1])

Wie beim Randkontrast die *räumlich benachbarten* Partien des Gesichtsfeldes kontrastfarbig werden, so werden es auch die *zeitlich folgenden,* sobald sie von der unmittelbaren Einwirkung des Farbreizes (wir nahmen blau als wirkende Farbe an) befreit werden. In beiden Fällen äußert sich also die gleiche Tendenz des Sinnesorganes: *die ursprüngliche Empfindung herabzudrücken* und *die Kontrastempfindung zum gebotenen Reiz dort hervorzubringen, — wo der Sinneszwang des gebotenen Reizes räumlich oder zeitlich weicht!* Jede Farbe verlangt also nach ihrer Kontrastfarbe und bringt sie hervor, sobald ihr eigener Reiz räumlich oder zeitlich zurücktritt. Nebenbild (Randkontrast) und Nachbild sind die beiden hier äußerlich (räumlich-zeitlich) verschiedenartigen Auswirkungen desselben Kontrasteinflusses!

Adaptation: Und was geschieht im dritten noch möglichen Fall der Farbeneinwirkung, denn zur Frage steht nicht das räumliche oder zeitliche Nachbargebiet, sondern das *farbgereizte Gebiet selbst;* und nicht die Folgezeit, sondern die *Reizzeit selbst,* deren Wirkungsdauer verlängert worden ist? Die *Intensität der Farbempfindung* (und ebenso der ausgeprägte Charakter einer *Gestalt,* z. B. die Stärke einer Bewegung, Krümmung u. dgl.) *nimmt mit der Zeit bedeutend ab:* Die Erscheinung der Adaptation tritt ein.

---

[1]) Sieht man so ein Nachbild zum erstenmal, so staunt man über die Größe des gesehenen Bildes: Es erscheint der Länge und Breite nach ebensoviel mal größer wie die Entfernung der Zimmerdecke größer ist als die des betrachteten Buches (der Fläche nach: im Quadrat). Projiziert man aber das Bild auf ein in gleicher Entfernung wie das Buch gehaltenes weißes Papierblatt, so erscheint es in gleicher Größe wie die Buchskizze. Denn *dasselbe Netzhautbild* bedingt unser einmal näher, das anderemal ferner — *und also vergrößert* gesehenes Sehbild (je ferner das Objekt bei gleichem Netzhautbild wahrgenommen wird, desto größer erscheint es). Und wird die Betrachtungsfläche unter einem bestimmten Winkel gesehen, so zieht sich auch das betrachtete Bild, ihr entsprechend, schräg in die Länge, je nachdem, welche Lage die Projektionsfläche dem Betrachter gegenüber hat. Davon bei Besprechung des Sehvorganges mehr, — hier interessiert uns nur das Nachbild als solches und der in ihm sich vollziehende, es hervorrufende Kontrastprozeß.

Das ist wieder dieselbe Erscheinung, die wir oben bei Entstehung des Randkontrastes und des Nachbildes kennengelernt hatten: die Entwicklung der Tendenz zum Gegenprozeß im Nachbarraum, in der Nachbarzeit und — selbst „im selben Raum und zur selben Zeit"!

Adaptation und Kontrast in ihrer für das Funktionieren der Sinnesorgane günstigen Auswirkung

Wird längere Zeit hindurch eine farbige Sonnenbrille getragen, so merkt der aufmerksame Brillenträger nach einiger Zeit die Schwächung der zunächst stark ausgesprochenen Farbigkeit, in der ihm die Welt erscheint; bis nach längerer Zeit ihm eine gut abschließende Farbbrille (gewöhnliche Sonnenbrillen lassen oft von der Seite noch weißes Licht durch, wodurch das beschriebene Phänomen stark herabgesetzt wird) überhaupt kaum noch eine farbgetönte Umwelt zu bieten scheint. (Um so stärker getönt erscheint sie natürlich in Gegenfarbe [s. o.], wenn man die Brille abnimmt.) Dasselbe Phänomen tritt auf, wenn man mit fixiertem Auge einige Minuten auf eine farbige Fläche aufschaut: Ihre Farbe verliert mit der Zeit merkbar an Sättigung.[1]) Die Farbe oder Helligkeit hat ihre Hauptaufgabe als Reiz schon erledigt: Das Auge und die Aufmerksamkeit des Schauenden hat sich auf die Stelle des Reizes schon eingestellt, so daß die Stärke des Reizes ohne Schaden abnehmen kann, — was im Sinne der Adaptation auch eintritt.

Man sah sich längere Zeit hindurch veranlaßt, in ihr eine Ermüdungserscheinung des Organes zu sehen. *Scheffler* gelang es, besonders klar zu zeigen, daß es sich um eine einfache Ermüdung nicht handeln kann: Als Kriterium der Ermüdung ist ein Nachlassen der Unterschiedsempfindlichkeit zu erwarten; die Leistung muß bei Ermüdung herab-

[1]) Die aber bei jeder kleinsten Bewegung des Auges um so gesättigter auftritt, wenn die bis dahin nicht von Farbe getroffenen Netzhautstellen vom Farbreiz berührt werden, — diese sind natürlich besonders empfindlich gegen diese Farbe geworden, da sie bis dahin ja unter entgegengesetztem Randkontrast standen.

gesetzt sein. Im Zustand der Adaptation an eine bestimmte Farbe (dasselbe ist auch für Akustik nachgewiesen) wird aber die Unterschiedsempfindlichkeit für diejenige Farbstelle, an welcher Adaptation besteht, nicht herabgesetzt, sondern sogar noch etwas verfeinert, — wie eine Waage um so genauer funktioniert, je geringer ihre Grundlast ist (d. h. die Farbe weniger aufdringlich wird, an der die Adaptation sich einstellt). Dies stellt das Phänomen der Adaptation nicht in Gegensatz zum Kontrast, sondern weist im Gegenteil ihm verwandte Züge auf, denn auch der Kontrast erhöht ja unsere Unterschiedsempfindlichkeit zwischen zwei kontrastierenden Flächen und schafft erst diejenige Feinheit unserer Sinnesorgane, die ihnen sonst durchaus abginge.

Größere Feinheit bei geringerer Sättigung des Farbeneindruckes (desgleichen des Krümmungs- oder Größeneindruckes) ist kein Widerspruch, und man könnte jederzeit einen Apparat konstruieren, der in technischem Sinne beiden Forderungen entspricht. Auch versteht man erst von hier aus, daß die Anpassung des Auges an Hell und Dunkel, wie sie aus der Duplizitätstheorie des Sehens hervorgeht, im Grunde auch hauptsächlich eine Adaptationsäußerung ist. Nur treten hier die durch diese Adaptation gebrachten Vorteile viel greifbarer hervor, die scheinbaren Nachteile viel weniger, als bei den Farben. Beide Erscheinungsgebiete tragen aber trotz scheinbaren Grundunterschieden mit Recht den gleichen Namen, da ihnen die gleichen Gesetzmäßigkeiten in der Hauptsache eigen sind.

Unser deutliches Sehen verlangt eine gestochen klare Auffassung der einzelnen Gegenstände, z. B. der einzelnen Buchstaben der Druckschrift. Müßte sich aber der Leser mit denjenigen Helligkeitsunterschieden begnügen, die sich auf seiner Netzhaut tatsächlich finden, so könnte er selbst bei heller Beleuchtung des Lesestoffes das Weiß des Papieres und die Schwärze des Druckes nur ineinander verfließend sehen. So undeutlich setzt sich hell und dunkel auf der Netzhaut gegeneinander ab. Hier nun kommt ihm der Kontrast, vor allem der Randkontrast zu Hilfe: Die den

Buchstaben umgebende Helligkeit wird durch seine Dunkelheit gehoben, so wie seine Dunkelheit durch die ihn umgebende Helligkeit verstärkt und gerade am Rand deutlich abgehoben wird, so daß für den Wahrnehmenden ein messerscharfer Rand entsteht. Der ‚Leser' bekommt ein in sich klar kontrastiertes Bild von weiß und schwarz, — ganz anders als es der Physiologe erwarten würde, der die verschwommene Zeichnung auf seiner Netzhaut untersuchte und nichts von der ‚Unterschiede hebenden und verdeutlichenden' Wirkung des Kontrastes wüßte.

Nicht weniger das Gesichtsbild verdeutlichend wirkt die Adaptation, in erster Linie die von uns nur kurz behandelte auf der Wirkung des Sehpurpurs beruhende Hell-Dunkeladaptation (s. Duplizitätstheorie des Sehens, S. 49): Sowohl die Hell- als die Dunkel*blendung* setzt die Sehfähigkeit außerordentlich stark herab; und bliebe dieser Zustand bestehen, so wären wir alle bei Helligkeitswechsel auch auf die Dauer in hohem Grade sehuntüchtig. Aber da greift nach beiden Seiten die Hell-Dunkeladaptation ein, indem sie sowohl die Dunkelheit erhellt als die Helligkeit herabsetzt und so die Schärfe des Sehens in beiden Fällen außerordentlich hebt. — Ein zweiter Vorteil wird noch dadurch erreicht: Das Sehen wird nicht nur deutlicher, sondern die Helligkeit der gesehenen Gegenstände wird zugleich auch viel *konstanter* trotz verschiedener Beleuchtung. Dadurch *machen die Außenweltsgegenstände einen viel konstanteren Eindruck und können viel leichter richtig wiedererkannt werden.* — In gleicher Richtung wirkt, wie schon berichtet, auch ein rein physikalisch-optischer Faktor: Die Pupille des Auges wird ungefähr 30 mal größer in der Dunkelheit, was die Schärfe des Netzhautbildes zwar herabsetzt, es dafür aber viel ‚lichtstärker' macht. — Um so stärker verdeutlichend wirkt deren Zusammenziehung (genau wie die kleinere Blendenöffnung beim Photoapparat), die das Auge zugleich auch vor zuviel Licht schützt. Dies ist mit der wesentliche Grund für besseres Sehen bei hellerem Licht; während die weiter oben aufgezählten Faktoren unsere Sehtüchtigkeit nach beiden Richtungen ausdehnen und einander angleichen. — *Wie* stark dabei auch die Farbenadaptation mitbeteiligt ist, zeigen die Farben-Beobachtungen.

Übersicht:

Das Wesen des Kontrastes besteht ja, rein physiologisch gesprochen, *darin, daß zugleich mit der Setzung einer bestimmt wirkenden Reizung auch die Tendenz zum Gegenprozeß, sowohl in der Umgebung der Reizung als in der Gegend der Reizung selbst, angeregt wird. Es entsteht die Tendenz, die Wirkung des Reizes herabzusetzen, sie sogar ins Gegenteil zu verkehren und sie ergibt sämtliche von uns bis dahin kennengelernten Erscheinungen von Kontrast und Adaptation.* Das will sagen: Nicht allein ruft der Kontrast in der Umgebung der gereizten Stelle Gegenfarben hervor und zeigt damit, daß das Auge nicht nur an der gereizten Stelle, sondern in seinem ganzen Sehfeld auf den Reiz antwortet, sondern die an der gereizten Stelle selbst sich entwickelnden Gegentendenzen setzen die Wirkung des Reiz-Farben-Prozesses mit der Dauer der Empfindung herab, — daher die adaptationsbedingte Schwächung der Farbwahrnehmung. Und auch nach Aufhören der Reizprozesse wirken die den Vorreizungszustand wiederherstellenden Gegen-(Kontrast-)Prozesse an der gereizten Stelle noch minutenlang nach, — *daher die negativen Nachbilder!*

Der physiologische Ort der Kontrastbildung

Es wurde viel darüber gesprochen, wo dieser bis dahin natürlich nur hypothetisch angenommene physiologische Prozeß der visuellen Adaptation stattfindet (denn unmittelbar gegeben ist ja nicht er, sondern sind jene Helligkeits- und Farbenphänomene, die wir oben aus der optischen Beobachtung erhielten): Auf den ersten Blick wäre man geneigt, ihn in der Netzhaut des Auges zu vermuten. Aber vieles spricht dagegen und läßt ihn in höhere, zentralere Partien des Nervensystems verlegen. So konnte im Innsbrucker Psychologischen Institut nachgewiesen werden, daß *dieselben Partien der Netzhaut (!) gleichzeitig an verschiedene*

Farben (z. B. blau und gelb) *adaptiert sein können, wobei bald der eine, bald der andere Adaptations-Zustand sich geltend macht, je nachdem das Auge nach rechts oder links gerichtet wird:* Hat man es während längerer Zeit nach rechts durch das rechts blaue Halbglas der Brille schauen lassen und dann nach links durch ein entsprechendes gelbes Halbglas, so wird die Vp — nunmehr ohne Brille! — beim Blick nach rechts auf einen grauen Schirm ihn gelblich, und beim Blick nach links bläulich getönt sehen! — *Schefflers* Versuche bestätigen dieses Ergebnis, indem es ihm gelang, auf derselben Netzhautstelle *verschiedene auswechselbare Bewegungsnachbilder* zu erzeugen: z. B. eine translatorische und eine rotierende Bewegung des Nachbildes. Wir werden weiter unten sehen, daß dies ganz allgemein gilt, und daß auch verschiedene *Formen*nachbilder auf *derselben Netzhautstelle* entstehen und potentiell weiterbestehen können — aktuell werdend in Abhängigkeit davon, *in welcher übrigen Körpersituation* sie erzeugt wurden *und welche Situation wieder verwirklicht wird.* Die Aufnahme und Physiologisierung des Reizes ist gewiß Aufgabe des peripheren Sinnesapparates (und er muß kompliziert genug dafür sein!), die höhere Verarbeitung aber geschieht an zentralerem Orte (s. Brillenversuche).

Rein psychologische Betrachtung vom Gesamterleben der Persönlichkeit aus

Und nun versuchen wir, dieselben Probleme des Kontrastes und der Adaptation, die wir bis dahin in der Hauptsache von der Empfindung und ihrem physiologischen Korrelate aus angingen, dort in Angriff zu nehmen, wo unsere *Persönlichkeit* und unser *Denken* an ihnen mitbeteiligt sind. Denn es gibt auch solchen Kontrast, der, wie oben erwähnt, nicht nur für unsere Sinnlichkeit, sondern auch für unser Denken von größter Wichtigkeit ist. Dazu müssen wir die Betrachtungsart wieder aufgreifen, wo wir sie verließen. Was verstehen wir unter dem Wort: *Kontrast?* Der Stamm dieses Wortes ist in die menschliche Denklehre schon von den Alten eingeführt worden: Es gibt nach ihnen *kon*träre und *kontra*diktorische Urteile und *Kontrast*assoziationen. Namentlich die letzteren, welche die moderne Schulpsychologie abgeschafft hat, indem sie alle Assoziationen auf Zeitassoziationen zurückführte (s. S. 147), interessieren uns. Enthalten sie nicht doch noch etwas Besonderes, was über die bloß zeitliche Berührung reicht? „Wir meinen doch mehr", wenn wir von Kontrast sprechen, als wenn wir damit nur „durch

Gewohnheit Verbundenes" meinten. Wir meinen eine bestimmte *logisch-psychologische Beziehung,* die als eine besondere Unterklasse in die Gruppe von Gleichheit-Ähnlichkeit und Verschiedenheit gehört, und die *die größte Verschiedenheit bei inniger Verwandtschaft* bietet (s. S. 125).

Es besteht ein inniger Zusammenhang *zwischen Kontrasterlebnis* und *Vergleichsurteil:* nur daß den ‚bewußten Vergleich' meistens das Ich als zentrale Persönlichkeit ausführt und urteilsmäßig fixiert, während der Kontrast im Erleben des zum Ich gehörenden Sinnesorganes aus der gegenseitigen Beeinflussung verschiedener Reize und ihrer unmittelbaren erlebnismäßigen Zusammenfassung hervorgeht (s. dazu auch Fechners Paradoxen Versuch). Er ist eine Art unmittelbarer Beziehungsnahme des Gleichzeitigen oder Aufeinanderfolgenden, in der die gegenseitigen Eigenschaften des Erlebten *auch erst „werden", denn diese Eigenschaften bestehen nicht „für sich", sondern bestimmen sich erst in der Beziehung, in der sie sich gegenseitig voneinander abheben.*

Wir sprachen von ‚Gegenprozessen', die sich bei Kontrast- und Adaptationsvorgängen entwickeln, — und wenn die Frage auftritt, warum sich solche Gegenprozesse denn überhaupt entwickeln, so lautet die rein physiologische Antwort darauf: Unser Organismus sei nun einmal auf ein gewisses Gleichgewicht der ihm eigenen Energien hin gebaut, das er bei deren einseitiger Störung von sich aus wiederherzustellen sucht und eben daher jene Gegenprozesse von sich aus erzeugt, welche die Erscheinungen von Kontrast und Adaptation bedingen. — Aber eine grundsätzlich ähnlich gebaute rein physiologische Antwort könnte bei allem organisch unterbauten geistigen Geschehen gegeben werden, so z. B. beim Denken, Werten usw. Die Psychologie des Denkens begnügt sich aber, wie wir (Bd. II, S. 171) gesehen haben, nicht mit dieser rein physiologischen Antwort und stellt z. B. fest, daß wir einen Denkschluß gerade so und nicht anders ausführen, weil er so „richtig" und anders gezogen „falsch" wäre, und wir im Denken die wahren, die richtig gezogenen Schlüsse suchen. Und so können wir versuchen, auch beim Kontrast seine geistige Wurzel zu erfassen, die sich uns schon in der „Kontrast-Assoziation" anzudeuten scheint.

Wie steht es damit bei Farbwahrnehmungen? — Daß *blau* auf grauem Hintergrunde gerade (ungefähr) *gelb* hervorruft, mag uns zunächst nur als physiologisch bedingte Tatsache erscheinen, die wir, wie so vieles andere im naturwissenschaftlichen Gebiet, nur *hinnehmen* können und müssen, ohne sie näher zu ‚verstehen'. Es sei denn, daß man sich auf den Standpunkt stellt, daß gelb und blau, (ungefähr) grün und rot, wie natürlich auch weiß und schwarz, die am meisten miteinander *kontrastierenden* Farben sind, wozu mancher Farbenforscher geneigt sein wird. Dann können auch auf sie jene Überlegungen und Beobachtungen angewandt werden, die wir nunmehr grundsätzlich über das Kontrastproblem anstellen.

Weiß und schwarz, nebeneinandergelegt, ergeben eine andere *Gesamtwahrnehmung* als nur weiß oder nur schwarz, — die Auffassung des Kontrastes der beiden Bestandteile gehört nicht weniger zur *echten Gesamtwahrnehmung* als die der einzelnen kontrastierenden Teile. — Und in grundsätzlich gleicher Weise ist jede ‚Größe' *in den Eindruck ihr vorangehender und gleichzeitiger Größen eingeordnet.* Keine Größe ist an sich groß oder klein; aber die Gewöhnung an eine bestimmte *Durchschnittsgröße* der Gegenstände gleicher oder verwandter Art (siehe oben das Kinderbeispiel) läßt die neuen Wahrnehmungen ‚sich von ihr abheben', und eben *diese Abhebung läßt sie für uns ‚groß oder klein sein'.* ‚Sein' und nicht nur ‚scheinen', — denn diese Abhebung nach der einen oder anderen Seite ist das einzige Kriterium, das ihre Größe als groß oder klein für uns festlegt, — in jeder Hinsicht ‚konkret festlegt'. Auch ihre ‚Mittelgröße' wird dadurch bestimmt: Befindet man sich längere Zeit unter Menschen, die nach unserer ‚normalen Größenauffassung' groß sind (reist man z. B. nach einem längeren Aufenthalt in Italien oder Südfrankreich nach Holland), so erscheint zunächst jeder einzelne Holländer ‚groß'. Nach einiger Zeit tritt aber jener zunächst in uns weiterwirkende ‚Hintergrund objektiv kleinerer Menschen' zurück, und lebendig wird als Abhebungsgrundlage eines jeden Einzeleindruckes die neue Durchschnittsgröße. Ein Holländer von der Durchschnittsgröße eines Südfranzosen ist nun nicht mehr durchschnittsgroß, sondern klein; und nur der über der *neuen* Durchschnittsgröße Stehende wird als ‚groß' wahrgenommen.[1])

Dabei stellt sich der Größeneindruck *‚absolut'* ein, d. h. während seines Erlebens braucht jener Durchschnittsbezugseindruck

---

[1]) Der Fall ist zwar als Erlebnis sehr auffällig, aber dennoch nicht ganz rein, weil die *eigene Größe des Wahrnehmenden* die wahrgenommene Größe mitbestimmen kann. Aber die Beziehung zu sich selbst tritt oft so stark zurück, daß dennoch der Durchschnitt der anderen Menschen die Mittelgröße eindeutig festlegt. — Dem Gulliver mußte im Zwergenreich ein ‚Zwergriese' groß, bei den Riesen ein ‚Riesenzwerg' klein erscheinen, trotzdem der zweite mehrmals größer als der erste sein könnte. Vgl. Beispiel des Puppenspieles.

und die Art seiner Entstehung gar nicht im Bewußtsein zu sein.[1]) Mit Recht spricht man in der Psychologie vom ‚absoluten‘ Eindruck: Hat man mit einer Schaufel von 2 Kilogramm gearbeitet und bekommt dann eine gleich aussehende, aber um ein Viertel des Gewichtes leichtere Schaufel, so ist diese ‚schlechthin leicht‘ (und ‚absolut schwer‘ — im Gegenfall). — Wird die Geschwindigkeit bei einer Autofahrt von 40 km auf 80 hinaufgesetzt, so wird sie als schnell empfunden (besonders wenn man noch Anfänger ist und frühere größere Durchschnittsgeschwindigkeiten als oft erlebte Abhebungsgrundlage nicht in Gedächtnisbereitschaft besitzt). Wird sie aber von 120 km auf 80 herabgesetzt, so fährt man ausgesprochen langsam. — Dies alles geschieht auf Grund der *Abhebung* von der Durchschnittsgeschwindigkeit, unter deren Eindruck man steht. Der ganze Vorgang erscheint als solcher ‚verständlich‘: Es gibt ja keine ‚absolut große oder kleine Geschwindigkeit‘ für sich, sofern sie aber dennoch als groß oder klein aufgefaßt wird, — wodurch soll diese Auffassung entstehen als durch Abhebung der wahrgenommenen Geschwindigkeit von der Größe des Geschwindigkeitshintergrundes?

Grundsätzlich genau dieselben Bedingungen geben die Ursache für die scheinbar verschiedenartigsten Sinnestäuschungen, — so auch die am ‚durchscheinenden‘ Blatt S. 141 mitgegebenen: Sieht man das Blatt zunächst so an, daß man nur /— —/— —/ die Vorderseite sehen kann, so findet man darin nichts Auffallendes. Schaut man aber das Blatt im durchfallenden Lichte so an, daß dessen — zu einheitlichen auf vorderer und hinterer Seite gedruckten Figuren — hintereinander stehenden Figuren zu einer sinnlichen Einheit zusammenfließen, so beeinflußt der eine Figurteil den anderen nach den eben dargelegten Kontrastgesetzen, und man sieht dieselben Zeichnungen weitgehend verändert (parallele Linien — unparallel, gleich große Kreise — verschieden groß, und gleich lange Linien — verschieden lang usw.).

Ist es das Sinnesorgan oder das gesamte Ich, das den Kontrast bedingt?

Das Auftreten des Kontrastes scheint überall dort verständlich zu sein, wo der Kontrast selbst als ein (wenn auch

[1]) Man vergesse nicht die so wichtige als interessante Tatsache, daß auch beim ausgesprochenen *Sukzessivvergleich* die erst-wahrgenommene Vergleichsgröße während der Vergleichswahrnehmung ‚aus dem Hintergrunde‘, oft geradezu aus dem Unbewußten am treffsichersten wirkt; während der Versuch ihrer möglichst genauen Reproduktion im Bewußtsein und damit der Verwandlung des Sukzessivvergleiches in einen ‚bewußten Simultanvergleich‘ zu weniger genauen Vergleichswerten führt!

nicht immer bewußt konstatiertes) „Gegensatzverhältnis des Verwandten", sich gegenseitig Bedingenden, unmittelbar einleuchtet. So erscheinen z. B. die beiden Temperaturempfindungen warm und kühl als Gegensätze,[1]) und man wird sich nicht darüber wundern, daß lauwarmes Wasser, in das man die Hand nach ausgesprochen warmem Wasser eintaucht, kühl erscheint, während es nach kühlem Wasser als warm empfunden wird. Nordlandreisende erleben, zurückgekommen, dasselbe Wetter als warm, das wir als kalt empfinden usw.

Aber nicht ebenso selbstverständlich mutet der ‚paradoxe Versuch' von *Fechner* an: Hält man längere Zeit die eine Hand in warmem, die andere in kaltem Wasser und taucht dann beide in dasselbe laue Wasser, so erlebt in diesem Fall die eine Hand *derselben Vp* Kälte, die andere Wärme. Dabei ist der Temperatur-Wahrnehmende *derselbe:* Nicht also ist das Temperaturerlebnis des ganzen Körpers (wie im vorangehenden Beispiel) ein anderes, sondern nur dasjenige der beiden Hände hat sich in verschiedener Richtung geändert, indem es sich in jeder Hand von einem anderen vorangehenden Temperaturerlebnis abhebt, — wie das auch beim Auge der Fall sein kann, indem nicht die ganze Netzhaut, sondern deren verschiedene Teile verschiedenen Kontrast aufweisen.

Diesen und ähnliche Fälle des auftretenden Kontrasterlebnisses können wir einigermaßen ‚verstehen', indem wir die Abhebung der gegebenen Temperaturempfindung in der entsprechenden Hand von ihrem vorangehenden Zustand als das naturgegebene Verhalten auffassen: Von was soll sich denn die momentan gegebene Temperaturempfindung der *rechten* (und der linken) Hand abheben, um für die ganze wahrnehmende Persönlichkeit zu ihrer Eigenart zu kommen, als von dem, was eben noch unser Empfinden der rechten (oder der linken) Hand so verschieden beherrschte und als Erinnerung noch beherrscht?

[1]) Nicht ebenso ‚heiß und kalt', wo das Brennende, Beißende, Schmerzende (Hautverletzende) in beiden Fällen das Erlebnis mitbeherrscht.

Verschiedene Vergleichshintergründe

Auch bei der Weiß-Schwarz-Reihe wird jenes Grau, das als der sich am häufigsten einstellende Mittelwert auftritt, der Wert sein, der *als Mittelwert wirkt, d. h. auf den hin die Einzelfälle erlebt werden.* Dasjenige Grau ist dunkel, das dunkler ist als die in letzter Zeit besonders *häufig erlebten* Grauwerte; *und dies auch dann, wenn es noch in der*

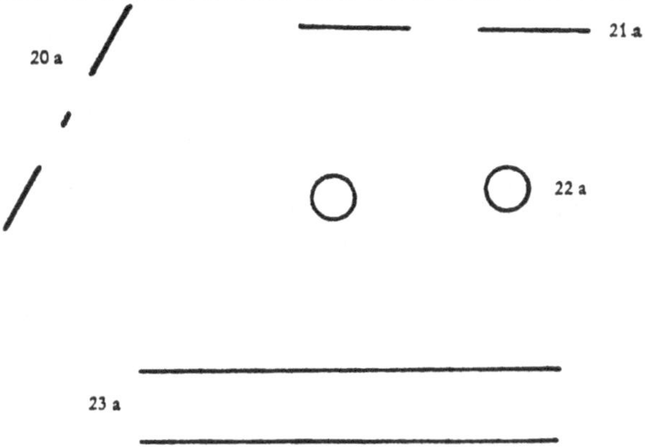

Abb. 20 a—23 a
Müller-Lyer'sche und andere Täuschungen (Ad S. 139).

hellen Hälfte der ganzen Weiß-Schwarz-Reihe liegt. — Aber neben dieser Mittel-Grauauffassung, die ihre Begründung z. B. in der eben durchgeführten Versuchsreihe hat, kann doch auch unsere *gesamte Lebenserfahrung mit dem aus ihr stammenden Mittelwert* wirksam werden: Dieser liegt oft ungefähr gleich weit entfernt von weiß und schwarz, sofern sich alle Graugrade uns durchschnittlich gleich oft darbieten. Die beiden Mittelgrauwerte können miteinander in Konkurrenz treten, aus der je nach den näheren Zeitverhältnissen der eine oder der andere siegreich hervorgeht — als derjenige, der den Hintergrundwert bestimmt, von dem die folgenden Wahrnehmungen ihre Abhebung erfahren.

Und wie wird dann dieser Mittelwert erlebt? Weder als hell, noch als dunkel, — denn er hebt sich ja vom Mittelwert, d. h. vom Abhebungswert (der er selbst ist!) nicht ab. Er ist der Durchschnittsreiz, der neutrale Reiz, d. h. grau. Und wenn das allgemein gilt, so auch für bunte

21 b

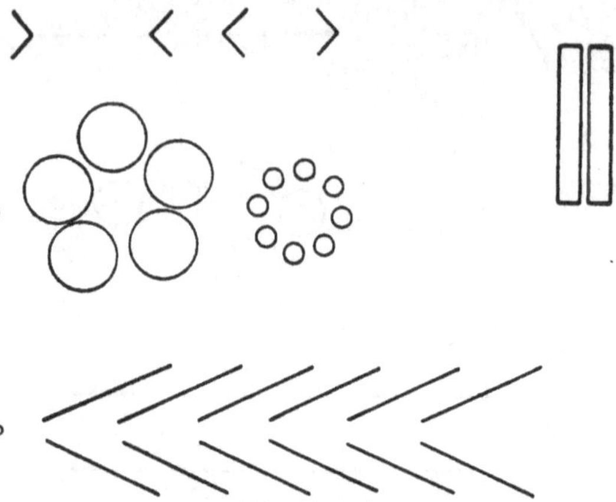

20 b

22 b

23 b

Abb. 20 b—23 b
(Gehört zur vorangehenden Abbildung. Muß gemeinsam mit ihr gegen das Licht hin angesehen werden.)

Farben. Und das läßt uns vom Erlebnisstandpunkt verstehen, warum eine Farbe, die längere Zeit auf unser Auge oder auch nur einen besonderen Teil der Netzhaut wirkt, an die man sich also adaptiert, ihre Sättigung immer mehr verliert und schließlich ins annähernd Graue ausläuft: Um in ihrer bunten Eigenart[1]) wahrgenommen zu werden, brauchte sie ja diejenigen Farben, gegen die sich ihre Eigen-

[1]) Und was bedeutet hier „Eigenart"? Das ist derjenige Wert, in dem sie uns dank der Wirkung *aller anderen Farben, wie sie in unserem gewöhnlichen Leben vorkommen, erscheint und als die sie auch ihren besonderen Namen führt,* solange dieser Durchschnittswert durch Herrschaft besonderer Kontrastverhältnisse nicht gestört wird.

art abhebt. Diese Reize aber fehlen z. B. bei längerem Tragen der einfarbigen Brille, — alles ist z. B. blau. Gegen blau kann sich aber blau nicht abheben, um in seiner Blau-Eigenart erlebt zu werden, — daher erlischt nach und nach diese Eigenart, und die Farbempfindung nähert sich dem neutralen Grau, — die Adaptation tritt ein. — Wird nun aber der Blaureiz durch einen Graureiz ersetzt, und steht die blau adaptierte Wahrnehmung unter dem Blaureiz als Bezugsreiz, welcher aus geschilderten Gründen als grau erlebt wird, so muß der Graureiz selbst als gelb aufgefaßt werden, was auch geschieht, indem das gelbe Nachbild auftritt und solange bestehen bleibt, als der grau wirkende Blaureiz als Bezugsreiz wirkt, von dem er sich abheben muß. Doch schon tritt nach einiger Zeit wieder das durchs ganze Leben aus sämtlichen Reizen als Mittelwert gebildete Bezugssystem in seine gewohnten Rechte, d. h. der Graureiz wird in seiner Abhebung *allen erlebten Reizen* gegenüber als das neutrale Grau aufgefaßt. Das gelbe Nachbild schwindet.

Etwas ganz Entsprechendes spielt sich beim Auftreten des Simultankontrastes ab: Der gesetzte Blaureiz wird durch seine unmittelbare sinnliche Wirkung in seiner Nachbarschaft zum Bezugsreiz; auf ihn, und nicht auf den Mittelwert aller optischen Reize, wird der ihm benachbarte Graureiz bezogen. Wenn aber der Graureiz in seiner Abhebung *von allen* Reizarten als grau gesehen wird, so muß er in der Abhebung gegen den Blaureiz als gelb aufgefaßt werden. — So wie grau in Abhebung gegen weiß dunkel und in Abhebung gegen schwarz (oder dunkelgrau) — als hellgrau erscheint.[1])

Doch noch ein wesentlicher, auch hier, wie stets und überall, zu berücksichtigender höherer Faktor, darf nicht übersehen werden, — das ist die *Aufmerksamkeit, ihre Richtung und Einstellung.* Wie man auch bei vielen anderen ‚Gesichtstäuschungen' (z. B. der Müller-Lyerschen Figur, s. Bd. III, Abb. 20 a) das Ausmaß der ‚Täuschung' vermin-

---

[1]) Man denke an die Versuche von S. 124 und 127 zurück!

dern kann, wenn man nicht (wie es unwillkürlich geschieht) in erster Linie die Gesamtfigur betrachtet, sondern seine Aufmerksamkeit auf die zu vergleichenden Linien ‚als solche' richtet und sie dadurch aus ihrer Umgebung *heraushebt*, so bestimmt die Aufmerksamkeit auch im Gebiet von Kontrast und Adaptation manche Eigenschaft der Wahrnehmung.

Wenn auch Kontrasterscheinungen, wie wir gesehen hatten, allgemeingültig sind, so ist ihre empfindungsmäßige Stärke doch nicht in allen Sinnesgebieten gleich. So ist schon unser zweiter Fernsinn, das Ohr, dem Kontrast, wie wir ihn in der Adaptation kennen lernten, unverhältnismäßig schwächer unterworfen. Die alten Beispiele hierfür sind die in unserem Zimmer tickende Uhr und die in Hörweite des Müllers stets klappernde Mühle oder das stets rauschende Wasser: Gewiß werden diese Geräusche in der Regel nicht mehr gehört, — aber aus einem anderen Grund als die dauernd wirkende und durch Adaptation bald herabgesetzte Farbe nicht mehr sichtbar wird. Ein ‚Aufmerksamkeitsblick' auf das Ticken der Uhr und das Rauschen der Wasserleitung bringt sie uns sofort in annähernd gleicher Intensität ins Bewußtsein, — während die dauernd auf dieselben Stellen der Netzhaut oder die ganze Netzhaut einwirkende Farbe sich annähernd in Grau verwandelt hat. Und doch läßt der genaue Intensitätsvergleich auch hier ein gewisses Nachlassen der Tonstärke erkennen, wie *Scheffler* nachweisen konnte. Desgleichen stieg mit der Zeit auch die Feinheit der Unterschiedsempfindlichkeit dort wie hier.

12. Gedächtnis-Methoden

Die Gedächtnisspuren und das Assoziationsgesetz

Einleitend haben wir auf die grundlegende Bedeutung hingewiesen, welche dem Gedächtnis im ganzen Bereich des organischen Geschehens, ganz besonders aber seinen höchsten Entwicklungsstadien zukommt. Diese Erkenntnis ist schon den allgemein bekannten Tatsachen des Tierlebens, im besonderen des menschlichen Lebens zu entnehmen. Damit erhält man aber noch keinen tieferen Einblick in die Gesetzmäßigkeiten des Gedächtnisses, welche unser Vorstellungsleben beherrschen; sie zu erforschen, war *der Experimentellen Psychologie vorbehalten* (bahnbrechend: *Ebbinghaus, G. E. Müller).* Und zwar lernt man gerade beim Studium dieses Gebietes sowohl die rein naturwissenschaftlichen Methoden der Psychologie als auch ihre große Leistungsfähigkeit auf dem psychischen Gebiet recht gut kennen. Der Bd. I, S. 68 ff erörterte Unterschied zwischen dem Untersuchungsgebiet eines Dichters und Menschenkenners und demjenigen eines experimentellen Psychologen fällt hier zugleich mit dem Unterschied ihrer Methoden besonders klar in die Augen.

Kein Erlebnis verschwindet für unser Bewußtsein spurlos, ein jedes läßt in der Psyche Spuren zurück. Diese Spuren können in einer unmittelbaren Fortdauer des Vorganges auch nach Ablauf des ihn bewirkenden äußeren Reizes bestehen: Ich höre eben eine Uhr schlagen, die einzelnen Schläge sind schon verklungen, in meinem Gedächtnis haften sie aber immer noch und klingen, wenn auch nicht mehr mit der Deutlichkeit und Eindringlichkeit des unmittelbaren Eindruckes, nach. In den meisten Fällen schwindet jedoch der einmal empfangene Eindruck sofort oder nach kurzer Zeit aus unserem Oberbewußtsein, d. h. wir können seine Fortdauer durch eine Selbstanalyse nicht mehr in unserem Bewußtsein feststellen; und doch ist er für uns dadurch nicht einfach gegenstandslos geworden: Bei einer günstigen Gelegenheit taucht er wieder auf, — er wird, wie man sich ausdrückt, „reproduziert". Wollen wir die Eigenschaften und Gesetzmäßigkeiten unseres Gedächtnisses kennenlernen, so müssen wir uns offenbar Klarheit verschaffen über: 1. das Entstehen der Gedächtnisspuren, also das Empfangen der zu behaltenden Eindrücke *(Erfahren, Lernen* usw.); 2. das Bestehen und Vergehen derselben als latenter Zustände oder Dispositionen unserer Psyche *(Behalten und Vergessen);* 3. ihren Übergang aus diesem latenten Zustand zum aktuellen Sein im Bewußtsein *(Re-*

produzieren und Erinnern, — wobei in letzteres auch schon das Wissen eingeht); 4. ihre Beschaffenheit nach dem Wiedereintritt ins Bewußtsein (die *„Vorstellungen"* oder *„reproduzierten Eindrücke"* im Gegensatz zu den ursprünglichen *Empfindungseindrücken).*

Bevor wir auf die Behandlung dieser vier Gruppen im einzelnen eingehen, soll vorgreifend schon das zentrale und wichtige Gesetz, das den Zusammenschluß und den Verlauf unserer Gedächtnisvorgänge weitgehend beherrscht, — das *Assoziationsgesetz* — erörtert werden. Zwar wird das Gebiet des Gedächtnisses durch dieses Gesetz keineswegs erschöpfend erfaßt und ausgedrückt, doch spielt es sowohl in der Entwicklung der Psychologie eine so dominierende Rolle, als auch bildet seine genauere Untersuchung durch die moderne Psychologie einen so fruchtbaren Boden für die Anwendung ihrer exakten Methoden, daß wir uns in der Hauptsache auf seine Darstellung beschränken dürfen. Von manchem Assoziationspsychologen rührt der allerdings etwas übertriebene Vergleich der Bedeutsamkeit des *Assoziationsgesetzes im psychischen Leben* mit dem *Gravitationsgesetz in der Astronomie und der Physik* her. Was ist der Inhalt des Assoziationsgesetzes?

„Kennst du das Land, wo die ..."; „Morgenstund' hat Gold ...", — der Leser möge sich selbst die Frage beantworten, ob ihm beim Lesen der voranstehenden Worte nichts „eingefallen" ist. Den meisten werden sich die an die zitierten Worte anschließenden Worte „Zitronen blühen" und „im Mund" aufgedrängt haben. Das ist die Wirkung des Auswendigwissens einer Wortverbindung: Das Sehen, Hören oder das eigene Aussprechen der ersten Worte zieht das Auftauchen der anschließenden nach sich. Das ist auch die Haupteigenschaft unseres Gedächtnisses: *psychische Vorgänge, die einmal oder mehrere Male zusammen oder aufeinanderfolgend in unserer Psyche auftraten, erfahren dadurch eine innere Bindung, und diese kommt darin zum Ausdruck, daß beim Auftreten eines Teiles dieser Vorgänge auch der andere Teil die Tendenz erhält, wieder im Bewußtsein zu erscheinen.* Schematisch ausgedrückt: Waren die psychischen Größen α, β, γ einmal oder mehrere Male zusammen oder nahe aufeinanderfolgend in meinem Bewußtsein, so wird beim Wiederauftreten der Eindrücke α, β das γ *von selbst,* d. h. auch ohne durch einen äußeren Reiz hervorgerufen zu werden, die Tendenz haben im Bewußtsein zu erscheinen. Dies ist der Sinn des so bedeutungsvollen Assoziationsgesetzes.[1]) Die Bindung, die zwischen α, β und γ besteht und sich durch die Reproduktion des γ beim Auftreten von α, β kundgibt, bezeichnet man als *Assoziation:* α, β und γ *sind miteinander assoziiert.* — Gerade das Auswendiglernen des Alphabetes in der Schule ist ein treffliches Beispiel für diese Erscheinung: Der Lehrer sagt den Kindern mehrere Male die (durch keinen „inneren Sinn" verbundene) Aufeinanderfolge der Buchstabenreihe vor, worauf dieselbe den Kindern „im Gedächtnis bleibt", d. h. nun schließt sich ihnen, sobald sie an das a denken, das b, an dieses das c usw. an; nun vermögen sie auch selbst die Buchstabenreihe aufzusagen, — sie „wissen sie auswendig". Die eigentliche Grundfunktion unseres Gedächtnisses ist ein solches absichtliches oder unabsichtliches Auswendigbehalten, das, wie schon gesagt, überall dort eintritt, wo psychische Gebilde zeitlich zusammen oder aufeinanderfolgend auftreten. Die oben gegebene Formu-

---

[1]) Früher (schon im griechischen Altertum und bis zu den Anfängen der modernen Psychologie) unterschied man *vier* Arten der Vorstellungsverbindungen; man nahm an, daß sich gegenseitig ins Bewußtsein rufen: 1. ähnliche Vorstellungen, 2. gegensätzliche Vorstellungen, 3. räumlich und 4. zeitlich zusammen gewesene Vorstellungen. Wenn auch unbestritten bleiben muß, daß die Gleichheits- und die Verschiedenheitsbeziehung in unserem psychischen Geschehen (im Denken) eine große Rolle spielen, so beschränkt sich doch die Funktion unseres *mechanischen Gedächtnisses* auf die Bindung der unter 4 genannten *zeitlich zusammentreffenden oder aufeinanderfolgenden* Vorstellungen (was eben den Inhalt des Assoziationsgesetzes ausmacht). Die übrigen drei Gruppen erweisen sich teilweise als nicht mehr dem rein mechanischen „Gedächtnis", sondern dem *Denken* (den Beziehungsgedanken) zugehörende Erscheinungen, teilweise aber als einfache Folgeerscheinungen der zeitlichen Bindung: die in unserem Bewußtsein *räumlich* zusammentreffenden Vorstellungen (ein Haus und eine Inschrift darauf usw.) sind stets auch *zeitlich* zusammengegeben; ebenso haben wir es häufig *gleichzeitig* mit *gleichartigen* oder *kontrastierenden* Dingen zu tun (Feder und Bleistift, Tisch und Stuhl; *schwarze* Buchstaben auf *weißem Papier* usw.), die dadurch auch zeitlich assoziativ verbunden werden. Alle drei Gruppen sind also *Erfahrungsassoziationen,* die letzten Endes *auch* durch *zeitliches* Zusammensein der Eindrücke gestiftet worden sind.

lierung des Assoziationsgesetzes bedarf noch einer wesentlichen Ergänzung: nicht nur die Eindrücke α und β, *sondern auch ihnen ähnliche Eindrücke α' und β'* wirken reproduzierend auf γ ein; wobei diese Reproduktionstendenz allerdings um so schwächer wird, je weniger Ähnlichkeit zwischen α β und α' β' besteht.[1])

Methoden zur Untersuchung des Gedächtnisses

Die wissenschaftliche Psychologie begnügt sich nicht mit dieser allgemeinen Kenntnis des Assoziationsgesetzes. Durch sinnreiche Methoden ist es ihr gelungen, viel ge-

[1]) Der Anwendungsbereich des Assoziationsgesetzes ist die eigentliche Domäne der experimentell-induktiv orientierten Psychologie. Wir wollen uns daher auch in unserer Darstellung innerhalb dieses Kapitels vor allem an die induktiv gewonnenen Resultate halten und die intuitive Durchleuchtung der Verhältnisse zurücktreten lassen. Auf einen Tatbestand muß aber doch hingewiesen werden, damit auch hier die philosophische Unzulänglichkeit der rein naturwissenschaftlich-induktiven Methode und die Möglichkeit der Anwendung einer intuitiven Erkenntnisart ersichtlich wird. Vom rein induktiv-beobachtenden Standpunkt aus kann man nur sagen: Ähnlich wie ein Magnet und ein Stück Eisen, aneinander gebracht, einander festhalten, so halten auch Bewußtseinsinhalte, die einmal oder mehrere Male zusammen bestanden, einander fest. Die psychische Kraft wird mit dem Namen „Assoziationskraft", die physikalische mit dem Namen „Magnetismus" belegt; — was das für Kräfte ihrem Wesen nach sind, weiß aber der Psychologe zunächst ebensowenig wie der Physiker — nur ihre Äußerungen kommen in diesen Beobachtungen zum Ausdruck. Betrachten wir aber die Assoziationskraft „von innen", fragen wir uns also, warum die einzelnen Inhalte zusammenhalten, so fällt uns zunächst auf, daß nur Inhalte, die zugleich in einem und demselben Bewußtsein vorkommen, dieses Zusammenhalten und gegenseitige Reproduktionstendenzen aufweisen. Wodurch aber werden die Inhalte in ebendemselben Bewußtsein zusammengehalten? Man erinnert sich an die im 1. Kap., Bd. I darauf gegebene Antwort: *es ist das Wissen, das die Einzelinhalte zu einem einheitlichen Gesamtbewußtsein verbindet.* Finden sich zwei Inhalte im gleichen Bewußtsein vor, so stehen sie nicht nur gleichzeitig nebeneinander, sondern sie hängen auch zusammen durch die Einheitlichkeit des Bewußtseins, d. h. dadurch, daß etwas da ist, was über ihnen steht und eine *Bewußtseinsbeziehung in ihr gegenseitiges Verhältnis hineinträgt.* Wie wir gesehen haben, besteht eine solche Bewußtseinsbeziehung nicht nur für *gleichzeitige,* sondern ebensowohl auch für *aufeinanderfolgende* Bewußtseinsinhalte. Und *diese beiden* Bewußtseinsarten von Beziehungen *sind es, die das Band zwischen den Einzelinhalten darstellen, das in den Assoziationsgesetzen zum Ausdruck kommt,* und die wir, indem wir an dieselbe „von außen", von ihren Wirkungen aus herantreten, *Assoziationskraft* nennen. Sobald der Wissenszusammenhang zwischen den Inhalten *völlig* schwindet, sobald sie nicht mehr als Bestandteile eines und desselben Bewußtseins auftreten, schwindet auch ihre assoziative Bindung, ihre Tendenz, sich gegenseitig ins Bewußtsein zu rufen. In der Wissensbeziehung (deren Klarheit dabei die verschiedensten Grade aufweisen kann) erkennen wir also die Assoziationskraft geschaut „von innen".

nauere Auskunft über das Wesen und die verschiedenen Eigenschaften unseres Gedächtnisses zu erhalten, als sie früheren Zeiten zugänglich waren. Bei der zentralen Bedeutung, welche das Gedächtnis und mit ihm das Assoziationsgesetz in unserem psychischen Leben besitzen, sind gerade auf diesem Gebiet die Erfolge der Psychologie außerordentlich erfreulich.

Wir könnten unser Gedächtnis prüfen, indem wir dabei von dem darin aus *früheren Erlebnissen* angesammelten Material ausgehen. Dieser Weg würde aber den Anforderungen eines *reinen* Experimentes nicht voll entsprechen, da wir dabei über das frühere Schicksal der Gedächtniseindrücke, die Art ihrer Entstehung, ihr Alter usw. nicht unterrichtet sind, während wir doch im Experiment womöglich *alle* Bedingungen des untersuchten Tatbestandes klar zu überblicken wünschen. Wir werden daher die zu untersuchenden Gedächtnisspuren am besten selbst herstellen. — Welches Material soll dazu verwendet werden? Auswendiglernen von Gedichten, Prosastücken usw. entspricht nicht der Absicht unserer Versuche, denn wir gehen auf das Feststellen der *reinen Gedächtnisleistung* aus; nun wird aber der Inhalt „sinnvoller“ Wortzusammenstellungen nicht nur durch die reine Assoziation seiner einzelnen Teile, sondern auch durch den ihnen innewohnenden *Sinn* zusammengehalten. Gewiß bleibt auch dieser Sinn uns *im Gedächtnis* zurück; wir wollen jedoch nicht den komplizierten Fall in Angriff nehmen, wo von einem bestimmten Sinn aus die einzelnen Worte und ihre Verbindungen wiederhergestellt werden können, sondern zunächst einen möglichst einfachen Fall der reinen assoziativen Bindung zwischen den *einzelnen Gedächtnisspuren* untersuchen.[1])

[1]) Wie sehr der „Sinn“ auf die reine Gedächtnisleistung komplizierend und verdeckend wirken kann, sieht man aus folgendem Beispiel: Ein Mathematiker findet ein neues mathematisches Gesetz; nach einer gewissen Zeit sucht er den Gang seiner Gedanken zu reproduzieren. Es scheint dies zunächst eine Gedächtnisleistung zu sein: er will sich an das Gesetz wieder erinnern. In Wirklichkeit wird er aber bei dieser Reproduktion durch die gleiche *schöpferische* Arbeit seiner Gedanken unterstützt, die ihn schon das erstemal auf die Entdeckung des Gesetzes geführt hat: Reproduktion und *Produktion* vereinigen sich hier zu einer Gesamtleistung. Dies ist der Grund, warum man

Hierzu eignen sich vorzüglich Buchstaben oder Ziffern, die *sinnlos* zu Reihen zusammengestellt werden, oder, wie es sich zeigte, noch besser Reihen *sinnloser Silben.* Bei der Zusammenstellung solcher Reihen können alle eben erwähnten Nachteile vermieden werden, so daß wir es mit der *reinen mechanischen Gedächtnisleistung* zu tun haben.

Bieten wir der Versuchsperson (Vp) eine solche sinnlose Silbenreihe dar und lassen sie dieselbe nachher reproduzieren, so können wir an dem erhaltenen Resultat die Gedächtnisleistung messen. Es zeigt sich dabei, daß das normale Gedächtnis etwa 6 sinnlose Silben, die in einmaliger akustischer oder visueller Aufeinanderfolge der Vp dargeboten werden, behalten und kurz nach der Darbietung reproduzieren kann. Damit hätten wir schon einen wichtigen Tatbestand festgestellt, — den *Umfang des Gedächtnisses* bei einmaliger Darbietung sinnloser Silben, die sog. *Merkfähigkeit.* Bieten wir unserer Vp mehr als 6 Silben, so wird sie natürlich auch dann noch einen Teil des Materials lückenhaft behalten, und wir können den weiteren Verlauf der Gedächtnisleistung bei Darbietung von 7, 8, 9, 10 usw. Silben festzustellen suchen. Bei der Darbietung der die Merkfähigkeit der Vp überschreitenden Reihen finden wir nun das auf den ersten Blick überraschende Resultat, daß mit dem Wachsen der Reihe die Zahl der behaltenen Glieder im allgemeinen auch *absolut* abnimmt. Dies erklärt sich dadurch, daß die Aufmerksamkeit der Vp sich nicht mehr auf eine geringe Anzahl zu behaltender Eindrücke konzentrieren kann, sondern im Bestreben, möglichst viel zu behalten, sich auf die ganze Reihe verteilt, wodurch dann alle Reihenglieder in der Intensität ihrer Einprägung geschädigt werden; außerdem ist durch andere Versuche festgestellt worden, daß jede starke Inanspruch-

eigene Gedanken viel weniger schnell vergißt und sich leichter darauf „wieder besinnen" kann als auf das von anderen Übernommene. — Die Verwendung von Gedichten zur Gedächtnisprüfung hätte übrigens neben der großen Kompliziertheit des Materials (außer dem Sinn kommen noch Rhythmus, Reim, die sich anschließende Gefühlsbetonung usw. in Betracht) und seiner geringen willkürlichen Formbarkeit durch den Experimentator auch noch den Nachteil, daß man nie absolut sicher sein könnte, ob der dargebotene Stoff nicht schon früher einmal von der Vp gekannt oder wenigstens gehört worden ist.

nahme der Aufmerksamkeit *nach der Einprägung* einzelner Inhalte (wie sie auch hier stattfindet) die Wirkung derselben herabsetzt. — Da bei den beschriebenen Versuchen die jedesmalige Gedächtnisleistung an der Anzahl der behaltenen Glieder gemessen wird, heißt diese Methode die *„Methode der behaltenen Glieder"*.

Die Methode der behaltenen Glieder gibt uns aber noch nicht alle gewünschten Aufschlüsse über das Schicksal der Gedächtnisspuren: Wir wissen, daß die Vp 6 Silben reproduzieren konnte, was ist aber das Schicksal der anderen „vergessenen" Silben: Sollten wir aus der Tatsache, daß sie nicht reproduziert worden sind, darauf schließen, daß sie in unserer Psyche gar keine Spuren hinterlassen haben? Keineswegs; nur daß diese Spuren nicht stark und nicht konsolidiert genug waren, um auf den Wunsch der Vp wieder in ihrem Bewußtsein zu erscheinen, ergibt sich aus diesem Resultat. Nicht selten kommen überdies an bestimmten Stellen der Reihe größere Schwierigkeiten vor, bei denen die Vp stockt und nicht weiter kann; wird ihr aber die nächste Silbe vorgesagt, so reproduziert sie auch die darauffolgenden Silben richtig wieder. Offenbar war hier nicht ein volles Vergessen der nachfolgenden Glieder, sondern nur eine lokale Störung vorhanden, die aber den gesamten Verlauf der Reproduktion und deren zahlenmäßiges Ergebnis nachteilig beeinflußte. — Wie können wir uns nun über das Schicksal der *untermerklichen Spuren* unterrichten und zugleich die *Stockungsstörung* eliminieren?

Eine teilweise Abhilfe schafft die sog. *Erlernungsmethode*. Wir nehmen eine bestimmte Anzahl, z. B. 12 Silben, und bieten sie der Vp nicht nur einmal, sondern soviel mal, bis sie sie lückenlos reproduzieren kann. Die *Anzahl der Darbietungen* liefert uns hier ein Maß für das Gedächtnis der Vp: Je mehr Darbietungen zum fehlerfreien Behalten der Reihe nötig waren, desto schlechter ist das Gedächtnis. Die Bedeutung der obenerwähnten *untermerklichen Spuren* wird durch eine Modifikation der *Erlernungsmethode*, die man als *Ersparnismethode* bezeichnet, klargelegt. Stellen wir uns vor, daß unsere Vp eine 12-Silben-Reihe durch mehrfache Wiederholungen so weit auswendig gelernt hat, daß sie dieselbe unmittelbar nach den Darbietungen lückenlos wieder hersagen kann[1]) (sie wird dazu etwa 13—17 Wiederholungen nötig haben, während sie 6 Silben schon nach einmaliger Wiederholung lückenlos hersagen konnte, — so überraschend schnell wächst die nötige Wiederholungszahl mit dem Wachsen der Reihenglieder!). Nach Verlauf von einigen Tagen, Wochen oder Monaten stellen wir an unsere Vp wieder die Aufforderung, die betreffende Silbenreihe zu reproduzieren. In der Zwischenzeit hat sie sie aber schon vergessen, d. h. vielleicht ist sie noch imstande, einige Silben daraus zu reproduzieren, vielleicht aber versagt ihr Gedächtnis auch ganz. Wie sollen wir nun, da unsere Aufforderung zur Reproduktion, wie wir jetzt annehmen wollen, *gar keine* Reproduktion von seiten der Vp ergibt, feststellen, ob doch noch gewisse Spuren der vor längerer Zeit auswendig gelernten Reihe in ihrem Gedächtnis zurückgeblieben sind? Nun — wir lassen sie dieselbe Reihe nochmals bis zum lückenlosen Hersagen lernen, und stellen fest, *wie viele Darbietungen sie diesmal dazu nötig hat!* Zweifellos wird die Anzahl der notwendigen Wiederholungen jetzt kleiner sein, als beim ersten Auswendiglernen, und der Unterschied derselben, die *Ersparnis an Wiederholungen,* die wir jetzt machen, gibt uns ein getreues Maß für die Stärke der im Gedächtnis der Vp noch vorhanden gewesenen Spuren. Je länger die zwischenliegende Zeitdauer, je schwächer die noch zurückgebliebenen Spuren, desto näher kommt die wieder benötigte Zahl der Wiederholungen ihrer Anzahl beim ersten Lernen. Entsprechend der bei dem nochmaligen Auswendiglernen erzielten Ersparnis von Wiederholungen nennt man diese Methode die *Ersparnismethode.*

---

[1]) Ein solches Behalten des dargebotenen Materials, das sich in seiner unmittelbar an die Darbietung anschließenden Reproduktions- oder Verdeutlichungsfähigkeit äußert, nennt man *unmittelbares Behalten* und setzt ihm das *dauernde Behalten* gegenüber, das eine Reproduktion auch nach vollkommenem Abklingen des sinnlichen Eindruckes der Darbietung und nach längeren Zeitintervallen gestattet.

Auch die *Methode der Hilfen* vermag die Nachteile der Methode der behaltenen Glieder einigermaßen zu beheben. Bei ihrer Anwendung hilft der Experimentator beim Stocken und Nichtweiterkönnen der Vp jedesmal durch Hersagen der folgenden Silbe nach. Auf diese Weise wird die Stockungsstörung behoben und die Vp in den Stand gesetzt, alle überhaupt noch reproduzierbaren Silben herzusagen. — Endlich bietet auch die *Methode der Treffer* ähnliche Vorteile. Sie ist gebildet nach dem Vorbilde des Auswendiglernens von fremdsprachigen Vokabeln, wo *ein* bestimmtes Wort ein *anderes* reproduzieren soll. So wird auch bei der Treffermethode vom Experimentator bald die eine, bald die andere Silbe aus der im trochäischen Rhythmus gelernten Silbenreihe herausgegriffen, und die Vp soll die ihr unmittelbar folgende (also mit ihr am stärksten assoziierte) Silbe nennen. Die Vp wird bald richtige Antworten *(Treffer)*, bald falsche Antworten geben. Die Anzahl der Treffer wird notiert und bietet ein Maß für die Gedächtnisleistung der Vp.

Eine wichtige Auskunft über die Stärke der assoziativen Bindung zwischen den aufeinanderfolgenden Silben bietet uns auch die zeitliche Feststellung über die *Geschwindigkeit der Reproduktion:* je schneller bei der einfachen Erlernungsmethode die ganze Reihe aufgesagt werden kann, je rascher bei der Methode der Hilfen auf die zugerufene Silbe hin die folgende genannt wird, desto besser ist offenbar die Bindung zwischen den Silben.

Wir wollen von der Beschreibung der *Wiedererkennungs-* oder *Vergleichungsmethoden* absehen und zur Besprechung der durch die Gedächtnismethoden ermittelten Befunde übergehen.

Abhängigkeit der Gedächtnisleistung von dem dargebotenen Material, von der Anzahl, der Art und der Verteilung der Darbietungen. (Erfahren, Lernen, Behalten.)

a) *Die Gedächtnisleistung in Abhängigkeit von der Anzahl der dargebotenen Eindrücke.*

Man wäre vielleicht versucht anzunehmen, daß die Gedächtnisleistung eindeutig abhängig sei von der Anzahl derjenigen Elemente, in die sich das gebotene Material auflösen läßt, also z. B. bei sprachlichen Einprägungen von der Anzahl Laute, die der Vp dargeboten werden. Dem ist nun durchaus nicht so; vielmehr merken wir uns Buchstabenkomplexe, wie z. B. Drei-Buchstaben-Silben, nicht viel schwerer als einzelne Buchstaben (bei einmaliger Darbietung lernen wir ungefähr: 6—7 sinnlose Silben, 8—9 einsilbige Worte, 9—10 Ziffern oder Buchstaben, — der Unterschied zwischen sinnlosen Silben einerseits und Wörtern andererseits erklärt sich durch die Bekanntheit der einzelnen Glieder der letzten Kategorie). Ebenso macht es keinen großen Unterschied aus, ob wir ein- oder zweisilbige Wörter auswendig lernen. Letzten Endes kommt es also nicht so sehr auf die theoretischen Elemente an, die sich aus den einzelnen Einheiten der Silbenreihe herstellen ließen (Laute, Buchstaben usw.), sondern *auf die tatsächlich zu Einheiten zusammengeschlossenen Glieder der Reihe* (Silben, Worte usw.): Sobald wir deren Anzahl steigern, steigt auch die zu ihrem Behalten notwendige Wiederholungszahl sehr stark an. Und zwar benötigen wir, wie schon oben bemerkt wurde, für eine doppelt so lange Reihe, als sie bei einmaliger Darbietung gemerkt werden kann (also 12 gegenüber 6 Silben), nicht etwa eine doppelte, sondern eine etwa *fünfzehnfache* Wiederholung! Der Hinzutritt von weiteren Gliedern steigert noch mehr die nötige Wiederholungszahl: so verlangen weitere vier Silben schon wieder ungefähr 15 neue Wiederholungen (also etwa 30 Wiederholungen bei 16, gegenüber 15 bei 12 Silben) und so geht es fort. — Es ist einleuchtend, daß diese steile Kurve der Erschwerung der Gedächtnisleistung praktisch von überaus großer Bedeutung sein muß.

b) *Die Verteilung der gemerkten Inhalte innerhalb längerer Reihen.*

Nicht alle Stellen der Reihe bieten gleich günstige Verhältnisse für das Merken der darauf stehenden Silben: Anfang und Ende der Reihe werden im allgemeinen viel besser gemerkt als die mittleren Partien. Nur selten wird die erste und letzte Silbe vergessen.

c) *Bedeutung der einzelnen Darbietungen für das Behalten.*

Man kann sich weiter fragen, ob jede der *aufeinanderfolgenden Wiederholungen die gleiche Mehrleistung* der Reproduktionsfähigkeit bedingt. Dem ist nicht so, vielmehr ist, wie übrigens selbstverständlich, die erste Darbietung weitaus die wichtigste: sie bringt den größten Erfolg zustande. Weniger würde man wohl erwarten, daß die nächstfolgenden Darbietungen bei längeren Reihen häufig überhaupt keine merkliche Besserung der Leistung mit sich bringen, und sich erst nach einer gewissen Häufung derselben eine ruckweise eintretende Mehrleistung einstellt. Hier verhalten sich allerdings die Leistungen der Vpn verschieden, je nachdem sie dem „totalen" oder „diskreten Aufmerksamkeitstypus" angehören, d. h. je nachdem sie beim Erlernen der Silben sich von Anfang an möglichst *auf die ganze Reihe als Einheit* einstellen, deren einzelne Silben nur *einzelne Bestandteile* für sie bilden; oder aber *sich mit voller Intensität den einzelnen Silben hingeben,* sie erst nachher, bei der Reproduktion, zusammensuchend und zu einer fortlaufenden Reihe zusammenfügend. Im ersten Fall wirkt die zweite Darbietung sogar deutlich störend auf die Auffassung, weil sie das durch die erste Einprägung geschaffene sehr labile einheitliche Gedächtnisgebilde leicht verwirren und zerstören kann, ohne eine nochmalige ebenso geschlossene Einheit zustande bringen zu können; im zweiten Fall dagegen sitzen die einzelnen Silben fester im Gedächtnis — wenn sie dafür auch weniger gut zur Einheit der Reihe zusammengefügt und in einem Zug reproduziert werden können — und erfahren durch die nochmalige Darbietung nur noch eine weitere Festigung. Dementsprechend sind auch die Resultate des „unmittelbaren Reproduzierens" (d. h. einer sich unmittelbar an das Erlernen anschließenden Reproduktion) verschieden: Der totale Aufmerksamkeitstypus wird durch die zweite Darbietung gestört, reproduziert weniger und schlechter, der diskrete dagegen wird auch schon durch die zweite Darbietung eher etwas gefördert.

Faßt man beim Erlernen langer Silbenreihen die späteren Darbietungen ins Auge, so scheint sich der fördernde Einfluß auf die einzelnen Darbietungen ziemlich gleichmäßig zu verteilen.

d) *Bedeutung des Rhythmus.*

Erwähnt sei noch, daß auch die *rhythmische oder gleichförmige Darbietung* des Materials für die Bildung von Assoziationen nicht gleichgültig ist. Die rhythmisch eingeteilten Reihen werden besser behalten als die gleichförmigen. Außerdem stellt sich auch eine festere Bindung zwischen den Gliedern eines Taktes als zwischen den einzelnen Takten ein. Setzt man nämlich aus den Gliedern früher rhythmisch auswendig gelernter Reihen (z. B. der Reihe: a′b c′d e′f g′h i′k l′m und der Reihe: o′ p q′r s′t u′v w′x y′z) nachher neue gleichlange Reihen zusammen, wobei man als Glieder der ersten neuen Reihe immer zwei aufeinanderfolgende und *zum gleichen Takt gehörende* Silben der früheren Reihen verwendet (also z. B.: i′k s′t o′p . . ., man sagt dann, die neue Reihe ist aus den alten mit *Taktschonung* hervorgegangen); während man in der zweiten neuen Reihe zwar auch immer die Aufeinanderfolge von zweien, aber *zu verschiedenen Takten* gehörenden Buchstaben — z. B.: f und g, v und w, b und c usw. — beibehält (also z. B. . . . f gv wb cx y . . ., — neue mit Taktlösung aus den alten hervorgegangene Reihe), so erweist sich zwar, daß alle neuen Reihen mit Ersparnis gelernt werden, daß aber die Ersparnis bei Taktschonung größer ist als bei Taktlösung.

e) *Verteilung oder Häufung der Wiederholungen.*

Es liegt in unserer Hand, die einzelnen Darbietungen *unmittelbar aufeinanderfolgen zu lassen oder sie durch größere Zwischenräume voneinander zu trennen,* — welches Vorgehen ergibt bessere Resultate? Die Beantwortung dieser Frage hat, wie diejenige so vieler anderer mit der Gedächtnisleistung verbundenen Fragen, neben dem theoretischen auch ein weitgehendes praktisches Interesse, denn erst wenn wir wissen, unter welchen Bedingungen unser Gedächtnis am besten funktioniert, können wir sowohl in der Schule als bei den vielen anderen Gelegenheiten, wo es auf gute Gedächtnisleistung ankommt, die besten Einprägungsbedingungen schaffen und so die bestmöglichen Leistungen erreichen. Ausgedehnte Versuche haben gezeigt, daß, wenn wir Reihen von gleicher Länge uns das eine Mal in unmittelbar aufeinanderfolgenden Wiederholungen einzuprägen suchen, das andere Mal die Wiederholungen auf verschiedene Tage verteilen, wir im letzteren Fall bedeutend bessere Resultate erhalten. Und zwar wird der Einfluß der Verteilung um so größer, je mehr wir dieselbe ausdehnen. — Bei der Erklärung dieser Erscheinungen zeigt es sich, daß wir zunächst zwischen der *Ansprechbarkeit* und *Festigkeit* der Gedächtnisspuren unterscheiden müssen. Alte Assoziationen sind bei gleicher (ev. geringerer) Ansprechbarkeit fester als eben gestiftete Assoziationen, d. h. bei gleichem Prozentsatz richtiger Reproduktionen, die sie ermöglichen, sind sie störenden Einflüssen gegenüber (z. B. dem Einfluß der Zeit, s. Bd. III, S. 18) widerstandsfähiger als junge Assoziationen. Ältere Assoziationen bieten nun ceteris paribus auch eine günstigere *Einprägungsgrundlage* für weitere Einprägungen (I. Satz von Jost). Und zwar ist dies in so hohem Maße der Fall, daß eben bei 20 Wiederholungen, die in zwei Gruppen zu je 10 Wiederholungen eingeteilt werden, die Ausführung der zweiten Wiederholungsgruppe nach 24 Stunden, wenn sie also auf relativ schon stark abgeblaßte Spuren der ersten Gruppe einwirkt, viel größeren Wert hat, als eine sich an die erste Gruppe eng anschließende, also auf frische Spuren fallende Fortsetzung der Wiederholungen. — Die praktische Anwendung dieser Eigenschaft der Assoziationen ist einleuchtend: Es ist wichtig, daß z. B. während des Schulunterrichtes von Zeit zu Zeit auf den gleichen Gedächtnisstoff wieder zurückgekommen wird, statt daß man ihn auf einmal restlos zu bewältigen sucht; es ist besser, wenn die Schulaufgaben vom Schüler am Morgen wieder durchgesehen werden, statt daß er sich abplagt, sie am Vorabend bis zum restlosen Beherrschen zu bewältigen, — und zwar wird er sich den Stoff nicht nur leichter, sondern auch *dauernder* aneignen, als dies durch eine unmittelbar aufeinanderfolgende Häufung der Wiederholungen geschehen könnte.

f) *Einteilung des Lernstoffes.*

Haben wir eine längere Reihe von Silben oder Wörtern (z. B. ein Gedicht) dem Gedächtnis einzuprägen, so entsteht die weitere Frage, ob wir besser daran tun, *unsere Aufgabe zu teilen und das Gedicht in kleinen Abschnitten* zu lernen, oder aber *möglichst große Abschnitte (evtl. das ganze Gedicht) immer wieder durchzulesen und dem Gedächtnis einzuprägen suchen.* Man nannte das Lernen in Teilen die *T-Methode,* im Ganzen die *G-Methode.* Die letztere erwies sich als vorteilhafter: bei weniger Wiederholungen kommt man mit der G-Methode zum gleichen Resultat als mit der T-Methode. Dieses Resultat führt sich teils auf die bessere Aufrechterhaltung der Aufmerksamkeit bei der G-Methode, teils auf rein assoziative Momente zurück. Bei der T-Methode wird nämlich während des Lernens der Teile (z. B. Strophen) kein assoziativer Zusammenhang *zwischen* den einzelnen Strophen gestiftet; ja, durch den häufigen Übergang vom Ende der Strophe zu ihrem Anfang wird statt dem nützlichen assoziativen Zusammenhang mit dem Anfang der nächsten Strophe der unnütze und sogar schädliche assoziative Zusammenhang mit dem Anfang der gleichen Strophe gebildet! Jedoch setzt die erfolgreiche Anwendung der G-Methode eine gleichartige Beschaffenheit des zu erlernenden Materials voraus; finden sich darin Stellen, die besonders große Schwierigkeiten bieten, so wird man selbstverständlich nicht an der pedantischen Durchführung der G-Methode festhalten dürfen, sondern für die betreffenden Stellen die T-Methode in Anwendung bringen. Überhaupt nimmt die

Leistungsfähigkeit der G-Methode mit der Schwierigkeit des Lernstoffes ab: Sehr schwierige und lange Reihen wird man häufig besser mit der T-Methode bewältigen können, indem man sich allerdings nicht zu einer zu weit gehenden Einteilung hinreißen lassen sollte. Außerdem fand man, daß bei Assoziationen, die sich nicht nur nach der einen Richtung, sondern auch rückläufig entwickeln sollen, die T-Methode zu besseren Resultaten führt.

g) *Bedeutung der Zahl und Schnelligkeit der Wiederholungen.*

Steht uns zum Auswendiglernen eines Gedichtes oder einer sinnlosen Silbenreihe eine *bestimmte Zeit* zur Verfügung, so kann man sich fragen, ob *ein rasches und möglichst häufig wiederholtes Durchlesen des Stoffes,* oder aber *ein langsames, dafür aber weniger oft wiederholtes Durchlesen* desselben *zu besseren Resultaten führt.* Es zeigte sich im allgemeinen, daß eine größere Geschwindigkeit und häufigere Wiederholung der Eindrücke bessere Resultate ergibt, als das langsame, umständliche Sichaneignenwollen des Stoffes. Jedoch darf unter der Geschwindigkeit der Darbietung nicht die deutliche Auffassung der einzelnen Silben bei sinnlosem Material und nicht die klare Auffassung des Sinnes bei sinnvollem Material leiden, ansonst die Vorteile der häufigeren Darbietungen durch diese Nachteile überkompensiert werden.

h) *Arten der Assoziationen.*

Werfen wir zum Schluß noch einen Blick auf die Art der beim Auswendiglernen der Reihen entstehenden Assoziationen. Wir unterscheiden *unmittelbare, mittelbare und rückläufige Assoziationen.* Die unmittelbar aufeinanderfolgenden Glieder einer Reihe sind durch unmittelbare Assoziationen verknüpft, diese Assoziationen sind die stärksten. Lernen wir jedoch zunächst zwei Reihen von z. B. je zwölf Silben auswendig und setzen nachher aus ihren Gliedern zwei neue zusammen, und zwar so, daß die erste davon aus der ersten, dritten, fünften, siebenten, neunten und elften Silbe der ersten Reihe und der ersten, dritten, fünften, siebenten, neunten und elften Silbe der zweiten Reihe besteht (wir kommen so wieder auf eine Zwölfsilben-Reihe), während die zweite Reihe aus zwölf *beliebig durcheinander gewürfelten* übrigen Gliedern der beiden vorher gelernten Reihen gebildet wird, so sind uns die neuen Reihen zwar insofern gleich bekannt, als sie alle aus schon gelernten Silben bestehen, insofern sind sie aber verschieden, als bei der ersten Reihe die frühere Reihenfolge, wenn auch mit Überspringen je eines Gliedes, beibehalten, bei der zweiten dagegen gänzlich aufgelöst ist. Bestehen nun, abgesehen von den unmittelbaren Assoziationen zwischen den direkt aufeinanderfolgenden Gliedern der alten Reihen, auch noch mittelbare Assoziationen zwischen dem ersten, dritten, fünften usw. Glied derselben, so werden wir die erste der neu zusammengestellten Reihen (erste, dritte, fünfte usw. Silbe) schneller lernen können als die regellos gebaute zweite Reihe. Das Resultat zeigt in der Tat eine größere Ersparnis bei der ersten als bei der zweiten Reihe, — folglich bestehen wirklich neben den unmittelbaren Assoziationen auch mittelbare zwischen einander *nicht direkt berührenden Gliedern* der Reihen. Spuren solcher mittelbaren Assoziationen lassen sich auch beim Überspringen von zwei und drei Gliedern nachweisen, jedoch werden sie um so schwächer, je weiter voneinander entfernte Glieder untersucht werden. — Dagegen zeigen sich *rückläufige* Assoziationen, die wir unter ähnlichen Versuchsbedingungen untersuchen können, als relativ stark entwickelt, — sie sind die stärksten Assoziationen nach den unmittelbaren, vorwärts laufenden Assoziationen. — Endlich bilden sich Assoziationen auch noch nach anderen Gesichtspunkten aus, so vor allem zwischen den einzelnen Gliedern und der *absoluten Stelle der Reihe*, die sie einnehmen. Auch diese Bindung können wir untersuchen, indem wir aus vorher gelernten Reihen solche mit Beibehalten der absoluten Reihenstellen und mit deren Vernichtung herstellen. Die Ersparnis für die ersten erweist sich als größer, — womit auch das Vorhandensein der Bindung zwischen den Silben und ihren absoluten Reihenstellen erwiesen ist.

Außerordentlich interessant ist die Frage, *ob sich die Assoziationen nur innerhalb unseres Bewußtseinsfeldes oder auch außerhalb desselben, im Unterbewußten, bilden können.* Durch sinnreiche Versuchskombinationen ist es gelungen, auch diese Frage experimentell zu entscheiden. Lernen wir wieder, wie oben, zwei Reihen auswendig und setzen in gleicher Weise aus der ersten und zweiten Reihe mit Überspringen je eines Gliedes eine neue Reihe zusammen (erstes, drittes, fünftes usw. Glied); auch die übrigen Glieder vereinigen wir, aber diesmal nicht wahllos wie früher, sondern nach der gleichen Regel wie bei der ersten Reihe, so daß wir die zweite Reihe aus dem zweiten, vierten, sechsten usw. Glied zusammengesetzt erhalten. Beide Reihen sind also gleichartig zusammengesetzt und bilden offenbar auch genau die gleichen Bedingungen für ihre Wiedereinprägung. Nun stellt sich aber die interessante Erscheinung ein, daß, wenn wir jetzt zunächst die erste neue Reihe und dann erst die zweite Reihe wiederlernen, wir beim Erlernen der zweiten Reihe eine etwas größere Ersparnis erzielen, als wenn wir direkt an das Lernen der zweiten Reihe schreiten. Woher dieser Unterschied? Er kann nur dadurch bedingt sein, daß das Erlernen der ersten Reihe irgendwie günstig auf das Erlernen der zweiten Reihe eingewirkt hat, und dieses kann nur durch den vom früheren Lernen herrührenden assoziativen Zusammenhang zwischen den Gliedern der ersten und zweiten Reihe bewirkt werden. Offenbar haben die aufeinanderfolgenden Glieder der ersten neuen Reihe (erstes, drittes, fünftes usw.) die mit ihnen verbunden gewesenen Glieder (zweites, viertes, sechstes usw.) beim Lernen der ersten neuen Reihe wieder angeregt (ohne sie jedoch ins Bewußtsein hervorgerufen zu haben), und so der Herstellung der Assoziationen zwischen denselben vorgearbeitet. *Daher die Erleichterung der nachfolgenden Einprägung der zweiten neuen Reihe.* Bei der außerordentlichen Bedeutung, die in unserem täglichen Leben unbewußt gebliebenen Vorgängen zukommt, ist jede experimentelle und exakte Feststellung dieser Art äußerst wertvoll.

Das Vergessen

Unsere Methoden geben uns ein sicheres Mittel in die Hand, auch das allmähliche Schwinden der Assoziationen, das Vergessen, zu untersuchen. Wir brauchen dazu nur die Ersparnis festzustellen, die wir nach Verlauf kürzerer oder längerer Zeiten nach dem Auswendiglernen der Reihen noch erzielen können. Das durch solche Versuche erhaltene Resultat ist durchaus eindeutig: *das Vergessen schreitet zuerst schnell, dann immer langsamer fort.* Wenn wir also (schematisch ausgedrückt) nach x Minuten z. B. 50 % der Reihe vergessen, so vergessen wir nach 2 · x Minuten dazu z. B. noch 15 %; nach weiteren 3 · x, 4 · x Minuten dazu 5 %, 2 % usw. Auf dieser Verlangsamung des Vergessens beruht ein außerordentlich wichtiger Unterschied zwischen der Festigkeit der Assoziationen bei gleicher Ansprechbarkeit derselben. Nehmen wir an, daß unsere Vpn im gegenwärtigen Augenblick zwei Reihen absolut gleich (z. B. zu 60 % richtig) reproduzieren können, die eine davon hat sie aber vor einem Monat, die andere erst vor einigen Minuten auswendig gelernt.[1]) Wie wird es mit dem weiteren Vergessen der beiden Reihen bestellt sein? Unsere tägliche Erfahrung flüstert uns zu, daß das weitere Schicksal der beiden gegenwärtig gleich gut reproduzierbaren Reihen nicht gleich verlaufen wird: während die neuerlernte und jetzt schon fast zur Hälfte vergessene Reihe nach 24 Stunden sicherlich noch weit mehr der Vergessenheit anheimfällt, so werden die gleichen 24 Stunden für die einen Monat alte Reihe von kaum nennenswerter Bedeutung sein. Das trifft in der Tat zu: während die neuerlernte Reihe nach Verlauf von 24 Stunden fast völlig vergessen ist, hat sich die Re-

[1]) Es ist selbstverständlich, daß die Wiederholungszahl beim Lernen der ersten Reihe diejenige beim Lernen der zweiten Reihe um vieles übertreffen muß, wenn die beiden Reihen nach Verlauf von so verschiedenen Zeiträumen die gleiche Reproduzierbarkeit aufweisen sollen.

produzierbarkeit der alten Reihe fast unangetastet erhalten. Mit einem Wort: *ältere Assoziationen sind bei gleicher Ansprechbarkeit fester, d. h. sie unterliegen weniger schnell dem auflösenden Einfluß der Zeit als jüngere Assoziationen.* — Es mag noch hinzugefügt werden, daß, wie wir gesehen haben, nicht nur das Alter, sondern auch die Art der Einprägung für die Festigkeit der Assoziationen bedeutsam ist: von zwei Reihen mit gleicher Reproduzierbarkeit ist diejenige fester, die in verteilten Wiederholungen statt in einer einmaligen Häufung derselben gelernt worden ist.

Mehrfache assoziative Bindungen

Wir haben bis jetzt angenommen, daß jedes Glied unserer Reihen (z. B. ein Glied N) nur an das ihm vorangehende Glied (M) durch eine unmittelbare, vorwärtslaufende Assoziation geknüpft ist. Nun können wir aber dasselbe Glied N auf verschiedene andere (M, X, Z) folgen lassen. Nehmen wir der Einfachheit halber kurze, zweigliedrige Reihen: M—N, X—N, Z—N. Prägt sich unsere Vp dieselben ein, so wird das N sowohl an M, als an X, als an Z assoziiert sein: Wir haben eine assoziative Verbindung geschaffen *mit vielen Ausgangsgliedern und einem Endglied.* Treten nun alle Ausgangsglieder zugleich in unserem Bewußtsein auf, so geht von jedem derselben eine Reproduktionstendenz zu N aus; diese Tendenzen verstärken sich gegenseitig und konvergieren wie in einem gemeinsamen Brennpunkt in N, — das dadurch natürlich eine viel größere Wahrscheinlichkeit erhält, in unser Bewußtsein gezogen zu werden, als wenn nur eines der Ausgangsglieder am Werke wäre! — Wollen wir nun unseren tatsächlichen Vorstellungsverlauf richtig verstehen, so müssen wir diese unterstützende Wirkung mehrfacher Assoziationen mit gemeinsamem Endglied stets im Auge behalten (siehe weiter unten).

Ebensoleicht läßt sich aber auch der entgegengesetzte Fall, *eine mehrfache Assoziation mit gemeinsamem Aus-*

gangsglied, herstellen. Zu diesem Zweck lassen wir unsere Vp die Reihen N—M, N—X, N—Z auswendig lernen. Dann wird beim Auftreten von N von ihm aus eine Reproduktionstendenz gegen M, X und Z ausgehen. Wie wirkt nun diese Divergenz der Tendenzen? Offenbar müssen sich die einzelnen Tendenzen stören: Sowohl das M, als das X, als das Z, sie alle wollen ins Bewußtsein treten, da sich aber gleichzeitig nicht mehrere Reproduktionsprozesse ungestört entwickeln können, so hemmen sie sich gegenseitig, — ähnlich wie sich mehrere Menschen hemmen würden, die zugleich durch dieselbe Türe hereintreten wollten. Erst wenn die eine Reproduktion sich durchgesetzt hat, können sich auch die anderen nacheinander frei entwickeln (wobei übrigens nicht gemeint sein soll, daß eine gleichzeitige Entwicklung ganz unmöglich wäre, nur ihre rasche und sichere Entwicklung wird durch die anderen gleichzeitigen Prozesse beeinträchtigt). Diese gegenseitige Hemmung der Assoziationen nennt man *reproduktive Hemmung.* Es zeigt sich aber, daß nicht nur bei der Reproduktion der einzelnen Glieder das gleichzeitige Auftreten der anderen hemmend wirkt, sondern daß dies schon beim *Stiften der Assoziationen* der Fall ist: Ist einmal eine feste Assoziation zwischen N und M geschaffen, so ist es viel schwieriger, eine neue Assoziation N—X zu schaffen, als wenn das N nicht schon an das M gebunden wäre. Man nennt diese Erscheinung die *assoziative Hemmung.* Sie bietet die Grundlage für die Schwierigkeit, mit der wir von eingewurzelten Gewohnheiten, Fehlern usw. loskommen: Jeder neuen Einprägung des angestrebten neuen Verhaltens tritt zunächst die assoziative und dann auch die reproduktive Hemmung in den Weg.

Das Vorstellungsleben (nur vom Assoziationsstandpunkt)

Das im Vorstehenden nach verschiedenen Richtungen hin untersuchte Assoziationsgesetz bildet die wichtigste Grundlage für den *Verlauf unserer Vorstellungen* (jedoch nicht die einzige Grundlage für den Verlauf unserer *Gedanken,* deren eigene Gesetze wir noch weiter zu behandeln haben werden). Nicht nur die zu Versuchszwecken auswendig gelernten Reihen, sondern *alle Vorstellungen, die wir besitzen,* sind nach verschiedenen Richtungen hin *durch assoziative Bindungen verknüpft* und werden durch dieselben aus dem latent unbewußten Zustand in unser Bewußtsein gezogen. Sie vereinigen sich zu Vorstellungsreihen, die sich wieder assoziativ fortentwickeln und so unser gesamtes Vorstellungsleben ausfüllen. — Gehen wir mit einigen Worten *auf die nicht zu experimentellen Zwecken gestifteten, sondern im Leben frei entstandenen Assoziationen* ein. Rufen wir unserer Vp das Wort „Vater" (ein sog. *Reizwort)* zu, nachdem wir sie vorher aufgefordert haben, uns mit dem ersten besten Wort (dem sog. *Reaktionswort)* zu antworten, das ihr beim Hören des Reizwortes eben in den Sinn kommt, so wird sie vielleicht mit dem Wort „Mutter" antworten; eine andere Vp antwortet mit „Sohn", oder „alt", oder „Tochter" usw. Jede Vp antwortet mit demjenigen Wort, das für sie mit dem zugerufenen Reizwort in diesem Augenblick *am stärksten assoziiert ist.* Sehr viele Wörter weisen für die meisten Vpn dauernd die gleichen stärksten Assoziationen auf, so wird fast durchweg reagiert auf „groß — klein"; „hell — dunkel"; „schreiben — lesen"; „loben — tadeln"; „Bruder — Schwester"; „fünf — sechs" usw. Wir können unser Experiment (den sogenannten *Assoziationsversuch)* noch mit *Zeitmessung* und *Selbstbeobachtung der Vp* verbinden und kommen dann *zu folgenden Resultaten:* Je häufiger sich die gleiche Reaktion bei verschiedenen Vpn einstellt, desto geläufiger ist sie im allgemeinen auch für die einzelne Vp; die Vp reagiert *rasch* (die zwischen dem Zurufen des Reizwortes und der Antwort der Vp verfließende Zeit, die sog. *Reaktionszeit,* ist kurz) und *mechanisch,* d. h. das Reaktionswort stellt sich „wie von selbst", „ohne daß man sich dabei etwas denkt", ein. Dagegen weisen Reizworte wie z. B. „reisen", die bei verschiedenen Vpn recht verschiedene Reaktionsworte auslösen, und auch bei derselben Vp im allgemeinen keine so eindeutige assoziative Bindung besitzen, längere Zeiten und ein weniger unmittelbares Auftreten des Reaktionswortes auf: Vorstellungen, Überlegungen usw. schließen sich zunächst an das Reizwort an, und erst nachher stellt sich das Reaktionswort ein.

So wie bestimmte einzelne Wörter am stärksten miteinander assoziiert sind und sich daher auch am ehesten und raschesten gegenseitig reproduzieren (wobei übrigens die Gegenseitigkeit nicht immer zu bestehen braucht: „fünf" ruft eher „sechs, dagegen „sechs" eher „sieben" hervor), so steht es auch mit unseren übrigen Vorstellungen: Der Anblick einer Zwiebel ruft die Vorstellung ihres Geruches und Geschmackes hervor, der Anblick eines alten Festzeichens ruft die Vorstellung der Gelegenheit, bei der es getragen wurde, hervor usw. Wir können sagen: *Unser Vorstellungsleben bewegt sich in der Richtung des stärksten assoziativen Zwanges.* Nun wissen wir allerdings schon aus den vorangehenden Betrachtungen, daß der assoziative Zwang keineswegs nur durch die einfachen direkten Assoziationen bedingt wird (die übrigens ihrerseits auch noch nach Alter, Einprägungsart usw. differieren können); vielmehr spielen bei der Reproduktion auch Nebenassoziationen, mittelbare Assoziationen und namentlich auch mehrfache Assoziationen mit demselben Ausgangsglied oder Endglied eine große Rolle. Besonders dieser letztere Faktor scheint für den geordneten Vorstellungsverlauf von größter Wichtigkeit zu sein. Ich werfe z. B. einen flüchtigen Blick in ein vor mir liegendes, aufgeschlagenes Buch; mein Auge fällt auf das Wort „Bruder". Nun reagiere ich beim Assoziationsexperiment, wenn keine weiteren Einflüsse auf mich einwirken, in der Tat am häufigsten auf das Wort „Bruder" mit „Schwester"; es wäre dies aber ein armseliges und stets in die gleichen Bahnen hineingeratendes Vorstellungsleben, wenn ich auch immer beim Erfassen des Wortes „Bruder" nur „Schwester", bei „fünf" nur „sechs" usw. denken müßte! Und in der Tat fiel mir diesmal beim Anblick des gedruckten Wortes „Bruder" nicht „Schwester", sondern „Peter" ein. Woher dieser Unterschied? Peter ist der Name des in dem betreffenden Buch häufig erwähnten

Bruders; hier wirkte offenbar *der Anblick des Buches*, mit dem das Wort „Peter" durch häufiges Zusammensein im Bewußtsein stark assoziiert ist, verstärkend auf die während des Lesens ebenfalls zustande gekommene Assoziation „Bruder — Peter". Vom Anblick des Wortes „Bruder" und dem Gesamtanblick des Buches gingen also die gleichen Reproduktionstendenzen zu „Peter", welches so zum Endglied einer mehrfachen assoziativen Verbindung wurde. Daher vermochte es sich auch im Bewußtsein durchzusetzen, während zu gleicher Zeit die „reproduktive Hemmung" das Auftreten des Wortes „Schwester" unterdrückte. *Sind wir nun auf irgendeinen Vorstellungskomplex eingestellt, so sind es im allgemeinen nicht bloß einzelne Vorstellungen, die auf den weiteren Verlauf unserer Vorstellungsinhalte einwirken, vielmehr gehen assoziative Anregungen von den verschiedensten Teilen unseres in einer bestimmten Richtung eingestellten Bewußtseins aus.* Diese assoziativen Bindungen bewirken dann, durch ihre Zahl und Gleichstimmigkeit, *die Reproduktion der der gesamten Bewußtseins-Konstellation entsprechenden Vorstellungen.* Der Vorstellungsverlauf, der sich im Theater, im Auditorium oder im eigenen Arbeitszimmer beim Anblick der am Vorabend unterbrochenen Arbeit von selbst einstellt, steht unter der Einwirkung derartiger sich unterstützender mehrfachen Assoziationen mit einzelnen begünstigten und infolgedessen ins Bewußtsein tretenden Endgliedern.

Diese Betrachtung über den tatsächlichen Verlauf unseres Vorstellungslebens wäre jedoch sehr unvollständig, wenn wir nicht an die Bedeutung der Aufmerksamkeit für das Auftreten und das Beharren der Vorstellungen zurückdenken. Abgesehen von den rein assoziativen Bindungen der Vorstellungen lernten wir bei der Besprechung der Aufmerksamkeit auch die Bedeutung der sich an dieselben anschließenden *Lust* und *Unlust*, des *Interesses*, der *Liebe*, der *Werte*, des *Wollens* usw. für das deutliche Hervortreten einzelner Erlebnisse im Bewußtsein kennen. Gewiß können alle diese Faktoren ihren Einfluß nur dort geltend machen, wo sich überhaupt ein psychisches Geschehen abwickelt, d. h.

wo auch assoziative Bindungen bestehen und wirksam sind; sie gesellen sich aber zu den letzteren, und erst durch die Beachtung ihres Zusammenwirkens gewinnen wir Einblicke in den tatsächlichen Verlauf unseres Vorstellungslebens.

Ein weiteres dabei zu beachtendes Moment bilden die sog. *frei steigenden Vorstellungen.* Es kommt manchmal vor, daß uns Vorstellungen kommen, deren assoziativen Zusammenhang mit den übrigen Bestandteilen unseres Bewußtseins wir nicht unmittelbar nachweisen können. Sie scheinen frei aus eigenem Antrieb im Bewußtsein aufgestiegen zu sein. Manches deutet in der Tat darauf hin, daß bestimmten Vorstellungen eine starke Tendenz zum Aufsteigen ins Bewußtsein zukommt: Eindrücke, die wir lange Zeit hindurch angestrengt verfolgt haben (z. B. bei stundenlang fortgesetzten physikalischen Ablesungen, bei mikroskopischen Untersuchungen usw.), verfolgen uns nun ihrerseits mit großer Aufdringlichkeit, die manchmal geradezu halluzinatorischen Charakter annimmt. Man nennt diese Eigenschaft der Vorstellungen ihre *Perseverationstendenz.* Wir wollen hier nicht entscheiden, ob es letzten Endes richtige „frei steigende Vorstellungen" gibt oder nicht, — es sollen zunächst nur die Faktoren aufgewiesen werden, durch deren Zusammenwirken der Eindruck eines vollkommenen „Freisteigens" der Vorstellung erweckt wird, während sich in Wirklichkeit dahinter doch wieder assoziative Momente nachweisen lassen. Es muß zunächst zugegeben werden, daß die *Reproduktionsbereitschaft,* in der sich eine Vorstellung befindet, sicherlich nicht nur von den assoziativen Bindungen mit anderen Vorstellungen, sondern vor allem auch von der Intensität ihrer Einprägung, Gefühls- oder Wertbeladenheit, also von ihrer eigenen Wirkungsfähigkeit, Eindringlichkeit, Lebendigkeit, mit einem Wort ihrer *Virulenz* abhängt. Bei der erwähnten Perseveration der Vorstellungen scheint diese so ausgeprägt zu sein, daß die Vorstellung sich auch *ohne „fremde Hilfe"* ins Bewußtsein durchsetzen kann. Doch treten die „frei steigenden Vorstellungen" nicht selten auch längere Zeit nach Verschwinden des sie erzeugenden Reizes wieder auf, und da drängt sich naturgemäß die Frage auf: Warum tritt die frei steigende Vorstellung gerade in diesem Augenblick auf, nicht früher und nicht später? Es liegt nahe, zu vermuten, daß sie doch irgendwie angeregt worden ist durch andere assoziativ verknüpfte Vorstellungen. Doch gibt es Fälle, wo uns die Selbstanalyse im Stich läßt: Wir finden gar keinen Zusammenhang zwischen dem vorangehenden Bewußtseinszustand und der betreffenden Vorstellung! Die Erklärung kann sich hier folgendermaßen gestalten: wir wissen von früher her, daß nicht alle Vorstellungen, die von anderen Bewußtseinsvorgängen aus angeregt werden, auch wirklich ins Bewußtsein treten: Die Assoziation kann hinreichen, um eine Anregung der Vorstellung hervorzurufen, jedoch zu schwach sein, um sie ganz ins Bewußtsein zu heben! Dies wird vor allem dort der Fall sein, *wo die angeregte Vorstellung selbst kein geeignetes Aufmerksamkeitsmotiv bildet*, denn wir wissen sehr wohl, daß gute Aufmerksamkeitsmotive sich auch dort in unserem Bewußtsein durchzusetzen vermögen, wo sie nur entfernte und schwache Anregungen erhalten. Stellen wir uns nun vor, daß von den Bewußtseinsinhalten A, B, C, D die mit ihnen assoziierten Vorstellungen M, N, O, P schwach angeregt werden; diese schwach angeregten Größen M, N, O, P sollen nun alle mit der gleichen Vorstellung X assoziiert sein, von der wir außerdem noch annehmen wollen, daß sie ein gutes Aufmerksamkeitsmotiv darstellt. Was wird unter diesen Bedingungen geschehen? Die Vorstellungen M, N, O, P treten — angeregt von A, B, C, D — zwar selbst *nicht* ins Bewußtsein, regen aber *mit vereinten Kräften X an*, welches, *als gutes Aufmerksamkeitsmotiv*, sich ins Bewußtsein durchsetzt und dort als frei steigende Vorstellung, dem Anschein nach durch *keine* Assoziation gefördert, erscheint!

Betrachten wir zum Schluß *das schematische Beispiel eines längeren Vorstellungsverlaufes, wie er sich im praktischen Leben unter dem Einfluß der assoziativen Bindungen, der Virulenz der Vorstellungsspuren und der Aufmerksamkeitsfaktoren tatsächlich realisiert.* — Mein Blick fällt zufällig auf das Taschenmesser, das auf meinem Schreibtisch liegt, sofort steigt in meiner Erinnerung die Vorstellung eines Apfels auf, den ich erst vor kurzer Zeit mit diesem Messer geschält habe (einfache rezente Assoziation). Der Apfel ist vielleicht ein nicht übles Aufmerksamkeits*motiv*, jedoch kein geeigneter Aufmerksamkeits*gegenstand*, bei dem die Aufmerksamkeit lange verweilen würde. Und in der Tat steigt schon von der Vorstellung des Taschenmessers und der gleichzeitigen Vorstellung des Apfels aus die Vorstellung einer Rast im Freien auf, bei der das gleiche Messer zum Schälen von Äpfeln gedient hat (Assoziation mit zwei Ausgangsgliedern und einem Endglied, das zugleich auch ein guter Aufmerksamkeitsgegenstand ist). Die Vorstellungen schweifen von der Rast, bei der Äpfel geschält wurden, zu den damit gleichzeitig zusammen gewesenen Eindrücken: der Vorstellung des Sees und eines vorüberfahrenden Dampfschiffes (wieder einfache Assoziation). Nun sehe ich plötzlich das Bild eines Kapitäns vor mir, mit dem ich häufig bei Seefahrten auf dem vorgestellten See gesprochen hatte: wie kommt *diese* Vorstellung in mein Bewußtsein? Aha! ich hörte eben aus dem Nachbarzimmer die Stimme einer Bekannten, deren Tochter mit dem betreffenden Kapitän verlobt war; die Stimme der Dame hörte ich nur in der Peripherie des Bewußtseins, die Vorstellung ihrer Tochter erschien gar nicht in meinem Bewußtsein, auch habe ich die Dame *schon häufig gesehen und gesprochen, ohne an den Kapitän zu denken.* Dieses Mal aber verband sich die reproduzierte Tendenz, die von dem Gehörseindruck ausging, mit derjenigen, die von der Vorstellung des Dampfschiffes ausging, und zusammen bewirkten sie ... Aber da fällt mir eben noch ein, daß ich das eben gesehene Taschenmesser dem Kapitän einmal gezeigt und mit ihm davon gesprochen hatte! Also noch ein *unbewußt gebliebenes Zwischenglied,* das mithelfen konnte, die Vorstellung des Kapitäns zu reproduzieren! Wir haben hier also mindestens drei Ausgangsglieder, die zur Reproduktion des Endgliedes führten; davon wirkte die Vorstellung des Dampfschiffes (die übrigens durch häufige Wiederholung des zeitlichen Zusammenseins der Eindrücke Dampfschiff—Kapitän, wie wir von früher her wissen, besonders fest an die Vorstellung des Kapitäns angeschlossen sein wird) direkt, die anderen beiden Eindrücke (die gehörte Stimme und das gesehene Taschenmesser) durch Anregung unbewußt gebliebener Zwischenglieder (Tochter der Dame und Gespräch mit dem Kapitän, — welch letzteres übrigens vielleicht auch nicht einmal als Zwischenglied zu dienen brauchte, indem das Taschenmesser ja auch direkt mit dem Kapitän assoziiert ist). Sie alle wirkten in der gleichen Richtung: auf die Reproduktion des gemeinsamen Endgliedes, der Vorstellung des Kapitäns, hin.

Gewohnheit, Übung, Ermüdung

Je mehr man auf die durch Assoziationen bewirkten Erscheinungen achtet, desto weiter erscheint das Gebiet ihrer Wirksamkeit. So ist die *Gewohnheit,* die eine so große Rolle in unserem Leben spielt, in der Hauptsache *nichts anderes als eine bestimmte Art der assoziativen Bindung.* Wir sind gewohnt, um eine bestimmte Zeit zu essen, die Arbeit zu beginnen, dann in die Vorlesung zu gehen, dabei einen bestimmten Weg einzuschlagen, an einer bestimmten Ecke auf die Kirchenuhr zu blicken, im Universitätsgebäude zunächst in das Sprechzimmer zu gehen, bei Beginn des Vortrages die Taschenuhr von der Kette zu nehmen und sie auf den Tisch zu legen, während des Vortrages einen Bleistift in der Hand zu halten und mit ihm zu spielen, dabei hin und her zu gehen, bestimmte Bewegungen mit den Händen, der Gesichtsmuskulatur usw. auszuführen. Alle diese Gewohnheiten sind nichts anderes als fest gewordene Assoziationen zwischen verschiedenen Gruppen von Eindrücken und Vorstellungen. Eine sehr wichtige Rolle spielen bei unseren Gewohnheiten die Assoziationen mit Bewegungsvorstellungen, die bei ihrer Anregung zu Bewegungstendenzen und zu richtigen Bewegungen führen.[1]) Davon werden wir noch bei der Besprechung der Bewegungsempfindungen und der Willensvorgänge zu handeln haben. Nicht mit Unrecht sagt das Sprichwort: Die Gewohnheit ist unsere zweite Natur, — und diese zweite Natur ist nichts anderes als feste assoziative Bindung.

Auch die *Übung* steht in nächster Beziehung zur assoziativen Bindung, jedoch kommt für die Übung noch ein weiterer Gedächtnisfaktor wesentlich in Betracht, den wir bis dahin nur nebenbei betrachtet haben: die Virulenz der Gedächtnisspuren. Ein äußerer Eindruck, den wir empfangen, geht nicht nur Assoziationen mit den übrigen gleichzeitigen Eindrücken ein. Wir haben bis dahin in der Hauptsache immer nur von den Assoziationen und ihrer Beschaffenheit gesprochen, nicht aber *von denjenigen Gebilden, zwischen denen eigentlich die assoziativen Bindungen bestehen: den Spuren, die die einzelnen Eindrücke in unserer Seele zurücklassen.* Wenn ich den Eindruck X in Verbindung mit hundert anderen Eindrücken A, B, C, D . . . gesehen habe, so wird jede einzelne Bindung zwischen X und A, X und B usw. relativ schwach ausgebildet sein, nichtsdestoweniger ist der Eindruck X durch die häufige Wiederholung meinem Gedächtnis ganz anders eingeprägt, als die Eindrücke A, B, C, D usw., die alle *nur einmal* in meinem Bewußtsein aufgetreten waren. Nicht die Bindung der Gedächtnisspur X mit anderen Gedächtnisspuren ist fester geworden, sondern dieselbe ist an sich besser dem Gedächtnis eingeprägt worden. Diese bessere Einprägung äußert sich darin, daß X zu einer besseren, virulenteren *Reproduktionsgrundlage* wird als A, B, C . . ., d. h. bei gleich schwacher assoziativer Anregung wird X schon ins Bewußtsein treten, während A, B, C . . . noch unterhalb der Bewußtseinsschwelle bleiben (man denke

[1]) Der Nachahmungstrieb beruht auf nichts anderem als der starken Tendenz der Bewegungsvorstellungen, sich in Bewegungen umzuwandeln. Diese Tendenz, die bei Kindern und Affen deutlich zum Ausdruck kommt, besteht bei allen Menschen und bildet die eigentliche Grundlage auch unserer willkürlichen Bewegungen. Die assoziative Herbeiführung von Bewegungsvorstellungen bildet daher den ersten Schritt zur Erzeugung von Bewegungen.

auch an die perseverierenden Vorstellungen nach häufiger Wiederholung des Eindruckes, S. 168). — Aber nicht nur die leichtere Ansprechbarkeit des X, auch seine *Deutlichkeit, Sicherheit* und *Bestimmtheit* wächst mit der Vermehrung der Wiederholungen (wobei allerdings vorausgesetzt werden muß, daß dieselben mit einem gewissen Grad von Aufmerksamkeit erfolgten): Den Apparat, mit dem ich täglich im Institut arbeite, kann ich mir am Ende der Arbeit genauer und detaillierter vorstellen, sicherer handhaben, als nachdem ich ihn nur ein- oder zweimal gesehen und bedient habe; der Fachmann kann zwei Farben- oder sonstige Eindrücke besser voneinander unterscheiden, komplizierte Bewegungen genauer und sicherer ausführen als der Laie usw. Diese sich steigernde Fähigkeit der Empfindungen, Vorstellungen und Bewegungen, nach vorangegangenem mehrmaligen Auftreten detaillierter, klarer, deutlicher, sicherer und genauer in Erscheinung zu treten, bildet eine wichtige Ergänzung zum Auftreten assoziativer Bindungen zwischen denselben.

Sie spielt nun neben der Festigung assoziativer Zusammenhänge auch bei der *Übung* eine große Rolle. „Wir sind geübt in der Selbstbeobachtung", d. h. es gelingt uns, die zu beobachtenden psychischen Vorgänge vollständig, klar und deutlich zu erfassen; „wir sind geübt im Schreibmaschinenschreiben", d. h. die unsere Bewegungen auslösenden Vorstellungen treten rasch, sicher und präzis (jedoch nicht selten nur wenig bewußt!) auf; wir sind geübt, Strecken zu schätzen, Farben zu vergleichen usw. Wir nennen eine psychische oder psychophysische Tätigkeit *„eingeübt"*, wenn sie sich *rasch, sicher, genau* (dies gilt vor allem für das Gebiet der Bewegungen), in ihren einzelnen Teilen *klar und deutlich* (dies gilt vor allem für Vorstellungs- und Denkprozesse) abwickelt. Der Prozeß der Einübung ist die wiederholte Vornahme dieser Tätigkeit, die für gewöhnlich absichtlich angestrebt wird (z. B. das Einüben der körperlichen und geistigen Fertigkeiten in den Schulen), manchmal sich jedoch auch ohne eine bestimmte Absicht einstellt (z. B. Entwicklung der Koordination zwischen Gesichtswahrnehmungen und Bewegungen beim Kinde). — Die Klarheit und Deutlichkeit der psychischen Vorgänge wird aber durch die Einübung nur soweit gefördert, als sich letztere auf die Erhöhung der Bewußtheit der Vorgänge richtet; im anderen Fall wirkt sie in der gerade entgegengesetzten Richtung: bei gut eingeübten Gedankengängen überspringen wir leicht Vorstellungen und Begriffe, die früher für die richtige Abwicklung des Denkens notwendig waren, bei eingeübten Bewegungen genügt ein leiser Willensantrieb, um Bewegungskombinationen herzustellen, die früher eine Reihe von Willensantrieben und vorgreifenden visuellen und motorischen Vorstellungen erforderten.

Über die besonderen Eigenschaften der Übung seien nur noch einige Worte gesagt. Die Übung nimmt zuerst recht rasch zu, d. h. die Leistungen der Vp weisen bei den ersten Einübungen von Einübung zu Einübung große Fortschritte auf. Man hat Gelegenheit, dies bei fast allen psychologischen Versuchen zu bemerken. Doch flacht sich die aufwärtssteigende Kurve der Leistungszunahme mit der Zeit immer mehr ab, bis sie schließlich einen waagerechten Verlauf annimmt: ein weiteres Fortschreiten der Leistungsfähigkeit ist nicht mehr möglich (s. Bd. III, S. 10 f). — Doch ist damit nicht gesagt, daß die Übung ihren Wert verloren hätte, im Gegenteil — in der Regel wird die Höhe der Leistungsfähigkeit nur durch Fortsetzen der Einübung aufrechterhalten. In manchen Fällen kann dagegen ein längeres Aussetzen der Übung für die Leistungen sogar förderlich sein; zum Teil wird hier durch einen längeren Zwischenraum die Ermüdung ausgeschaltet, zum anderen Teil spielen jedoch andere, komplexere und heterogene Faktoren mit, indem in der Übungspause z. B. sich neue Tätigkeitsansätze und Bewegungsformen einstellen, welche die früher gewohnten ersetzen und sich als die besseren und für die Verwirklichung geeigneteren erweisen. — Erwähnt sei noch, daß die Übung gewissermaßen eine ausstrahlende Eigenschaft hat, d. h. daß Übungen eines bestimmten Gebietes, bestimmter Körperteile usw. zu gleicher Zeit auch auf benachbarten Gebieten — z. B. symmetrischen Körperteilen usw. — zu Besserleistungen führen. Dies wird bedingt durch die teilweise Identität ähnlicher Verrichtungen, gleiche Einstellungen, die für beide Leistungen günstig sind, feste Assoziationen zwischen bestimmten Aufeinanderfolgen der Teilleistungen usw.

Die *Ermüdung* steht mit der Assoziation und der Reproduktionsgrundlage in keinem direkten Zusammenhang. Da sie jedoch gleichsam ein Gegenbild der Übung ist, in der Regel mit ihr zugleich auftritt und in ihren Folgen der Übung entgegenwirkt, soll sie hier kurz besprochen werden. Die Ermüdbarkeit ist eine ebenso allgemeine Eigenschaft, wie alle von uns bis dahin behandelten Eigenschaften der Psyche: Jede Beschäftigung, die längere Zeit hindurch fortgesetzt wird, erzeugt Ermüdung.[1]) Dieselbe äußert sich einerseits *positiv* in einem *Ermüdungszustand:* Die gleiche Tätigkeit, die zu Anfang gleichgültig oder sogar angenehm war, wird nun ausgesprochen unlustbetont, es treten allgemeine Empfindungen in den verschiedensten Partien des Körpers auf, die bei Fortsetzung der Tätigkeit noch weiter gesteigert werden, den typischen *Bewußtseinszustand der Ermüdung* repräsentierend. Dieser kann nur durch die Unterbrechung der Arbeit wieder behoben werden; es tritt ein Bedürfnis nach *Ausruhen,* d. h. nach Unterbrechung der Tätigkeit auf. Für die gleichen Leistungen müssen im Zustand der Ermüdung stärkere Willensimpulse verwendet werden, die „innere Anstrengung“ wächst. (Besondere Verhältnisse gelten für Herz- und Atemtätigkeit). Aber selbst bei Vergrößerung der Anstrengung stellen sich auch die *negativen* Erscheinungen der Ermüdung ein: Die Leistungen werden immer *langsamer* und *schlechter,* sie weisen mehr Fehler auf und entsprechen immer weniger dem angestrebten Zweck. Schließlich, bei sehr starken Ermüdungszustän-

[1]) Bei anregender Beschäftigung wird die Ermüdung nicht selten durch die Anregung, eine allgemeine Steigerung der Tätigkeit des Nervensystemes, verdeckt. Daß sie jedoch auch in solchen Fällen nicht wegbleibt, zeigt sich darin daß mit sinkender Erregung die Müdigkeit in einem um so stärkeren Maße zum Vorschein kommt.

den, können selbst relativ leichte Tätigkeiten überhaupt nicht mehr ausgeführt werden. Dies ist der *Zustand der Erschöpfung*, wie er z. B. bei übermäßigen Körperanstrengungen auftritt (so weist die sog. „Bergkrankheit“ die Erscheinungen der Erschöpfung deutlich auf).

Man kann eine mehr *allgemeine* und mehr *partielle Ermüdung* unterscheiden. Nach einem arbeitsschweren Tag fühlt man sich allgemein müde, d. h. alle Lebensfunktionen werden träger, der ganze Mensch verlangt nach Ruhe. Hat man jedoch längere Zeit eine bestimmte zirkumskripte Arbeit getan (gelesen, geschrieben, Silben auswendig gelernt u. dgl.), so stellt sich die Ermüdung in erster Linie für diese Tätigkeit ein, und unser Körper und Geist verlangen zunächst nur nach einem *Wechsel* der Beschäftigung. Doch gilt diese Unterscheidung nur in bestimmten Grenzen: Eine jede wahre Ermüdung ist im Grunde zugleich auch eine allgemeine Ermüdung, wenn sich ihre stärkste Wirkung in erster Linie auch auf einem bestimmten Betätigungsgebiet äußern mag. Daher ist die Annahme unrichtig, daß man sich beim anstrengenden Turnen von der geistigen Ermüdung wirklich erholen kann; zwar ruhen beim Turnen bestimmte Partien der Psyche aus, dagegen treten andere allgemeine Ermüdungsvorgänge neu hinzu, — die allgemeine Ermüdung (z. B. die *Willensermüdung* als solche) ist nicht kleiner, sondern größer geworden. — Immerhin lassen sich einzelne Sinnesorgane und kleinere Muskelgruppen durch besondere Inanspruchnahme ermüden, so daß ihre Leistungsfähigkeit stark zurückgeht, ohne daß zu gleicher Zeit auch schon eine deutlich ausgesprochene allgemeine Ermüdung eintritt; man hat es hier mit einem reinen Fall einer partiellen Ermüdung zu tun.

Die Bedeutung der allgemeinen Ermüdung, selbst bei Wechsel der Beschäftigung, läßt sich in psychologischen Versuchen, wo schon kleine Veränderungen der Leistungsfähigkeit registriert werden, deutlich nachweisen. Sämtliche Leistungen gehen unter ihrem Einfluß zurück: die Aufmerksamkeit wird weniger konzentriert und leichter ablenkbar, die Zahl der behaltenen Silben geht zurück, die

Vergleiche von Streckengrößen, Farben, Gewichten usw. werden weniger genau. Jedoch ist der reine Einfluß der Ermüdung nicht immer leicht nachzuweisen, da die Ermüdung häufig mit *zunehmender Übung, besserer Einstellung* auf die zu leistende Aufgabe, *allgemeiner Anpassung* an die Tätigkeit, einer von der Beschäftigung ausgehenden Anregung usw. *zu gleicher Zeit auftritt und dadurch in ihren Äußerungen verdeckt wird.* So fühlt man sich manchmal bei größeren Bergtouren bald nach Beginn des Aufstieges müde, diese Müdigkeit verfliegt aber in der Folgezeit wieder und kehrt erst nach längerer Zeit in ihrer definitiven Form zurück. Ähnlich ist auch die Überkompensation der Ermüdung bei Kraepelinschen Rechenversuchen: selbst eine, lange Zeit hindurch eingeübte Vp zeigt einige Zeit nach Beginn des Versuches eine Besserleistung gegenüber den ersten Werten, und erst nach diesem Maximum der Leistung zeigt sich der Einfluß der Ermüdung in einem Fallen der Leistungskurve an. Für diese Versuche gab Kraepelin seinen Vpn ganze Seiten voll einstelliger Zahlenkolonnen zur fortlaufenden Addition, um eine gleichmäßige Tätigkeit mit sich anschließender Ermüdung zu erzeugen. Nach jeder Minute ertönte ein Signal, bei dem die Vp einen Strich unter die letzte addierte Ziffer zu machen hatte; so konnte sowohl die Größe der Leistung von Minute zu Minute kontrolliert, als auch die Güte derselben an den unterhalb jeder Zahlenkolonne aufnotierten Additionsergebnissen gemessen werden. Dieses Verfahren gibt uns in der Tat einen schönen Einblick in die Wirkungen der sich allmählich entwickelnden Ermüdung. Doch kommt die Wirkung der Ermüdung, auch abgesehen von der obenerwähnten Besserleistung kurz nach Beginn des Versuches, nicht ganz rein zum Ausdruck: Die Leistungskurve zeigt nicht eine stetige Senkung, sondern weist in ihrem im allgemeinen abfallenden Verlauf wellenförmige Erhebungen auf, die manchmal eine recht beträchtliche Höhe erreichen können. Die Selbstbeobachtung der Vp gibt uns eine Erklärung für diese Erscheinung: Ihr Zustand bleibt im allgemeinen während der ganzen Rechenzeit nicht völlig konstant, — sobald sich ihr eine gewisse Ermüdung und mit ihr ein Nachlassen in der Abwicklung der Prozesse bemerkbar machen, gibt sich die Vp unwillkürlich einen inneren Antrieb, um diesen Leistungsrückgang zu überwinden, und dementsprechend zeigt die Leistungskurve einen erneuten Anstieg. Doch hält derselbe im allgemeinen nicht lange an, und die Kurve sinkt in der Folgezeit *um so tiefer wieder herunter.*

Die Wirkung der Ermüdung zeigt sich beim Rechnen deutlich schon ungefähr eine Viertelstunde nach Beginn des Versuches. Doch sind hier, wie überhaupt beim Auftreten der Ermüdung, Unterschiede in Abhängigkeit von der Übung der Vp sowie von der Schwierigkeit der Aufgabe zu beobachten. Je schwieriger die Aufgabe (wobei der Begriff der schweren Aufgabe natürlich für jede Vp rein individuell genommen werden muß), desto schneller stellt sich Ermüdung ein. Ebenso: Je weniger geübt die Vp in der betreffenden Betätigung ist, desto schneller zeigt sich eine Abnahme ihrer Leistungsfähigkeit. Zwar verbindet sich Übung auch mit Erleichterung der Betätigung, doch decken sich die beiden Begriffe nicht ganz, denn selbst schwere Gedankenarbeit wird von einem Forscher längere Zeit ohne bedeutende Ermüdung fortgesetzt werden können, während den Ungeübten selbst die (für ihn) leichte, aber ungewohnte Gedankenarbeit schnell ermüdet. — Da die Ermüdung desto schneller zunimmt, je schwieriger die Arbeit ist, und da das Eintreten der Ermüdung, wie wir gesehen haben, die gleiche Arbeit schwerer macht, so mag dieser Tatbestand zur Erklärung der allgemeinen Richtung der Ermüdungskurve mit beitragen. Dieselbe zeigt nämlich, im Gegensatz zur Übungskurve, *zunächst ein langsames, dann ein immer steiler werdendes Ansteigen.* Die leichten Grade der Ermüdung stellen sich zwar relativ bald ein, doch stören sie die Leistungsfähigkeit nicht nennenswert, um so mehr als sich ihnen der Einfluß der Anpassung, Anregung und Übung entgegenstellt. Da sie dabei auch nur eine langsame Steigerung erfahren, so kann eine nicht zu schwere Arbeit längere Zeit ohne nennenswerte Nachteile durch Ermüdung fortgesetzt werden. Starke Ermüdungszustände weisen dagegen einen doppelten Nachteil auf: die Leistungsfähigkeit ist allgemein stark reduziert, man arbeitet mit unnötigem und großem Energie- und Zeitverlust; auch wächst die Ermüdung noch rasch weiter an, so daß sich der Zustand immer ungünstiger gestaltet. Außerdem können sich an starke Ermüdungszustände auch noch längere Zeit nachwirkende schädliche Folgen knüpfen (wichtig für die Bewertung der Überstunden!).

Die *physiologischen Korrelate der Ermüdung* sind: Auftreten von sog. Ermüdungsstoffen und der Verbrauch der Nervensubstanz. In mancher Beziehung weist auch die von einem gewissen Alter an sich durch das ganze spätere Leben hinziehende Veränderung des Organismus — das *Altern* — eine gewisse Ähnlichkeit mit langsamer Ansammlung von Ermüdung auf.

13. Der Reaktions- und Assoziationsversuch *(in Krieg und Frieden)*

Beide Versuche haben mehrere Gestaltungsformen, ja der letztere ist selbst nur eine besondere Form des Reaktionsversuches. Vom Reaktionsversuch sprachen wir schon Bd. III, S. 54 bei Gelegenheit des mißlungenen Unternehmens einer ‚reinen Empfindungszeitmessung'; in jedem Reaktionsversuch, dessen Zeit mit dem Hipp'schen Chronoskop leicht bis auf ein tausendstel Sekunde zu messen ist, ist ja sowohl diese (EZ) *als auch die Zeit mitenthalten, welche die Vp braucht, um auf die erfolgte Reizung zurückzureagieren.* Und gerade diese wird durch die verschiedenen Gestaltungen des Reaktionsversuches zutiefst getroffen. Da haben wir die *motorische* und die *sensorische* Einstellung bei der Vp: Die *motorische* Einstellung bringt die kürzeste Reaktionszeit mit sich; sie besteht in der ausgesprochenen Einstellung der Vp auf die von ihr auszuführende Reaktion, *wobei die klare Erfassung des Reizes gegen die möglichst rasche Reaktion zurücktritt.* Der Erfolg zeigt sich nicht selten z. B. am ‚Los'-Signal beim Wettlaufen: Schon eine *ähnliche* Zufallsbewegung des Signalgebenden genügt, damit ein Teil der Wettläufer sich in Bewegung setzt, obwohl alle das Signal genau kennen und es von der Zufallsbewegung des Signalgebers leicht unterscheiden könnten. Die *sensorische* Einstellung der Vp ist in erster Linie auf die klare Erfassung des Reizes gerichtet: Es ist zwar nur eine kurze Zeit, die man zu seiner klaren Apperzeption und zur Umschaltung auf die Aktualisierung der Reaktion braucht, aber gerade den dafür verbrauchten Zeitteil wird man leicht feststellen können, wenn man die Differenz zwischen der erhaltenen sensorischen und motorischen Reaktion bestimmt. — Eine weitere Pluszeit kommt hinzu, wenn man der Vp die von ihr durchgeführte Reaktion nicht eindeutig vorbestimmt, sondern ihr die Art der Reaktion freiläßt, — z. B. ihr freiläßt, ob sie mit der rechten oder linken Hand den Reaktionstaster drückt oder welchen Taster sie aus einer größeren Anzahl der ihr zur Verfügung gestellten Taster wählt und drückt. Der Versuch scheint sogar noch einfacher zu sein als der mit vorbestimmtem Taster, die Vp ist freier in ihrer Reaktion, aber sie muß eine *Wahl* und eine *Willensentscheidung* treffen, und beides braucht Zeit, die sich zur einfachen Reaktion hinzugesellt. Selbstverständlich darf die Wahl dabei nicht schon vor dem Versuch von der Vp getroffen werden (was bis zu einem gewissen Grade dem natürlichen Verhalten der Vp widerspricht), — immerhin läßt sich dabei die Wahlzeit gegenüber der sensorischen oder motorischen Reaktion als Überzeit durch subtraktiven Vergleich der erhaltenen Zeiten bestimmen. Hier bewegen wir uns nicht mehr im rein voluntativen Gebiet, denn die Wahl ist auch ein intellektueller Vorgang, der in den Versuch eingeführt wird. Und dieser läßt sich beliebig komplizieren: Es kann eine (beliebig schwere) Aufgabe in den Versuch eingefügt werden, die schriftlich vorgelegt wird. Dann muß besonders untersucht werden, welche Zeit die Vp braucht, um die Anweisung gelesen und verstanden zu haben, — dann erst bekommen wir die reine Lösungszeit. Man versteht, daß hier eine größte Variation der Zusammenstellungen und Substraktionen der festgestellten Zeiten vorliegen kann. So können auch reine Denkaufgaben (z. B. das Erfassen des Sinnes eines gebotenen Begriffes oder einer Sentenz usw.) eingefügt werden; wobei immer die gerade nicht interessierenden Zeiten vorher bestimmt und aus der Gesamtzeit subtrahiert werden müssen. Eine besondere Form gewinnt der Versuch, und damit die Lösung der Aufgabe, wenn die Reaktion nicht durch Drücken auf einen Knopf angekündigt wird, sondern durch das Aussprechen eines Wortes, das der Vp als Reaktionswort auf ein ihr (akustisch oder visuell) vorgelegtes Reizwort *als erstes gerade in den Sinn kommt:* Dann verwandelt sich der einfache Reaktionsversuch in den *Assoziationsversuch*, der selbst wieder mannigfachst variiert werden kann, indem die Antwort der Vp entweder ganz frei sein kann oder selbst wieder bestimmten Forderungen entsprechen soll. Diese können wieder rein intellektueller Art sein: es darf z. B. nur mit einem Oberbegriff zum wahrgenommenen Wort reagiert werden (‚Tisch' —Möbelstück) oder soll mit einem gefühlsmäßig (Lust oder Unlust) betonten Wort reagiert werden usw.

Für die weiter unten zu besprechenden Assoziationsversuche kommt nur die vollkommen freie Assoziation in Betracht, — denn nur sie kann in den sich von selbst einstellenden Assoziationsmechanismus freien Einblick gewähren.

Das Assoziationsexperiment im Leben

Vielfach ist die Anwendungsmöglichkeit des Assoziationsexperimentes im praktischen Leben. Dabei teilen sich die verwendeten Reizworte hauptsächlich in zwei kontinuierlich ineinander übergehende Grundkategorien ein: Diejenigen Wörter, die viele übereinstimmende Reaktionen auch bei ganz verschiedenen Vpn hervorrufen, und diejenigen, deren Assoziation für die reagierende Person individuell und daher für den Reagierenden charakteristisch ausfallen. Hier ein Beispiel: Folgende Worte ergeben auf gleiche Reizworte hin gleiche Assoziationswörter, und zwar in nebenangegebenem Prozentsatz (Tafel 1).

Häufigkeit übereinstimmender Assoziation

Rz.-W.	Ass.-W.	% gleicher Ass.
groß	klein	89
Vater	Mutter	82
Bruder	Schwester	76
hell	dunkel	75
5	6	74
loben	tadeln	73
7	8	71
gut	schlecht	43
	(böse 38)	38
edel	gut	39
10	11	31
	(20)	23
Tochter	Sohn	21
	(Mutter 14)	14
	(Vater 11)	11
reisen	Eisenbahn	7

Die Wörter sind absichtlich so gewählt, daß der Prozentsatz gleicher Assoziationswörter immer mehr zurückgeht, bis er schließlich beim Worte ‚reisen' in der ganz geringen Zahl von 7% des häufigsten Wortes endet. (So in den Jahren um den ersten Weltkrieg herum, als das Auto noch nicht die gegenwärtige Bedeutung im Volksleben hatte!) Hier also herrschen die individuellen Assoziationen vor: z. B. Angaben aus einer eben ausgeführten oder projektierten Reise oder aus einer gelesenen Reisebeschreibung, einer Geschichte, einer Annonce o. dgl. Es sei denn, daß ein Massenstrom der Reisenden sich nach demselben Reiseort gerade zu derjenigen Zeit einstellt, wenn der Versuch ausgeführt wird, — so etwa nach Italien aus dem Norden zur Frühlingszeit, was sich dann im Assoziationsexperiment auch kund tut. — Große Massenerscheinungen spiegeln sich deutlich im Experiment; um so deutlicher, je tiefer sie auch gefühls- und willensmäßig ins Erleben des Volkes eingreifen (wie wir das in den weiter unten angeführten Beispielen aus dem ersten Weltkrieg zeigen). — Weitgehend übereinstimmend fallen die Reaktionen von geschlossenen Berufs- und Lebensverbänden aus. So z. B. auf das Reizwort ‚vorwärts' stellt sich bei im Dienst befindlichen

Militärpersonen, — nicht etwa das Assoziationswort ‚zurück' oder ‚Parteiblatt' (deutschen soz.-dem.) ein, wie dies sonst beim Durchschnittsmenschen oft der Fall ist, sondern: ‚marsch!' ein — wobei die prozentuelle Vertretung dieser Reaktion mit der Zeit des Dienstes und der Zahl der empfangenen Befehle wächst, so daß nicht nur der Zivilist von Militärpersonen, sondern sogar der Rekrut vom Berufssoldaten an der Art und Häufigkeit dieser und ähnlicher ‚berufsbedingter Assoziationen' unterschieden werden kann. — Eine ebensolche Einteilung kann auch nach Wohnort und entsprechend gewählten Reizwörtern vorgenommen werden oder nach Wörtern, welche besonders ausgesprochene Interessengruppen von Vpn zusammenfassen (z. B. in Innsbruck auf Reizwort „Hunger" in normalen Zeiten „Burg", da „Hungerburg" der nächste schönste Ausflugs- und Aussichtsort bei Innsbruck ist). Diese Interessengruppen können durch Wortauswahl immer enger gewählt werden, bis sie schließlich typisch bleiben nur für wenige oder gar für nur eine einzige — gesuchte! — Person. Dies ist der Fall, wenn eine bestimmte Person aus einer größeren Anzahl herausgefunden werden soll, — z. B. der Täter eines Verbrechens aus einer größeren Anzahl von Verdächtigen. Denn für den am Tatbestand beteiligten und mit ihm vertrauten und emotiv verbundenen Täter sind ganz andere Wörter mit den Wörtern der Assoziationsliste verbunden, als für den harmlos Unbeteiligten. Die Art seiner Antworten können den Täter also ungewollt verraten, sofern auch der Untersuchende die inneren Zusammenhänge des Verbrechens kennt und entsprechende Wörter in die Liste miteinstreut. Besonders wenn die Emotionalität der Antwort sich noch außerdem an irgendwelchen Zeichen kundtut. Und das tut sie in der Tat, indem der Untersuchte z. B. merken kann, daß die sich ihm instinktiv bietende Assoziation zu sehr aus dem „Komplex" stammt und ihn verraten könnte, wenn er sie ausspricht und er daher nach einer anderen Antwort in der Eile sucht, — die Assoziationszeit durch solches Suchen aber gegenüber der neutralen Reaktionszeit verlängert, was vom Untersuchenden oder seinen Apparaten registriert wird. — Die gebrachten Assoziationswörter weisen nicht selten durch Vermittlung der Reizwörter ein Netz von Beziehungen auf, welches sich als in der Vp vorhanden offenbart und dessen Vorhandensein (sehr zu beachtende Voraussetzung!) nur durch ihre Täterschaft erklärt werden kann u. dgl. m. So daß der Experimentator mit einer mehr oder weniger großen Wahrscheinlichkeit, und manchmal sogar mit voller Sicherheit, den

Untersuchten als den Täter feststellen oder, umgekehrt, ihn des Verdachtes ledig sprechen kann (s. hierzu „Angewandte Psychologie" des Verfassers, Göschen Bd. 774).

Ein besonderes Gebiet ist das der *Volks- und Massenpsychologie während des Krieges.*

Wie in den obigen Beispielen, so äußert sich auch hier in unmittelbarem assoziativem Geschehen die tiefere Psychenlage des Assoziierenden. Er antwortet nicht, weil es so gewünscht oder vorgeschrieben wird (wie bei eingeschränkten Assoziations-Versuchen), sondern in unmittelbarer Äußerung seiner unmittelbarsten, stärksten assoziativen Bindungen. Der Verfasser führte während des ganzen ersten Weltkrieges an Studenten der Bonner Universität Semester für Semester bei Gelegenheit des allgemeinen psychologischen Kurses Assoziationsversuche mit stark kriegsbetonten Reizwörtern durch und konnte die Volksstimmung (wenigstens dieses Volksteiles) so Jahr für Jahr und ihre Änderungen in der Zeit des Krieges verfolgen. Was war z. B. an der Stellung des deutschen Volkes während des Krieges nur ‚äußerlich angenommen' gewesen, und was kam aus der Tiefe der Volksseele unmittelbar und impulsiv heraus (mag es berechtigt gewesen oder nur durch Massensuggestion hineingetragen worden sein)? Ich verband mit dem Assoziationsversuch die Übung in der Selbstanalyse, indem ich die Vpn neben der Antwort auf das Reizwort auch noch die Frage beantworten ließ, ob sich mit dem Reizwort *Lust* oder *Unlust* verband. Nur ganz wenige Ergebnisse mögen aus der Untersuchung herausgegriffen werden: In den folgenden Tabellen steht oben das Versuchsjahr, daneben die Anzahl der Vpn (da diese während des Krieges unter männlichen Studenten nicht groß sein konnte, müssen die Ergebnisse entsprechend vorsichtig behandelt werden; aber sie sprechen dennoch eine so deutliche und sich im Laufe der Jahre gesetzmäßig verändernde Sprache, daß man ihnen manche Verallgemeinerung entnehmen kann). Kursivdruck bedeutet bezeichnende kriegs- und haßbetonte Antworten. Die Zahl vor der Antwort gibt die Anzahl der (voneinander natürlich unmittelbar unabhängigen) übereinstimmenden Antworten an.

Reizwort: England

	1915		1920/21		1924
7	*Haß*	10	Frankreich	10	Frankreich
6	Frankreich	3	*Feind*	4	Insel
2	*Schufte*	2	*Gott strafe*	1	Landkarte
	Feind		Insel		Schottland
1	*Krieg*		Rußland		weit
	Sieg		*Pfui*		Kanal
	Deutschland		*Haß*		Meer
	perfid		*gehässig*		Wasser
	Verrat		*böse*		
	Geschwader		*Krieg*		
	Schiff		*Kampf*		
	Landkarte		Sieg		
	Flotte		Lloyd George		
			groß		
			Macht		
			Rand		
			Deutschland		
			Karte		
			Besatzung		
			Sieger		

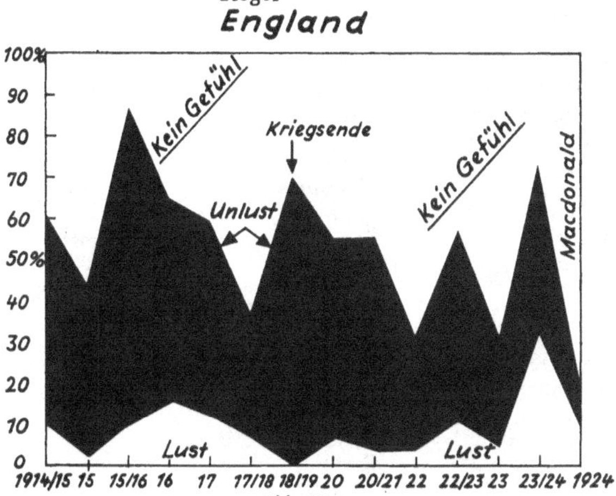

Abb. 24

Deutlich schlägt der Haß dem mächtigsten Feind gegenüber, von dem man kurz zuvor noch hoffte, daß er sich (trotz gegenteiliger Verpflichtung!) von der Beteiligung am Krieg vielleicht zurückhalten werde, — so im Jahre 1915. Und diese Einstellung besteht auch noch 1920—21 fort, — wenn auch ihre Herrschaft nicht mehr so allgemein ist. Im Jahre 1924 änderte sich die Haltung des siegreichen England Deutschland gegenüber durch den parlamentarischen Sieg der Labourpartei und den Regierungsantritt von Macdonald, — und es ist erstaunlich, wie in der kurzen Zeit auch das Fühlen des deutschen Volkes anders wird: Kein einziges verdammendes oder verächtliches Wort findet sich in der Assoziations-Tabelle. Gefühlskurve für England. Die dazu gehörenden Gefühle bestätigen diesen Befund: Wie ein schwarzer Drache liegt der Haß zwischen dem schmalen Band der Lust (etwa auch über den erhofften Sieg), deren Kurve zuunterst angebracht ist, und dem gleichgültigen Verhalten, dessen Feld oben liegt. Die Breite des Hasses (schwarz) wird immer kleiner im Fortschritt der Zeit, — um wiederum im Jahre 1924 das Minimum zu erreichen.

Reizwort: Italien

	1915		1920/21		1922
3	Krieg	7	schön	4	Reise
2	*Verrat*	3	Goethe	3	Sehnsucht!
1	*Ekel*		Rom		Stiefel
	unerhört		Sonne	2	schön
	Enttäuschung	2	Land		Süden
	Kriegserklärung	1	*Verräter*		Goethe
	besiegt		*kaput*	1	Leonardo
	Kampf		*bancrotta*		Feuerbach
	Alpini		*bunt*		Genua
	Isonzo		See		Himmel
	Venedig		fern		Schuh
	Florenz		Himmel		Schweiz
	Rom		Deutschland		Amerika
	Po		Frankreich		
	Frankreich		Papst		
	Schönheit		(Name)		
	Salat!		Apfelsine!		
	Maccaroni!		Festland		
			Reise		
			Schweiz		

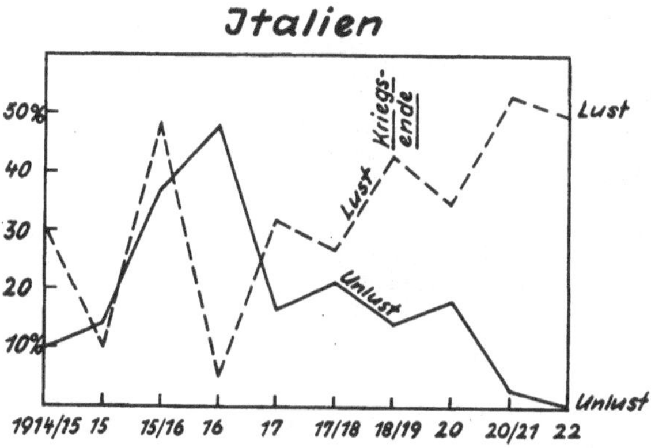

Abb. 25

Ganz anders ist die Reaktion dem erst 1915 in den Krieg auf der Gegenseite eintretenden ‚*Italien*' gegenüber. Man sieht, wie schon 1920/21 der Haß der vorangehenden Assoziations-Bindungen so gut wie verraucht ist, und die alte deutsche Einstellung Italien, als dem Land der Schönheit, der Sonne und der Kunst gegenüber, schon eindeutig das Gesamtbild beherrscht. Was sich 1922 so sehr verstärkt, daß keine einzige negative Stellungnahme dem Reizwort gegenüber sich mehr findet. Dem entspricht auch die Gefühlskurve für Italien.

Reizwort: Frankreich

1915	1920/21	1924
3 Paris	3 *Revanche*	5 England
England	Deutschland	2 Deutschland
Rußland	2 *Krieg (gegen)*	Land
2 *Niederlage*	vergrößert	1 *Haß*
Deutschland	England	*Sittenverderbnis*
1 *fertig*	Rußland	*Kämpfe*
zerrüttet	1 *nieder mit!*	Frankensturz
Krieg	*Tod*	Paris
Schützengraben	*und Verderben!*	Seine
Schlachtfeld	*gemein*	Süden
	Lump	Gallien

Arras	*bös*	Marc Sagnier
Lille	*widerlich*	
Poincaré	*schlagen*	
Küste	*fort!*	
Hahn	*Niederlage*	
rot	zerstört	
grün	nein	
Landschaft	Blut	
	Grenadier	
	Westen	
	blau	
	Österreich	
	Soldat	

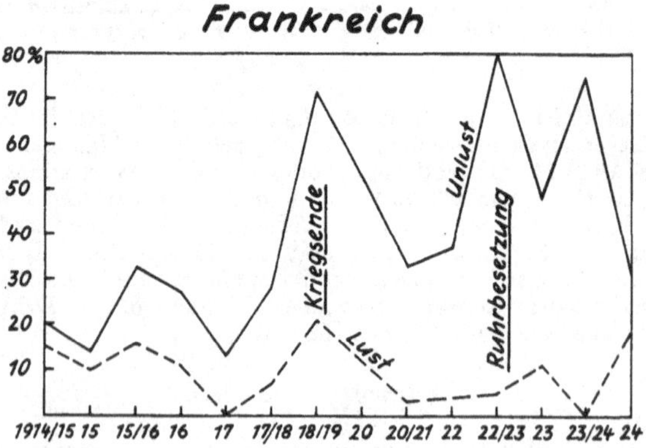

Abb. 26

Die Ruhrbesetzung brachte ein Aufflammen des Hasses ‚*Frankreich*' gegenüber im Jahre 1920/21, der weit über das ging, was die härtesten Kriegsjahre mit sich brachten, — so in der Assoziations- wie in der Gefühlskurve.

Sehr typisch sind die hier gebrachten Stichproben für das Reizwort ‚*Deutschland*', — man vergleiche nur die drei Stichproben aus den Jahren 1915, 1920/21 und 1924 und die dazugehörende durch alle Jahre gehende Gefühlskurve.

Reizwort: Deutschland

1915	1920/21	1924
6 Sieg	6 armes!	5 Frankreich
5 Frankreich	5 Vaterland	3 Vaterland
2 über alles!	3 groß	2 England
Kaiser	2 über alles!	1 Elend!
1 freies	hoch in Ehren	arm!
Liebe	1 Wehe!	Wiederaufstieg
mächtig	Niederlage	Krieg
stolz	Friede	Germania
noch	Flagge	Republik
Größe	Europa	Amerika
Ehren	herrlich	Alpen
Gefühl	Monarchie	Italien
Herrscher	Freiheit	
Vaterland	anderes Land	
Jugend	Frankreich	
Krieg	Italien	
U-Boot	Rheinland	
Landkarte		

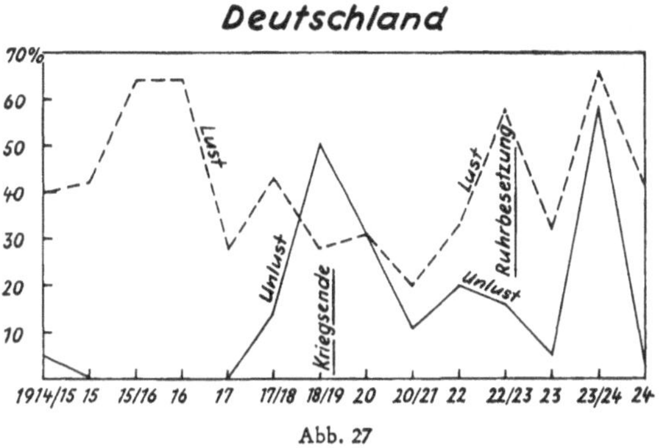

Abb. 27

Und dieser Eindruck wird durch denjenigen zum Wort ‚*Krieg*' aus den Jahren 1915 und 1917 verstärkt: Hier wußte der Psychologe schon vor dem Politiker, daß das Volk in seiner intuitiven Reaktion den Krieg schon aufgegeben hatte, und des Politikers Pflicht wäre es, die nächste günstige Gelegenheit zum Abbruch des Krieges zu benützen. Daß das versäumt wurde, hatte dann das deutsche Volk bitter zu bezahlen, — im zweiten Weltkrieg noch bitterer als im ersten.

Reizwort: Krieg

1915		1917	
7	Frieden	14	Friede
5	Sieg	2	Blut
2	Schrecken	1	Sieg
	Elend		Elend
1	Blut		Trauer
	Flamme		schwer!
	Not		lange!
	Kanonen		Mann
	Messer		Soldat
	Absehen		Sonne
	Niederlage		
	Soldat		
	Verwundete		
	Menschenmasse		
	Anfang		
	Gefahren		
	Verwandte		

Reizwort: Nahrungsmittel

	1915		1915/16, 1916		1917
6	Brot	4	Chemiker	4	Not
3	Hunger	3	Wucher	3	Hungersnot
2	Aushungerung		Teuerung		Sorgen
	Zufuhr		Brot	2	knapp
	Essen		Not		Fälschung
1	teuer	2	Brotkarte		Chemiker
	Fälschung	1	Hunger		Amt
	Eßwaren		Mangel	1	Korb
	Kartoffeln		knapp		Leben
	Fleisch		Sorge		Nahrung
	gut		Zufuhr		Versorgung
	Leben		Versorgung		Kartoffel
	Kleider		Lebensmittel		Wurst
	Lehre		Amt		Obst
	Frage		Krieg		
	Streu		Feld		
	Kolleg		Methode		
			Korb		
			Pensionsdame		

	1922		1923		1924
3	Sorge	2	teuer	4	Chemiker
	knapp		nötig	3	Brot
2	Hunger		Brot	2	Not
	Teuerung	1	Not	1	Zucker
	Not		Sorge		Butter
	Brot		knapp		Kartoffeln
1	Mangel		keine		leben
	fehlen		Krieg		Alimente
	Fälschung		gut		Weizen
	schlecht		viele!		Verpflegung
	Fleisch		Kartoffeln		Mehl
	Karten		Zwieback		Tüte
	Haferflocken		Fleisch		Sack
	haben		Lehre		Paket
	Werke		Chemiker		

Reizwort: Nahrungsmittel

	Lust:	Unlust:
1915	7 %	10 %
1916	11 %	27 %
1917	12 %	36 %
1918/19	—	78 %
1922/23	5 %	32 %
1923/24	25 %	17 %
1924	9 %	4 %

Wie es dabei mit den ‚*Nahrungsmitteln*' in den Jahren des ersten Krieges und kurz nach ihm stand, gibt das entsprechende Reizwort mit seinen Assoziationswörtern erschütternd kund: Schon 1915/16 fangen die Sorgen an, die sich erschreckend im Jahre 1917 steigern, um auch noch 1922 die Fortsetzung des düsteren Bildes zu bieten. — Und auch der Unterschied zwischen 1922/23, 1923/24 und 1924 ist typisch: Was 1922 noch Unlust erregte und 1923/24 sowohl starke Unlust als auch Lust brachte, — wird 1924 schon wieder normal-gleichgültig, — und nur die neueingetretenen Behelfsartikel, die nun erst sich einstellten, wie Sack, Paket, Tüte, werden speziell erwähnt, — während Lust-Unlust, die auf dem Nahrungsgebiet 1918/19 0 % Lust und 78 % Unlust zeigten, sich im Jahre 1918/19 beide fast auf Null reduzieren.

Man sieht: Nicht nur die Technik bedarf dringend der Psychologie, sondern auch die Politik bedarf ihrer in einem vielleicht noch höheren Maße — und sogar zum Teil der experimentell untermauerten Psychologie.

‚*Überzeugungen*'

Nicht weniger bedeutsam als die im Assoziationsversuch sich unmittelbar aufweisende Gefühlseinstellung zu den Kriegs- und Nachkriegsereignissen ist auch der Nachweis der *Überzeugungen* betreffend die grundsätzlichen dem Krieg vorausgehenden und die ‚Kriegsschuld' bestimmenden Bedingungen. Läßt man in einem Massenversuch die grundsätzliche Frage beantworten: „Welche Sicherheit messen Sie einem Urteil zu, *dessen Richtigkeit Sie selbst weder direkt noch indirekt nachprüfen können, das aber alle Menschen Ihrer Umgebung und alle von Ihnen ge-*

lesenen Äußerungen als wahr bezeichnen?", so zeigen sich die Studenten und Mitglieder des Professorenkollegiums in ihrem Vertrauen zu einem solcherweise gar nicht durch eigene Einsicht unterbauten Urteil sehr zurückhaltend: Die Studenten kamen auf ungefähr den Mittelwert 1,4, die Professoren gar nur auf 1,0; — den man so zu deuten hat: 0,0 bedeutet ‚fraglich', 1,0 ‚ziemlich sicher', 2,0 ‚sicher' und endlich 3,0 ‚ganz sicher', d. h. daß man bereit wäre, „das Liebste was man hat, hinzugeben, wenn sich das Urteil, das man vertritt, als falsch erweisen würde!" Also nur als ‚ziemlich sicher' = 1,0 waren die Professoren bereit, ein so wie oben angegeben gesichertes Urteil anzusehen; die Studenten gingen darin etwas weiter: 1,2 bis 1,4 im Mittelwert. Während die Frage „Ist 7 × 8 = 56?" mit dem Mittelwert 2,7 — also schon nahe an 3,0, aber immer noch mit einer gewissen Zurückhaltung beantwortet wurde. — Da man eine historische Frage kaum anders als auf Grund der schriftlichen Angaben und Indizien im Vertrauen auf ihre Richtigkeit und Eindeutigkeit beantworten kann, so ging die Beantwortung folgender historischer Frage: „Gab es einen deutschen Staatsmann namens Bismarck?" weit über die durch die Beantwortung der ersten Frage gesteckte Grenze (1,0—1,4), denn sie erreichte ungefähr die gleiche Höhe wie der Wert der obigen Multiplikation: 2,7 — also fast den absoluten Wert nicht mehr steigerungsfähiger Überzeugung (3,0).

So überaus schwierige Fragen, um deren richtige Beantwortung die Historiker auch noch vierzig Jahre nach dem ersten Weltkrieg ehrlich bestrebt sind, wie: „Hat die englische Regierung bewußt auf die Herbeiführung des europäischen Krieges hingearbeitet?", waren zur Zeit des Krieges leicht beantwortet, und zwar diesseits und jenseits der Grenze: in Deutschland mit dem bejahenden Mittelwert: (Anzahl der Vp 190) 1,6 — also ‚fast sicher', unter denen 28 % ‚ganz sicher' waren (also sicherer als bei der mathematischen Beziehung 7 × 8 = 56); für Frankreich lautete die entsprechende Frage: „Le gouvernement allemand a-t-il travaillé sciément à provoquer la guerre actuelle?", die mit ungefähr derselben ‚Gegensicherheit' positiv beantwortet wurde: Mittelwert 1,3. — Mit Ende des Krieges fiel der Mittelwert in Deutschland auf 0,8!

Entsprechend waren die Werte auf die deutsche Fassung: „Haben die Feinde Deutschlands den Mord von Sarajewo als direkte oder indirekte Veranlassung zur Herbeiführung des gegenwärtigen Krieges ausgenützt?" — positiver Mittelwert während des Krieges 1,3 (81) —, nach dem Krieg 0,9 (149 Vp); Deutsche in der Schweiz während des Krieges +0,9; Schweizer in der Schweiz +0,4 (86).[1]) Diese Frage in französischer Fassung lautete: „Est-ce que le meurtre de Sarajewo a servi prétexte à *l'Allemagne* et à *l'Autriche* pour déchainer la guerre?“ und ergab in Frankreich den positiven Wert von 1,4 zwischen sicher und ziemlich sicher. Beide sich bekriegenden Seiten erwiesen sich also als von ihrer eigenen Unschuld bei der Entfachung des Krieges mit ungefähr gleich starker Sicherheit überzeugt und konnten ihren schuldbeladenen Gegner mit um so berechtigterem Haß behandeln und gegen ihn entsprechende, von ihm wohlverdiente Repressalien anwenden, — denn das verlangte ja nur die zum Siege geführte absolute Gerechtigkeit! — Wie wenig dieselben sicheren Beantworter die politischen Ereignisse beachteten und wie sehr daher die Beantwortung der genannten Fragen ihr Wissen und Kennen überschreiten mußte, sieht man aus der so mangelhaften Beantwortung über ein Ereignis, das sich vor aller Augen abspielte: „Waren die Mehrheitssozialdemokraten bis zum Schluß des Krieges für die Bewilligung der Kriegskredite eingetreten?“, — was im Jahre 1918/19, also ganz kurz nach dem Ereignis, nur mit dem positiven Mittelwert 1,6 — und ein Jahr später sogar nur mit 1,2 Mittelwert beantwortet wurde.

Krieg und Frieden — Äußerungen des vielverschlungenen, vielschichtigen Lebewesens ‚Mensch‘, das man seiner Wesenheit nach erfassen muß, um sein Handeln im Kleinen und im Großen, in Krieg und Frieden verstehen zu können.

„Viele große Kräfte birgt die Welt,
doch keine ist größer als des Menschen Kraft!“
(Sophokles)

[1]) „Ist der Ausbruch des Krieges schon im Herbst 1914 den Feinden Deutschlands erwünscht gewesen?“ steht mit seinen 1,1 negativen (und allerdings 1,3 positiven Antworten) in einem gewissen Gegensatz zu den positiven Antworten der vorangehenden Frage.

Literaturverzeichnis

Bühler, K., Die Krise der Psychologie, G. Fischer, Jena 1927.

Festschrift Christian v. Ehrenfels, Gestalthaftes Sehen, Wissenschaftliche Buchgesellschaft, Darmstadt 1960.

Fröbes, J., Lehrbuch der experimentellen Psychologie, 3. Aufl., Herder, Freiburg i. B., 1929.

Kretschmer, E., Körperbau und Charakter, 20. Aufl., Springer, Berlin 1951.

Külpe, O., Grundriß der Psychologie, Engelmann, Leipzig, 1893.

Lersch, Ph., Der Aufbau des Charakters, A. Barth, Leipzig 1938.

Metzger, W., Psychologie (Die Entwicklung ihrer Grundannahmen seit der Einführung des Experimentes.) 2. Aufl., Steinkopf, Darmstadt, 1954.

Rohracher, H., Einführung in die Psychologie, Urban-Schwarzenberg, Wien 1946, bzw. 6. Aufl., 1958.

Spranger, E., Lebensformen, 2. Aufl., M. Niemeyer, Halle a. S., 1921.

Da von den angeführten Autoren im allgemeinen auch neueste Literatur in großer Ausführlichkeit zitiert wird, ist hier nur eine kleine Auswahl aus den zahlreichen Autorenverzeichnissen angegeben.

Verzeichnis der Abbildungen

Dritter Band
(1. Teil der „Experimentellen Psychologie")

Vierter Band
(2. Teil der „Experimentellen Psychologie")

(Die Abb. 4, 7, 8, 9, 10, 11, 12, 13, 14, 15, 16, 17, 18, 19, 20 a—23 a und 20 b—23 b sind Rohrachers ‚Einführung in die Psychologie', 6. Aufl., 1958, entnommen, wo wiederum fallweise vermerkt ist, woher die Bilder stammen.)

Sach- und Namenregister für Band III und IV

Druckfehler in Band III (Slg. Göschen Bd. 833)

Es muß heißen:

auf Seite 21, Zeile 7 von unten
statt „Bd. IV, S. 46" richtig: „Bd. II, S. 154"

auf Seite 62, Zeile 3 von oben
statt „Bd. IV, S. 58" richtig: „Bd. IV, S. 65"

GESAMTVERZEICHNIS

der

SAMMLUNG GÖSCHEN

Jeder Band DM 3,60 · Doppelband DM 5,80

Sommer 1962

WALTER DE GRUYTER & CO., BERLIN W 30

Inhaltsübersicht

Geisteswissenschaften

Philosophie

Einführung in die Philosophie von *H. Leisegang †*. 4. Auflage. 145 Seiten. 1960. (281)

Hauptprobleme der Philosophie von *G. Simmel †*. 7., unveränderte Auflage. 177 Seiten. 1950. (500)

Geschichte der Philosophie

I: Die griechische Philosophie von *W. Capelle*. 1. Teil. Von Thales bis Leukippos. 2., erweiterte Auflage. 135 Seiten. 1953. (857)

II: Die griechische Philosophie von *W. Capelle*. 2. Teil. Von der Sophistik bis zum Tode Platons. 2., stark erweiterte Auflage. 144 Seiten. 1953. (858)

III: Die griechische Philosophie von *W. Capelle*. 3. Teil. Vom Tode Platons bis zur Alten Stoa. 2., stark erweiterte Auflage. 132 Seiten. 1954. (859)

IV: Die griechische Philosophie von *W. Capelle*. 4. Teil. Von der Alten Stoa bis zum Eklektizismus im 1. Jh. v. Chr. 2., stark erweiterte Auflage. 132 Seiten. 1954. (863)

V: Die Philosophie des Mittelalters von *J. Koch*. In Vorbereitung. (826)

VI: Von der Renaissance bis Kant von *K. Schilling*. 234 Seiten. 1954. (394/394 a)

VII: Immanuel Kant von *G. Lehmann*. In Vorbereitung. (536)

VIII: Die Philosophie des 19. Jahrhunderts von *G. Lehmann*. 1. Teil. 151 Seiten. 1953. (571)

IX: Die Philosophie des 19. Jahrhunderts von *G. Lehmann*. 2. Teil. 168 Seiten. 1953. (709)

X: Die Philosophie im ersten Drittel des 20. Jahrhunderts 1. Teil von G. *Lehmann*. 128 Seiten. 1957. (845)

XI: Die Philosophie im ersten Drittel des 20. Jahrhunderts 2. Teil von *G. Lehmann*. 114 Seiten. 1960. (850)

Die geistige Situation der Zeit (1931) von *K. Jaspers*. 5., unveränderter Abdruck der im Sommer 1932 bearbeiteten 5. Auflage. 211 Seiten. 1960. (1000)

Erkenntnistheorie von *G. Kropp*.
I. Teil: Allgemeine Grundlegung. 143 Seiten. 1950. (807)

Formale Logik von *P. Lorenzen*. 2. Auflage. 165 Seiten. 1962. (1176/1176 a)

Philosophisches Wörterbuch von *M. Apel †*. 5., völlig neubearbeitete Auflage von *P. Ludz*. 315 Seiten. 1958. (1031/1031 a)

Philosophische Anthropologie. Menschliche Selbstdeutung in Geschichte und Gegenwart von *M. Landmann*. 266 Seiten. 1955. (156/156 a)

Pädagogik, Psychologie, Soziologie

Geschichte der Pädagogik von *Herm. Weimer*. 15., neubearbeitete und vermehrte Auflage von *Heinz Weimer*. 184 Seiten. 1962. (145)

Therapeutische Psychologie. Ihr Weg durch die Psychoanalyse von *W. M. Kranefeldt*. Mit einer Einführung von *C. G. Jung*. 3. Auflage. 152 Seiten. 1956. (1034)

Allgemeine Psychologie von *Th. Erismann*. 3 Bände. 2., neubearbeitete Auflage.
I: Grundprobleme. 146 Seiten. 1958. (831)
II: Grundarten des physischen Geschehens. 248 Seiten. 1959. (832/832a)
III: Psychologie der Persönlichkeit. Etwa 306 Seiten, 26 Abbildungen. 1962. (833/833a)

Soziologie. Geschichte und Hauptprobleme von *L. von Wiese*. 6. Auflage. 175 Seiten. 1960. (101)

Ideengeschichte der sozialen Bewegung des 19. und 20. Jh. von *W. Hofmann*. 240 Seiten. 1962. (1205/1205a)

Sozialpsychologie von *P. R. Hofstätter*. 181 Seiten, 15 Abbildungen, 22 Tabellen. 1956. (104/104a)

Psychologie des Berufs- und Wirtschaftslebens von *W. Moede †*. 190 Seiten, 48 Abbildungen. 1958. (851/851a)

Industrie- und Betriebssoziologie von *R. Dahrendorf*. 2., umgearbeitete und erweiterte Auflage. 142 Seiten, 3 Figuren. 1962. (103)

Religion

Jesus von *M. Dibelius †*. 3. Auflage, mit einem Nachtrag von *W. G. Kümmel*. 140 Seiten. 1960. (1130)

Paulus von *M. Dibelius †*. Nach dem Tode des Verfassers herausgegeben und zu Ende geführt von *W. G. Kümmel*. 2., durchgesehene Auflage. 155 Seiten. 1956. (1160)

Luther von *F. Lau*. 151 Seiten. 1959. (1187)

Melanchthon von *R. Stupperich*. 139 Seiten. 1960. (1190)

Einführung in die Konfessionskunde der orthodoxen Kirchen von *K. Onasch*. 291 Seiten. 1962. (1197/1197a)

Geschichte des christlichen Gottesdienstes von *W. Nagel*. In Vorbereitung. (1202/1202a)

Geschichte Israels. Von den Anfängen bis zur Zerstörung des Tempels (70 n. Chr.) von *E. L. Ehrlich*. 158 Seiten, 1 Tafel. 1958. (231/231a)

Römische Religionsgeschichte von *F. Altheim*. 2 Bände. 2., umgearbeitete Auflage.
I: Grundlagen und Grundbegriffe. 116 Seiten. 1956. (1035)
II: Der geschichtliche Ablauf. 164 Seiten. 1956. (1052)

Die Religion des Buddhismus von *D. Schlingloff*. 2 Bände.
I: Der Heilsweg des Mönchtums. In Vorbereitung. (174)

Musik

Musikästhetik von *H. J. Moser*. 180 Seiten. Mit zahlreichen Notenbeispielen. 1953. (344)

Systematische Modulation von *R. Hernried*. 2. Auflage. 136 Seiten. Mit zahlreichen Notenbeispielen. 1950. (1094)

Der polyphone Satz von *E. Pepping*. 2 Bände.
I: Der cantus-firmus-Satz. 2. Auflage. 223 Seiten. Mit zahlreichen Notenbeispielen. 1950. (1148)
II: Übungen im doppelten Kontrapunkt und im Kanon. 137 Seiten. Mit zahlreichen Notenbeispielen. 1957. (1164/1164a)

Allgemeine Musiklehre von *H. J. Moser*. 2., durchgesehene Auflage. 155 Seiten. Mit zahlreichen Notenbeispielen. 1955. (220/220a)

Harmonielehre von *H. J. Moser*. 2 Bände.
I: 109 Seiten. Mit 120 Notenbeispielen. 1954. (809)

Die Musik des 19. Jahrhunderts von *W. Oehlmann*. 180 Seiten. 1953. (170)

Die Musik des 20. Jahrhunderts von *W. Oehlmann*. 312 Seiten. 1961. (171/171a)

Technik der deutschen Gesangskunst von *H. J. Moser*. 3., durchgesehene und verbesserte Auflage. 144 Seiten, 5 Figuren sowie Tabellen und Notenbeispiele. 1954. (576/576a)

Die Kunst des Dirigierens von *H. W. von Waltershausen †*. 2., vermehrte Auflage. 138 Seiten. Mit 19 Notenbeispielen. 1954. (1147)

Die Technik des Klavierspiels aus dem Geiste des musikalischen Kunstwerkes von *K. Schubert †*. 3. Auflage. 110 Seiten. Mit Notenbeispielen. 1954. (1045)

Kunst

Stilkunde von *H. Weigert*. 2 Bände. 3., durchgesehene und ergänzte Auflage.
I: Vorzeit, Antike, Mittelalter. 136 Seiten, 94 Abbildungen. 1958. (80)
II: Spätmittelalter und Neuzeit. 150 Seiten, 88 Abbildungen. 1958. (781)

Archäologie von *A. Rumpf*. 2 Bände.
I: Einleitung, historischer Überblick. 143 Seiten, 6 Abbildungen, 12 Tafeln. 1953. (538)
II: Die Archäologensprache. Die antiken Reproduktionen. 136 Seiten, 7 Abbildungen, 12 Tafeln. 1956. (539)

Geschichte

Einführung in die Geschichtswissenschaft von *P. Kirn*. 3., durchgesehene Auflage. 128 Seiten. 1959. (270)

Einführung in die Zeitgeschichte von *B. Scheurig*. 101 Seiten. 1962. (1204)

Zeitrechnung der römischen Kaiserzeit, des Mittelalters und der Neuzeit für die Jahre 1—2000 n. Chr. von *H. Lietzmann †*. 3. Auflage, durchgesehen von *K. Aland*. 130 Seiten. 1956. (1085)

Kultur der Urzeit von *F. Behn*. 3 Bände. 4. Auflage der Kultur der Urzeit Bd. 1—3 von *M. Hoernes*.
I: Die vormetallischen Kulturen. (Die Steinzeiten Europas. Gleichartige Kulturen in anderen Erdteilen.) 172 Seiten, 48 Abbildungen. 1950. (564)
II: Die älteren Metallkulturen. (Der Beginn der Metallbenutzung. Kupfer- und Bronzezeit in Europa, im Orient und in Amerika.) 160 Seiten, 67 Abbildungen. 1950. (565)
III: Die jüngeren Metallkulturen. (Das Eisen als Kulturmetall, Hallstatt-Latène-Kultur in Europa. Das erste Auftreten des Eisens in den anderen Weltteilen.) 149 Seiten, 60 Abbildungen. 1950. (566)

Vorgeschichte Europas von *F. Behn*. Völlig neue Bearbeitung der 7. Auflage der „Urgeschichte der Menschheit" von *M. Hoernes*. 125 Seiten, 47 Abbildungen. 1949. (42)

Der Eintritt der Germanen in die Geschichte von *J. Haller †*. 3. Auflage, durchgesehen von *H. Dannenbauer*. 120 Seiten, 6 Kartenskizzen. 1957. (1117)

Von den Karolingern zu den Staufern. Die altdeutsche Kaiserzeit (900—1250) von *J. Haller †*. 4., durchgesehene Auflage von *H. Dannenbauer*. 142 Seiten, 4 Karten. 1958. (1065)

Von den Staufern zu den Habsburgern. Auflösung des Reichs und Emporkommen der Landesstaaten (1250—1519) von *J. Haller †*. 2., durchgesehene Auflage von *H. Dannenbauer*. 118 Seiten, 6 Kartenskizzen. 1960. (1077)

Deutsche Geschichte im Zeitalter der Reformation, der Gegenreformation und des dreißigjährigen Krieges von *F. Hartung*. 129 Seiten. 1951. (1105)

Deutsche Geschichte von 1648—1740. Politischer und geistiger Wiederaufbau von *W. Treue*. 120 Seiten. 1956. (35)

Deutsche Geschichte von 1713 – 1806. Von der Schaffung des europäischen Gleichgewichts bis zu Napoleons Herrschaft von *W. Treue.* 168 Seiten. 1957. (39)

Deutsche Geschichte von 1806 – 1890. Vom Ende des alten bis zur Höhe des neuen Reiches von *W. Treue.* 128 Seiten. 1961. (893)

Deutsche Geschichte von 1890 bis zur Gegenwart von *W. Treue.* In Vorbereitung. (894)

Quellenkunde der Deutschen Geschichte im Mittelalter (bis zur Mitte des 15. Jahrhunderts) von *K. Jacob †.* 3 Bände.

I: Einleitung. Allgemeiner Teil. Die Zeit der Karolinger. 6. Auflage, bearbeitet von *H. Hohenleutner.* 127 Seiten. 1959. (279)

II: Die Kaiserzeit (911—1250). 5. Auflage, neubearbeitet von *H. Hohenleutner.* 141 Seiten. 1961. (280)

III: Das Spätmittelalter (vom Interregnum bis 1500). Herausgegeben von *F. Weden.* 152 Seiten. 1952. (284)

Geschichte Englands von *H. Preller.* 2 Bände.

I: bis 1815. 3., stark umgearbeitete Auflage. 135 Seiten, 7 Stammtafeln, 2 Karten. 1952. (375)

II: Von 1815 bis 1910. 2., völlig umgearbeitete Auflage. 118 Seiten, 1 Stammtafel, 7 Karten. 1954. (1088)

Römische Geschichte von *F. Altheim.* 4 Bände. 2., verbesserte Auflage.

I: Bis zur Schlacht bei Pydna (168 v. Chr.). 124 Seiten. 1956. (19)

II: Bis zur Schlacht bei Actium (31 v. Chr.). 129 Seiten. 1956. (677)

III: Bis zur Schlacht an der Milvischen Brücke (312 n. Chr.). 148 Seiten. 1958. (679)

IV: Bis zur Schlacht am Yarmuk (636 n. Chr.). In Vorbereitung. (684)

Geschichte der Vereinigten Staaten von Amerika von *O. Graf zu Stolberg-Wernigerode.* 192 Seiten, 10 Karten. 1956. (1051/1051 a)

Deutsche Sprache und Literatur

Geschichte der Deutschen Sprache von *H. Sperber.* 3. Auflage, besorgt von *W. Fleischhauer.* 128 Seiten. 1958. (915)

Deutsches Rechtschreibungswörterbuch von *M. Gottschald †.* 2., verbesserte Auflage. 219 Seiten. 1953. (200/200 a)

Deutsche Wortkunde. Kulturgeschichte des deutschen Wortschatzes von *A. Schirmer.* 4. Auflage von *W. Mitzka.* 123 Seiten. 1960. (929)

Deutsche Sprachlehre von *W. Hofstaetter.* 10. Auflage. Völlige Umarbeitung der 8. Auflage. 150 Seiten. 1960. (20)

Stimmkunde für Beruf, Kunst und Heilzwecke von *H. Biehle.* 111 Seiten. 1955. (60)

Redetechnik. Einführung in die Rhetorik von *H. Biehle.* 2., erweiterte Auflage. 151 Seiten. 1961. (61)

Sprechen und Sprachpflege (Die Kunst des Sprechens) von *H. Feist.* 2., verbesserte Auflage. 99 Seiten, 25 Abbildungen. 1952. (1122)

Deutsches Dichten und Denken von der germanischen bis zur staufischen Zeit von *H. Naumann †.* (Deutsche Literaturgeschichte vom 5.—13. Jahrhundert.) 2., verbesserte Auflage. 166 Seiten. 1952. (1121)

Deutsches Dichten und Denken vom Mittelalter zur Neuzeit von *G. Müller* (1270 bis 1700). 2., durchgesehene Auflage. 159 Seiten. 1949. (1086)

Deutsches Dichten und Denken von der Aufklärung bis zum Realismus (Deutsche Literaturgeschichte von 1700—1890) von *K. Viëtor †*. 3., durchgesehene Auflage. 159 Seiten. 1958. (1096)

Der Nibelunge Nôt in Auswahl mit kurzem Wörterbuch von *K. Langosch*. 10., durchgesehene Auflage. 164 Seiten. 1956. (1)

Kudrun und Dietrich-Epen in Auswahl mit Wörterbuch von *O. L. Jiriczek*. 6. Auflage, bearbeitet von *R. Wisniewski*. 173 Seiten. 1957. (10)

Wolfram von Eschenbach. Parzival. Eine Auswahl mit Anmerkungen und Wörterbuch von *H. Jantzen*. 2. Auflage, bearbeitet von *H. Kolb*. 128 Seiten. 1957. (921)

Hartmann von Aue. Der arme Heinrich nebst einer Auswahl aus der „Klage", dem „Gregorius" und den Liedern (mit einem Wörterverzeichnis) herausgegeben von *F. Maurer*. 96 Seiten. 1958. (18)

Gottfried von Strassburg in Auswahl herausgegeben von *F. Maurer*. 142 Seiten. 1959. (22)

Die deutschen Personennamen von *M. Gottschald †*. 2., verbesserte Auflage. 151 Seiten. 1955. (422)

Althochdeutsches Elementarbuch. Grammatik und Texte. 3., verbesserte und vermehrte Auflage von *W. Betz*. 1962. In Vorbereitung. (1111)

Mittelhochdeutsche Grammatik von *H. de Boor* und *R. Wisniewski*. 2., verbesserte und ergänzte Auflage. 142 Seiten. 1960. (1108)

Indogermanisch, Germanisch

Indogermanische Sprachwissenschaft von *H. Krahe*. 2 Bände.
I: Einleitung und Lautlehre. 4. Auflage. 110 Seiten. 1962. (59)
II: Formenlehre. 3., neubearbeitete Auflage. 124 Seiten. 1959. (64)

Gotisches Elementarbuch. Grammatik, Texte mit Übersetzung und Erläuterungen von *H. Hempel*. 3., umgearbeitete Auflage. 166 Seiten. 1962. (79/79a)

Germanische Sprachwissenschaft von *H. Krahe*. 2 Bände. 4., überarbeitete Auflage.
I: Einleitung und Lautlehre. 147 Seiten. 1960. (238)
II: Formenlehre. 149 Seiten. 1961. (780)

Altnordisches Elementarbuch. Schrift, Sprache, Texte mit Übersetzung und Wörterbuch von *F. Ranke*. 2., durchgesehene Auflage. 146 Seiten. 1949. (1115)

Englisch, Romanisch

Altenglisches Elementarbuch von *M. Lehnert*. Einführung, Grammatik, Texte mit Übersetzung und Wörterbuch. 5., verbesserte Auflage. 178 Seiten. 1962. (1125)

Historische neuenglische Laut- und Formenlehre von *E. Ekwall*. 3., durchgesehene Auflage. 150 Seiten. 1956. (735)

Englische Phonetik von *H. Mutschmann †*. 117 Seiten. 1956. (601)

Englische Literaturgeschichte von *F. Schubel*. 4 Bände.
I: Die alt- und mittelenglische Periode. 163 Seiten. 1954. (1114)
II: Von der Renaissance bis zur Aufklärung. 160 Seiten. 1956. (1116)
III: Romantik und Viktorianismus. 160 Seiten. 1960. (1124)

Beowulf von *M. Lehnert*. Eine Auswahl mit Einführung, teilweiser Übersetzung, Anmerkungen und etymologischem Wörterbuch. 3., verbesserte Auflage. 135 Seiten. 1959. (1135)

Shakespeare von *P. Meißner †*. 2. Auflage, neubearbeitet von *M. Lehnert*. 136 Seiten. 1954. (1142)

Italienische Literaturgeschichte von *K. Voßler †*. 5. Auflage, neubearbeitet von *A. Noyer-Weidner*. In Vorbereitung. (125)

Romanische Sprachwissenschaft von *H. Lausberg*. 4 Bände.
I: Einleitung und Vokalismus. 160 Seiten. 1956. (128/128a)
II: Konsonantismus. 95 Seiten. 1956. (250)
III: Formenlehre. Etwa 260 Seiten. 1962. (1199/1199a)
IV: Wortlehre. In Vorbereitung. (1200)

Griechisch, Lateinisch

Griechische Sprachwissenschaft von *W. Brandenstein*. 2 Bände.
I: Einleitung, Lautsystem, Etymologie. 160 Seiten. 1954. (117)
II: Wortbildung und Formenlehre. 192 Seiten. 1959. (118/118a)

Geschichte der griechischen Sprache. 2 Bände.
I: Bis zum Ausgang der klassischen Zeit von *O. Hoffmann †*. 3. Auflage, bearbeitet von *A. Debrunner †*. 156 Seiten. 1953. (111)
II: Grundfragen und Grundzüge des nachklassischen Griechisch von *A. Debrunner †*. 144 Seiten. 1954. (114)

Geschichte der griechischen Literatur von *W. Nestle*. 2 Bände. 3. Auflage, bearbeitet von *W. Liebich*.
I: 144 Seiten. 1961. (70) II: In Vorbereitung. (557)

Grammatik der neugriechischen Volkssprache von *J. Kalitsunakis*. 3., völlig neubearbeitete und erweiterte Auflage. Etwa 195 Seiten. 1962. (756/756a)

Neugriechisch-deutsches Gesprächsbuch von *J. Kalitsunakis*. 2. Auflage, bearbeitet von *A. Steinmetz*. 99 Seiten. 1960. (587)

Geschichte der lateinischen Sprache von *F. Stolz*. 4. Auflage von *A. Debrunner †*. In Vorbereitung. (492)

Geschichte der römischen Literatur von *L. Bieler*. 2 Bände.
I: Die Literatur der Republik. 160 Seiten. 1961. (52)
II: Die Literatur der Kaiserzeit. 133 Seiten. 1961. (866)

Hebräisch, Sanskrit, Russisch

Hebräische Grammatik von *G. Beer †*. 2 Bände. 2., völlig neubearbeitete Auflage von *R. Meyer*.
I: Schrift-, Laut- und Formenlehre I. 3. Auflage. 157 Seiten. In Vorbereitung (763/763a)
II: Formenlehre II. Syntax und Flexionstabellen. 195 Seiten. 1955. (764/764a)

Hebräisches Textbuch zu *G. Beer-R. Meyer*, Hebräische Grammatik von *R. Meyer*. 170 Seiten. 1960. (769/769a)

Sanskrit-Grammatik von *M. Mayrhofer*. 89 Seiten. 1953. (1158)

Russische Grammatik von *E. Berneker †*. 6., verbesserte Auflage von *M. Vasmer*. 155 Seiten. 1961. (66)

Slavische Sprachwissenschaft von *H. Bräuer*. 2 Bände.
I: Einleitung, Lautlehre. 221 Seiten. 1961. (1191/1191a)

Erd- und Länderkunde, Kartographie

Afrika von *F. Jaeger.* Ein geographischer Überblick. 2 Bände. 2., umgearbeitete Auflage.
I: Der Lebensraum. 179 Seiten, 18 Abbildungen. 1954. (910)
II: Mensch und Kultur. 155 Seiten, 6 Abbildungen. 1954. (911)
Australien und Ozeanien von *H. J. Krug.* 176 Seiten, 46 Skizzen. 1953. (319)
Kartographie von *V. Heissler.* Etwa 215 Seiten, 125 Abb., 8 Kartenanlagen. 1962. Im Druck. (30/30a)

Volkswirtschaft, Statistik, Publizistik

Allgemeine Betriebswirtschaftslehre von *K. Mellerowicz.* 4 Bände. 10., erweiterte und veränderte Auflage. (Bd. I und II: 11., durchgesehene Auflage)
I: 224 Seiten. 1961. (1008/1008a) II: 188 Seiten. 1962. (1153/1153a)
III: 260 Seiten. 1959. (1154/1154a) IV: 209 Seiten. 1959. (1186/1186a)
Geschichte der Volkswirtschaftslehre von *S. Wendt.* 182 Seiten. 1961. (1194)
Allgemeine Volkswirtschaftslehre von *A. Paulsen.* 4 Bände.
I: Grundlegung, Wirtschaftskreislauf. 4., durchgesehene und ergänzte Auflage. 148 Seiten. 1962. In Vorbereitung. (1169)
II: Haushalte, Unternehmungen, Marktformen. 4., neubearbeitete Auflage. 166 Seiten, 32 Abbildungen. 1962. In Vorbereitung. (1170)
III: Produktionsfaktoren. 2., neubearbeitete und ergänzte Auflage. 200 Seiten. 1961. (1171)
IV: Gesamtbeschäftigung, Konjunkturen, Wachstum. 2. Auflage. 174 Seiten. 1962. (1172)
Allgemeine Volkswirtschaftspolitik von *H. Ohm.* 2 Bände.
I: Systematisch-Theoretische Grundlegung. 137 Seiten, 6 Abbildungen. 1962. (1195)
II: Der volkswirtschaftliche Gesamtorganismus als Objekt der Wirtschaftspolitik. In Vorbereitung. (1196)
Finanzwissenschaft von *H. Kolms.* 4 Bände.
I: Grundlegung, Öffentliche Ausgaben. 160 Seiten. 1959. (148)
II: Erwerbseinkünfte, Gebühren und Beiträge; Allgemeine Steuerlehre. 148 Seiten. 1960. (391)
III: Besondere Steuerlehre. 178 Seiten. 1962. (776)
IV: Öffentlicher Kredit. Haushaltswesen. Finanzausgleich. In Vorbereitung. (782)
Finanzmathematik von *M. Nicolas.* 192 Seiten, 11 Tafeln, 8 Tabellen und 72 Beispiele. 1959. (1183/1183a)
Industrie- und Betriebssoziologie von *R. Dahrendorf.* 2., umgearbeitete und erweiterte Auflage. 142 Seiten, 3 Figuren. 1962. (103)
Wirtschaftssoziologie von *F. Fürstenberg.* 122 Seiten. 1961. (1193)
Psychologie des Berufs- und Wirtschaftslebens von *W. Moede †.* 190 Seiten, 48 Abbildungen. 1958. (851/851a)
Allgemeine Methodenlehre der Statistik von *J. Pfanzagl.* 2 Bände.
I: Elementare Methoden unter besonderer Berücksichtigung der Anwendungen in den Wirtschafts- und Sozialwissenschaften. 205 Seiten, 35 Abbildungen. 1960. (746/746a)
II: Höhere Methoden unter besonderer Berücksichtigung der Anwendungen in Naturwissenschaft, Medizin und Technik. 295 Seiten, 39 Abbildungen. 1962. (747/747a)

Zeitungslehre von *E. Dovifat.* 2 Bände. 4., neubearbeitete Auflage.
I: Theoretische und rechtliche Grundlagen — Nachricht und Meinung — Sprache und Form. 148 Seiten. 1962. (1039)
II: Redaktion — Die Sparten: Verlag und Vertrieb, Wirtschaft und Technik, Sicherung der öffentlichen Aufgabe. 168 Seiten. 1962. (1040)

Naturwissenschaften

Mathematik

Geschichte der Mathematik von *J. E. Hofmann.* 4 Bände.
I: Von den Anfängen bis zum Auftreten von Fermat und Descartes. 2. Auflage. 200 Seiten. 1962. In Vorbereitung. (226/226a)
II: Von Fermat und Descartes bis zur Erfindung des Calculus und bis zum Ausbau der neuen Methoden. 109 Seiten. 1957. (875)
III: Von den Auseinandersetzungen um den Calculus bis zur französischen Revolution. 107 Seiten. 1957. (882)
IV: Geschichte der Mathematik der neuesten Zeit von *N. Stuloff.* In Vorbereitung. (883)

Mathematische Formelsammlung von *F. O. Ringleb.* 7., erweiterte Auflage. 320 Seiten, 40 Figuren. 1960. (51/51a)

Vierstellige Tafeln und Gegentafeln für logarithmisches und trigonometrisches Rechnen in zwei Farben zusammengestellt von *H. Schubert* und *R. Haussner.* 3., neubearbeitete Auflage von *J. Erlebach.* 158 Seiten. 1960. (81)

Fünfstellige Logarithmen von *A. Adler.* Mit mehreren graphischen Rechentafeln und häufig vorkommenden Zahlenwerten. 4. Auflage, überarbeitet von *J. Erlebach.* 127 Seiten, 1 Tafel. In Vorbereitung. (423)

Arithmetik von *P. B. Fischer †.* 3. Auflage von *H. Rohrbach.* 152 Seiten, 19 Abbildungen. 1958. (47)

Höhere Algebra von *H. Hasse.* 2 Bände. 4., durchgesehene Auflage.
I: Lineare Gleichungen. 152 Seiten. 1957. (931)
II: Gleichungen höheren Grades. 158 Seiten, 5 Figuren. 1958. (932)

Aufgabensammlung zur höheren Algebra von *H. Hasse* und *W. Klobe.* 3., verbesserte Auflage. 183 Seiten. 1961. (1082)

Elementare und klassische Algebra vom modernen Standpunkt von *W. Krull.* 2 Bände.
I: 2., erweiterte Auflage. 136 Seiten. 1952. (930)
II: 132 Seiten. 1959. (933)

Algebraische Kurven und Flächen von *W. Burau.* 2 Bände.
I: Algebraische Kurven der Ebene. 153 Seiten, 28 Figuren. 1962. (435)
II: Algebraische Flächen 3. Grades und Raumkurven 3. und 4. Grades. 1962. In Vorbereitung. (436)

Einführung in die Zahlentheorie von *A. Scholz †.* Überarbeitet und herausgegeben von *B. Schoeneberg.* 3. Auflage. 128 Seiten. 1961. (1131)

Formale Logik von *P. Lorenzen.* 2. Auflage. 165 Seiten. 1962. (1176/1176a)

Topologie von *W. Franz.* 2 Bände.
I: Allgemeine Topologie. 144 Seiten, 9 Figuren. 1960. (1181)

Elemente der Funktionentheorie von *K. Knopp †.* 5. Auflage. 144 Seiten, 23 Fig. 1959. (1109)

Funktionentheorie von *K. Knopp †*. 2 Bände. 10. Auflage.
I: Grundlagen der allgemeinen Theorie der analytischen Funktionen. 144 Seiten, 8 Figuren. 1961. (668)
II: Anwendungen und Weiterführung der allgemeinen Theorie. 130 Seiten, 7 Figuren. 1962. (703)

Aufgabensammlung zur Funktionentheorie von *K. Knopp †*. 2 Bände.
I: Aufgaben zur elementaren Funktionentheorie. 6. Auflage. 135 Seiten. In Vorbereitung. (877)
II: Aufgaben zur höheren Funktionentheorie. 5. Auflage. 151 Seiten. 1959. (878)

Differential- und Integralrechnung von *M. Barner*. (Früher *Witting*). 4 Bände.
I: Grenzwertbegriff, Differentialrechnung. 176 Seiten. 1961. (86/86 a)

Gewöhnliche Differentialgleichungen von *G. Hoheisel*. 6., neubearbeitete und erweiterte Auflage. 128 Seiten. 1960. (920)

Partielle Differentialgleichungen von *G. Hoheisel*. 4., durchgesehene Auflage. 128 Seiten. 1960. (1003)

Aufgabensammlung zu den gewöhnlichen und partiellen Differentialgleichungen von *G. Hoheisel*. 4., durchgesehene und verbesserte Auflage. 124 Seiten. 1958. (1059)

Integralgleichungen von *G. Hoheisel*. 2., durchgesehene Auflage. 1962. In Vorbereitung. (1099)

Mengenlehre von *E. Kamke*. 4., verbesserte Auflage. 194 Seiten, 6 Figuren. 1962. (999/999 a)

Gruppentheorie von *L. Baumgartner*. 3., neubearbeitete Auflage. 110 Seiten, 3 Tafeln. 1958. (837)

Ebene und sphärische Trigonometrie von *G. Hessenberg †*. 5. Auflage, durchgesehen von *H. Kneser*. 172 Seiten, 60 Figuren. 1957. (99)

Darstellende Geometrie von *W. Haack*. 3 Bände.
I: Die wichtigsten Darstellungsmethoden. Grund- und Aufriß ebenflächiger Körper. 3., durchgesehene und ergänzte Auflage. 113 Seiten, 120 Abbildungen. 1960. (142)
II: Körper mit krummen Begrenzungsflächen. Kotierte Projektionen. 3., durchgesehene Auflage. 129 Seiten, 86 Abbildungen. 1962. (143)
III: Axonometrie und Perspektive. 2., durchgesehene und ergänzte Auflage. 129 Seiten, 100 Abbildungen. 1962. (144)

Analytische Geometrie von *K. P. Grotemeyer*. 2., erweiterte Auflage. 218 Seiten, 73 Abbildungen. 1962. (65/65 a)

Nichteuklidische Geometrie. Hyperbolische Geometrie der Ebene von *R. Baldus †*. Durchgesehen und herausgegeben von *F. Löbell*. 3., verbesserte Auflage. 140 Seiten, 70 Figuren. 1953. (970)

Differentialgeometrie von *K. Strubecker* (früher *Rothe*). 3 Bände.
I: Kurventheorie der Ebene und des Raumes. 150 Seiten, 18 Figuren. 1955. (1113/1113 a)
II: Theorie der Flächenmetrik. 195 Seiten, 14 Figuren. 1958. (1179/1179 a)
III: Theorie der Flächenkrümmung. 254 Seiten, 38 Figuren. 1959. (1180/1180 a)

Variationsrechnung von *L. Koschmieder*. 2 Bände. 2., neubearbeitete Auflage.
I: Das freie und gebundene Extrem einfacher Grundintegrale. 128 Seiten, 23 Figuren. 1962. (1074)

Einführung in die konforme Abbildung von *L. Bieberbach*. 5., erweiterte Auflage. 180 Seiten, 42 Figuren. 1956. (768/768 a)

Vektoren und Matrizen von *S. Valentiner*. 2. Auflage. (9., erweiterte Auflage der „Vektoranalysis"). Mit Anhang: Aufgaben zur Vektorrechnung von *H. König*. 202 Seiten, 35 Figuren. 1960. (354/354a)

Versicherungsmathematik von *F. Böhm*. 2 Bände.
I: Elemente der Versicherungsrechnung. 3., vermehrte und verbesserte Auflage. Durchgesehener Neudruck. 151 Seiten. 1953. (180)
II: Lebensversicherungsmathematik. Einführung in die technischen Grundlagen der Sozialversicherung. 2., verbesserte und vermehrte Auflage. 205 Seiten. 1953. (917/917a)

Finanzmathematik von *M. Nicolas*. 192 Seiten, 11 Tafeln, 8 Tabellen und 72 Beispiele. 1959. (1183/1183a)

Physik

Einführung in die theoretische Physik von *W. Döring*. 5 Bände.
I: Mechanik. 2., verbesserte Auflage. 123 Seiten, 25 Abbildungen. 1960. (76)
II: Das elektromagnetische Feld. 2., verbesserte Auflage. 132 Seiten, 15 Abbildungen. 1962. (77)
III: Optik. 117 Seiten, 32 Abbildungen. 1956. (78)
IV: Thermodynamik. 107 Seiten, 9 Abbildungen. 1956. (374)
V: Statistische Mechanik. 114 Seiten, 12 Abbildungen. 1957. (1017)

Mechanik deformierbarer Körper von *M. Päsler*. 199 Seiten, 48 Abbildungen. 1960. (1189/1189a)

Atomphysik von *K. Bechert* und *Ch. Gerthsen* †. 7 Bände.
I: Allgemeine Grundlagen. 1. Teil. 4., durchgesehene Auflage von *A. Flammersfeld*. 124 Seiten, 35 Abbildungen. 1959. (1009)
II: Allgemeine Grundlagen. 2. Teil. 4. Auflage. 1962. In Vorber. (1033)
III: Theorie des Atombaus. 1. Teil. 4., umgearbeitete Auflage. 148 Seiten, 16 Abbildungen. 1962. In Vorbereitung (1123/1123a)
IV: Theorie des Atombaus. 2. Teil. 3., umgearbeitete Auflage. 170 Seiten, 14 Abbildungen. 1954. (1165/1165a)

Differentialgleichungen der Physik von *F. Sauter*. 3., durchgesehene und ergänzte Auflage. 148 Seiten, 16 Figuren. 1958. (1070)

Physikalische Formelsammlung von *G. Mahler* †. Neubearbeitet von *K. Mahler*. 10., durchgesehene Auflage. 153 Seiten, 69 Figuren. 1959. (136)

Physikalische Aufgabensammlung von *G. Mahler* †. Neu bearbeitet von *K. Mahler*. Mit den Ergebnissen. 11. Auflage. 127 Seiten. 1961. (243)

Chemie

Geschichte der Chemie in kurzgefaßter Darstellung von *G. Lockemann*. 2 Bände.
I: Vom Altertum bis zur Entdeckung des Sauerstoffs. 142 Seiten, 8 Bildnisse. 1950. (264)
II: Von der Entdeckung des Sauerstoffs bis zur Gegenwart. 151 Seiten, 16 Bildnisse. 1955. (265/265a)

Anorganische Chemie von *W. Klemm*. 12., neubearbeitete und erweiterte Auflage. 255 Seiten, 34 Abbildungen. 1962. (37/37a)

Organische Chemie von *W. Schlenk*. 8., erweiterte Auflage. 272 Seiten, 16 Abbildungen. 1960. (38/38a)

Physikalische Methoden der Organischen Chemie von *G. Kresze*. Etwa 280 Seiten, 65 Abbildungen 1962. (44/44a)

Allgemeine und physikalische Chemie von *W. Schulze*. 2 Bände.
I: 5., durchgesehene Auflage. 139 Seiten, 10 Figuren. 1960. (71)
II: 5., verbesserte Auflage. 178 Seiten, 37 Figuren. 1961. (698/698a)

Einfache Versuche zur allgemeinen und physikalischen Chemie von *E. Dehn*. 371 Versuche mit 40 Abbildungen. 272 Seiten. 1962. (1201/1201 a)

Molekülbau. Theoretische Grundlagen und Methoden der Strukturermittlung von *W. Schulze*. 123 Seiten, 43 Figuren. 1958. (786)

Physikalisch-chemische Rechenaufgaben von *E. Asmus*. 3., verbesserte Auflage. 96 Seiten. 1958. (445)

Maßanalyse. Theorie und Praxis der klassischen und der elektrochemischen Titrierverfahren von *G. Jander* und *K. F. Jahr*. 9., durchgesehene Auflage. 313 Seiten, 49 Figuren. 1961. (221/221 a)

Qualitative Analyse von *H. Hofmann* u. *G. Jander*. 308 Seiten, 5 Abbildungen. 1960. (247/247 a)

Thermochemie von *W. A. Roth* †. 2., verbesserte Auflage. 109 Seiten, 16 Figuren. 1952. (1057)

Stöchiometrische Aufgabensammlung von *W. Bahrdt* † und *R. Scheer*. Mit den Ergebnissen. 7., durchgesehene Auflage. 119 Seiten. 1960. (452)

Elektrochemie und ihre physikalisch-chemischen Grundlagen von *A. Dassler*. 2 Bände.
II: 178 Seiten, 17 Abbildungen. 1950. (253)

Technologie

Die Chemie der Kunststoffe von *K. Hamann*, unter Mitarbeit von *W. Funke* und *H. D. Hermann*. 143 Seiten. 1960. (1173)

Warenkunde von *K. Hassak* und *E. Beutel* †. 2 Bände.
I: Anorganische Waren sowie Kohle und Erdöl. 8. Auflage. Neubearbeitet von *A. Kutzelnigg*. 119 Seiten, 18 Figuren. 1958. (222)
II: Organische Waren. 8. Auflage. Vollständig neubearbeitet von *A. Kutzelnigg*. 157 Seiten, 32 Figuren. 1959. (223)

Die Fette und Öle von *Th. Klug*. 6., verbesserte Auflage. 143 Seiten. 1961. (335)

Die Seifenfabrikation von *K. Braun* †. 3., neubearbeitete und verbesserte Auflage von *Th. Klug*. 116 Seiten, 18 Abbildungen. 1953. (336)

Textilindustrie von *A. Blümcke*.
I: Spinnerei und Zwirnerei. 111 Seiten, 43 Abbildungen. 1954. (184)

Biologie

Einführung in die allgemeine Biologie und ihre philosophischen Grund- und Grenzfragen von *M. Hartmann*. 132 Seiten, 2 Abbildungen. 1956. (96)

Hormone von *G. Koller*. 2., neubearbeitete und erweiterte Auflage. 187 Seiten, 60 Abbildungen, 19 Tabellen. 1949. (1141)

Fortpflanzung im Tier- und Pflanzenreich von *J. Hämmerling*. 2., ergänzte Auflage. 135 Seiten, 101 Abbildungen. 1951. (1138)

Geschlecht und Geschlechtsbestimmung im Tier- und Pflanzenreich von *M. Hartmann*. 2., verbesserte Auflage. 116 Seiten, 61 Abbildungen, 7 Tabellen. 1951. (1127)

Symbiose der Tiere mit pflanzlichen Mikroorganismen von *P. Buchner*. 2., verbesserte und vermehrte Auflage. 130 Seiten, 121 Abbildungen. 1949. (1128)

Grundriß der Allgemeinen Mikrobiologie von *W.* u. *A. Schwartz*. 2 Bände. 2., verbesserte und ergänzte Auflage.
I: 147 Seiten, 25 Abbildungen. 1960. (1155)
II: 142 Seiten, 29 Abbildungen. 1961. (1157)

Botanik

Entwicklungsgeschichte des Pflanzenreiches von *H. Heil*. 2. Auflage. 138 Seiten, 94 Abbildungen, 1 Tabelle. 1950. (1137)

Morphologie der Pflanzen von *L. Geitler*. 3., umgearbeitete Auflage. 126 Seiten, 114 Abbildungen. 1953. (141)

Pflanzengeographie von *L. Diels* †. 5., völlig neubearbeitete Auflage von *F. Mattick*. 195 Seiten, 2 Karten. 1958. (389/389 a)

Die Laubhölzer. Kurzgefaßte Beschreibung der in Mitteleuropa gedeihenden Laubbäume und Sträucher von *F. W. Neger* † und *E. Münch* †. 3., durchgesehene Auflage, herausgegeben von *B. Huber*. 143 Seiten, 63 Figuren, 7 Tabellen. 1950. (718)

Die Nadelhölzer (Koniferen) und übrigen Gymnospermen von *F. W. Neger* † und *E. Münch* †. 4. Auflage, durchgesehen und ergänzt von *B. Huber*. 140 Seiten, 75 Figuren, 4 Tabellen, 3 Karten. 1952. (355)

Pflanzenzüchtung von *H. Kuckuck*. 2 Bände.

I: Grundzüge der Pflanzenzüchtung. 3., völlig umgearbeitete und erweiterte Auflage. 132 Seiten, 22 Abbildungen. 1952. (1134)

II: Spezielle gartenbauliche Pflanzenzüchtung (Züchtung von Gemüse, Obst und Blumen). 178 Seiten, 27 Abbildungen. 1957. (1178/1178a)

Zoologie

Entwicklungsphysiologie der Tiere von *F. Seidel*. 2 Bände.

I: Ei und Furchung. 126 Seiten, 29 Abbildungen. 1953. (1162)

II: Körpergrundgestalt und Organbildung. 159 Seiten, 42 Abbildungen. 1953. (1163)

Das Tierreich

I: Einzeller, Protozoen von *E. Reichenow*. 115 Seiten, 59 Abbildungen. 1956. (444)

II: Schwämme und Hohltiere von *H. J. Hannemann*. 95 Seiten, 80 Abbildungen. 1956. (442)

III: Würmer. Platt-, Hohl-, Schnurwürmer, Kamptozoen, Ringelwürmer, Protracheaten, Bärtierchen, Zungenwürmer von *S. Jaeckel*. 114 Seiten, 36 Abbildungen. 1955. (439)

IV, 1: Krebse von *H. E. Gruner* und *K. Deckert*. 114 Seiten, 43 Abbildungen. 1956. (443)

IV, 2: Spinnentiere (Trilobitomorphen, Fühlerlose) und Tausendfüßler von *A. Kaestner*. 96 Seiten, 55 Abbildungen. 1955. (1161)

IV, 3: Insekten von *H. von Lengerken*. 128 Seiten, 58 Abbildungen. 1953. (594)

V: Weichtiere. Urmollusken, Schnecken, Muscheln und Kopffüßer von *S. Jaeckel*. 92 Seiten, 34 Abbildungen. 1954. (440)

VI: Stachelhäuter. Tentakulaten, Binnenatmer und Pfeilwürmer von *S. Jaeckel*. 100 Seiten, 46 Abbildungen. 1955. (441)

VII, 1: Manteltiere, Schädellose, Rundmäuler von *Th. Haltenorth*. In Vorbereitung. (448)

VII, 2: Fische von *D. Lüdemann*. 130 Seiten, 65 Abbildungen. 1955. (356)

VII, 3: Lurche (Chordatiere) von *K. Herter*. 143 S., 129 Abb. 1955. (847)

VII, 4: Kriechtiere (Chordatiere) von *K. Herter*. 200 Seiten, 142 Abbildungen. 1960. (447/447a)

VII, 5: Vögel (Chordatiere) von *H.-A. Freye*. 156 S., 69 Fig. 1960. (869)

VII, 6: Säugetiere (Chordatiere) von *Th. Haltenorth*. In Vorbereitung. (282)

Land- und Forstwirtschaft

Landwirtschaftliche Tierzucht. Die Züchtung und Haltung der landwirtschaftlichen Nutztiere von *H. Vogel*. 139 Seiten, 11 Abbildungen. 1952. (228)

Kulturtechnische Bodenverbesserungen von *O. Fauser*. 2 Bände. 5., verbesserte und vermehrte Auflage.
I: Allgemeines, Entwässerung. 127 Seiten, 49 Abbildungen. 1959. (691)
II: Bewässerung, Ödlandkultur, Flurbereinigung. 159 Seiten, 71 Abbildungen. 1961. (692)

Agrikulturchemie von *K. Scharrer*. 2 Bände.
I: Pflanzenernährung. 143 Seiten. 1953. (329)
II: Futtermittelkunde. 192 Seiten. 1956. (330/330 a)

Geologie, Mineralogie, Kristallographie

Geologie von *F. Lotze*. 2., verbesserte Auflage. 178 Seiten, 80 Abbildungen. 1961. (13)

Erzkunde von *H. von Philipsborn*. In Vorbereitung. (1207)

Mineral- und Erzlagerstättenkunde von *H. Huttenlocher †*. 2 Bände.
I: 2. Auflage. 128 Seiten, 34 Abbildungen. In Vorbereitung. (1014)
II: 156 Seiten, 48 Abbildungen. 1954. (1015/1015 a)

Allgemeine Mineralogie. 11., erweiterte Auflage der „Mineralogie" von *R. Brauns †*, bearbeitet von *K. F. Chudoba*. 120 Seiten, 120 Figuren, 1 Tafel, 3 Tabellen. 1962. Im Druck. (29/29 a)

Spezielle Mineralogie. 10., erweiterte Auflage der „Mineralogie" von *R. Brauns †*, bearbeitet von *K. F. Chudoba*. 170 Seiten, 125 Figuren, 4 Tabellen. 1959. (31/31 a)

Petrographie (Gesteinskunde) von *W. Bruhns †*. Neubearbeitet von *P. Ramdohr*. 5., erweiterte Auflage. 141 Seiten, 10 Figuren. 1960. (173)

Kristallographie von *W. Bruhns †*. 5. Auflage, neubearbeitet von *P. Ramdohr*. 109 Seiten, 164 Abbildungen. 1958. (210)

Einführung in die Kristalloptik von *E. Buchwald*. 4., verbesserte Auflage. 138 Seiten. 121 Figuren. 1952. (619)

Lötrohrprobierkunde. Mineraldiagnose mit Lötrohr- und Tüpfelreaktion von *M. Henglein*. 4., durchgesehene und erweiterte Auflage. 108 Seiten, 12 Figuren. 1962. (483)

Technik

Graphische Darstellung in Wissenschaft und Technik von *M. Pirani*. 3., erweiterte Auflage bearbeitet von *J. Fischer* unter Benutzung der von *I. Runge* besorgten 2. Auflage. 216 Seiten, 104 Abbildungen. 1957. (728/728 a)

Technische Tabellen und Formeln von *W. Müller*. 5., verbesserte und erweiterte Auflage von *E. Schulze*. 165 Seiten, 114 Abbildungen, 99 Tafeln. 1962. (579)

Grundlagen der Straßenverkehrstechnik. Theorie der Leistungsfähigkeit von *E. Engel*. 101 Seiten, 55 Abbildungen. 1962. (1198)

Elektrotechnik

Grundlagen der allgemeinen Elektrotechnik von *O. Mohr*. 2., durchgesehene Auflage. 260 Seiten, 136 Bilder, 14 Tafeln. 1961. (196/196 a)

Die Gleichstrommaschine von *K. Humburg*. 2 Bände. 2., durchgesehene Auflage.
I: 102 Seiten, 59 Abbildungen. 1956. (257)
II: 101 Seiten, 38 Abbildungen. 1956. (881)

Die Synchronmaschine von *W. Putz*. 92 Seiten, 64 Bilder. 1962. (1146)
Induktionsmaschinen von *F. Unger*. 2., erweiterte Auflage. 142 Seiten, 49 Abbildungen. 1954. (1140)
Die komplexe Berechnung von Wechselstromschaltungen von *H. H. Meinke*. 2. Auflage. 180 Seiten, 120 Abbildungen. 1957. (1156/1156 a)
Theoretische Grundlagen zur Berechnung der Schaltgeräte von *F. Kesselring*. 3. Auflage. 144 Seiten, 92 Abbildungen. 1950. (711)
Einführung in die Technik selbsttätiger Regelungen von *W. zur Megede*. 2., durchgesehene Auflage. 180 Seiten, 86 Abbildungen. 1961. (714/714 a)
Elektromotorische Antriebe (Grundlagen für die Berechnung) von *A. Schwaiger*. 3., neubearbeitete Auflage. 96 Seiten, 34 Abbildungen. 1952. (827)
Überspannungen und Überspannungsschutz von *G. Frühauf*. Durchgesehener Neudruck. 122 Seiten, 98 Abbildungen. 1950. (1132)
Transformatoren von *W. Schäfer*. 4., überarbeitete und ergänzte Auflage. 136 Seiten, 73 Abbildungen. 1962. (952)

Maschinenbau

Metallkunde von *H. Borchers*. 3 Bände.
I: Aufbau der Metalle und Legierungen. 5. Auflage. 120 Seiten, 90 Abbildungen, 2 Tabellen. 1962. (432)
II: Eigenschaften, Grundzüge der Form- und Zustandsgebung. 3. und 4. Auflage. 179 Seiten, 107 Abbildungen, 10 Tabellen. 1959. (433/433 a)
III: Die metallkundlichen Untersuchungsmethoden von *E. Hanke* In Vorbereitung. (434)
Die Werkstoffe des Maschinenbaues von *A. Thum †* und *C. M. v. Meysenbug*. 2 Bände.
I: Einführung in die Werkstoffprüfung. 2., neubearbeitete Auflage. 100 Seiten, 7 Tabellen, 56 Abbildungen. 1956. (476)
II: Die Konstruktionswerkstoffe. 132 Seiten, 40 Abbildungen. 1959. (936)
Dynamik von *W. Müller*. 2 Bände. 2., verbesserte Auflage.
I: Dynamik des Einzelkörpers. 128 Seiten, 48 Figuren. 1952. (902)
II: Systeme von starren Körpern. 102 Seiten, 41 Figuren. 1952. (903)
Technische Schwingungslehre von *L. Zipperer*. 2 Bände. 2., neubearbeitete Auflage.
I: Allgemeine Schwingungsgleichungen, einfache Schwinger. 120 Seiten, 101 Abbildungen. 1953. (953)
II: Torsionsschwingungen in Maschinenanlagen. 102 Seiten, 59 Abbildungen. 1955. (961/961 a)
Werkzeugmaschinen für Metallbearbeitung von *K. P. Matthes*. 2 Bände.
I: 100 Seiten, 27 Abbildungen, 11 Zahlentafeln, 1 Tafelanhang. 1954. (561)
II: Fertigungstechnische Grundlagen der neuzeitlichen Metallbearbeitung. 101 Seiten, 30 Abbildungen, 5 Tafeln. 1955. (562)
Das Maschinenzeichnen mit Einführung in das Konstruieren von *W. Tochtermann*. 2 Bände. 4. Auflage.
I: Das Maschinenzeichnen. 156 Seiten, 75 Tafeln. 1950. (589)
II: Ausgeführte Konstruktionsbeispiele. 130 Seiten, 58 Tafeln. 1950. (590)
Die Maschinenelemente von *E. A. vom Ende*. 4., überarbeitete Auflage. Etwa 166 Seiten 175 Figuren, 9 Tafeln. In Vorbereitung. (3/3 a)

Die Maschinen der Eisenhüttenwerke von *L. Engel*. 156 Seiten, 95 Abbildungen. 1957. (583/583 a)

Walzwerke von *H. Sedlaczek* † unter Mitarbeit von *F. Fischer* und *M. Buch*. 232 Seiten, 157 Abbildungen. 1958. (580/580 a)

Getriebelehre von *P. Grodzinski* †. 2 Bände. 3., neubearbeitete Auflage von *G. Lechner*.
I: Geometrische Grundlagen. 164 Seiten, 131 Figuren. 1960. (1061)
II: Angewandte Getriebelehre. In Vorbereitung. (1062)

Kinematik von *H. R. Müller*. 1962. In Vorbereitung. (1206/1206 a)

Gießereitechnik von *H. Jungbluth*. 2 Bände.
I: Eisengießerei. 126 Seiten, 44 Abbildungen. 1951. (1159)

Die Dampfturbinen. Ihre Wirkungsweise, Berechnung und Konstruktion von *C. Zietemann*. 3 Bände. 3., verbesserte Auflage.
I: Theorie der Dampfturbinen. 139 Seiten, 48 Abbildungen. 1955. (274)
II: Die Berechnung der Dampfturbinen und die Konstruktion der Einzelteile. 132 Seiten, 111 Abbildungen. 1956. (715)
III: Die Regelung der Dampfturbinen, die Bauarten, Turbinen für Sonderzwecke, Kondensationsanlagen. 126 Seiten, 90 Abbildungen. 1956. (716)

Verbrennungsmotoren von *W. Endres*. 3 Bände.
I: Überblick. Motor-Brennstoffe. Verbrennung im Motor allgemein, im Otto- und Diesel-Motor. 153 Seiten, 57 Abbildungen. 1958. (1076/1076 a)
II: Die heutigen Typen der Verbrennungskraftmaschine. In Vorbereitung. (1184)
III: Die Einzelteile des Verbrennungsmotors. In Vorbereitung. (1185)

Autogenes Schweißen und Schneiden von *H. Niese*. 5. Auflage, neubearbeitet von *A. Küchler*. 136 Seiten, 71 Figuren. 1953. (499)

Die elektrischen Schweißverfahren von *H. Niese*. 2. Auflage, neubearbeitet von *H. Dienst*. 136 Seiten, 58 Abbildungen. 1955. (1020)

Die Hebezeuge. Entwurf von Winden und Kranen von *G. Tafel*. 2., verbesserte Auflage. 176 Seiten, 230 Figuren. 1954. (414/414 a)

Wasserbau

Wasserkraftanlagen von *A. Ludin* unter Mitarbeit von *W. Borkenstein*. 2 Bände.
I: Planung, Grundlagen und Grundzüge. 124 Seiten, 60 Abbildungen. 1955. (665)
II: Anordnung und Ausbildung der Hauptbauwerke. 184 Seiten, 91 Abbildungen. 1958. (666/666 a)

Verkehrswasserbau von *H. Dehnert*. 3 Bände.
I: Entwurfsgrundlagen, Flußregelungen. 103 Seiten, 52 Abbildungen. 1950. (585)
II: Flußkanalisierung und Schiffahrtskanäle. 94 Seiten, 60 Abbildungen. 1950. (597)
III: Schleusen und Hebewerke. 98 Seiten, 70 Abbildungen. 1950. (1152)

Wehr- und Stauanlagen von *H. Dehnert*. 134 Seiten, 90 Abbildungen. 1952. (965)

Talsperren von *F. Tölke*. 122 Seiten, 70 Abbildungen. 1953. (1044)

Hoch- und Tiefbau

Die wichtigsten Baustoffe des Hoch- und Tiefbaus von *O. Graf †*. 4., verbesserte Auflage. 131 Seiten, 63 Abbildungen. 1953. (984)

Baustoffverarbeitung und Baustellenprüfung des Betons von *A. Kleinlogel*. 2., neubearbeitete und erweiterte Auflage. 126 Seiten, 35 Abbildungen. 1951. (978)

Festigkeitslehre. 2 Bände.
I: Elastizität, Plastizität und Festigkeit der Baustoffe und Bauteile von *W. Gehler †* und *W. Herberg*. Durchgesehener und erweiterter Neudruck. 159 Seiten, 118 Abbildungen. 1952. (1144)
II: Formänderung, Platten, Stabilität und Bruchhypothesen von *W. Herberg* und *N. Dimitrov*. 187 Seiten, 94 Abbildungen. 1955. (1145/1145a)

Grundlagen des Stahlbetonbaus von *A. Troche*. 2., neubearbeitete und erweiterte Auflage. 208 Seiten, 75 Abbildungen, 17 Bemessungstafeln, 20 Rechenbeispiele. 1953. (1078)

Statik der Baukonstruktionen von *A. Teichmann*. 3 Bände.
I: Grundlagen. 101 Seiten, 51 Abbildungen, 8 Formeltafeln. 1956. (119)
II: Statisch bestimmte Stabwerke. 107 Seiten, 52 Abbildungen, 7 Tafeln. 1957. (120)
III: Statisch unbestimmte Systeme. 112 Seiten, 34 Abbildungen, 7 Formeltafeln. 1958. (122)

Fenster, Türen, Tore aus Holz und Metall. Eine Anleitung zu ihrer guten Gestaltung, wirtschaftlichen Bemessung und handwerksgerechten Konstruktion von *W. Wickop †*. 4., überarbeitete und ergänzte Auflage. 155 Seiten, 95 Abbildungen. 1955. (1092)

Heizung und Lüftung von *W. Körting*. 2 Bände. 9., neubearbeitete Auflage.
I: Das Wesen und die Berechnung der Heizungs- und Lüftungsanlagen. 172 Seiten, 29 Abbildungen, 36 Zahlentafeln. 1962. (342/342a)
II: Die Ausführung der Heizungs- und Lüftungsanlagen. 1962. In Vorbereitung. (343)

Industrielle Kraft- und Wärmewirtschaft von *F. A. F. Schmidt* und *A. Beckers*. 167 Seiten, 73 Abbildungen. 1957. (318/318a)

Vermessungswesen

Vermessungskunde von *P. Werkmeister*. 3 Bände.
I: Stückvermessung und Nivellieren. 11., verbesserte Auflage von *W. Grossmann*. 144 Seiten, 117 Figuren. 1962. (468)
II: Horizontalaufnahmen und ebene Rechnungen. 8., völlig neubearbeitete Auflage von *W. Grossmann*. 133 Seiten, 97 Figuren. 1959. (469)
III: Trigonometrische und barometrische Höhenmessung. Tachymetrie und Absteckungen. 7., völlig neubearbeitete Auflage von *W. Grossmann*. 136 Seiten, 97 Figuren. 1960. (862)

Kartographie von *V. Heissler*. Etwa 215 Seiten, 125 Abbildungen, 8 Kartenanlagen. 1962. (30/30a)

Photogrammetrie von *G. Lehmann*. 189 Seiten, 132 Abbildungen. 1959. (1188/1188a)

Sammlung Göschen / Bandnummernfolge

231/231a Ehrlich, Geschichte Israels
238 Krahe, German. Sprachwiss. I
243 Mahler, Physikal. Aufgabenslg.
247/247a Hofmann-Jander, Qualitative Analyse
250 Lausberg, Romanische Sprachwissenschaft II
253 Dassler, Elektrochemie II
257 Humburg, Gleichstrommaschine I
264 Lockemann, Gesch. d. Chemie I
265/265a Lockemann, Geschichte der Chemie II
270 Kirn, Einführung in die Geschichtswissenschaft
274 Zietemann, Dampfturbinen I
279 Jacob-Hohenleutner, Quellenkde. der deutschen Geschichte I
280 Jacob-Hohenleutner, Quellenkde. der deutschen Geschichte II
281 Leisegang, Einführung in die Philosophie
282 Haltenorth, Säugetiere
284 Jacob-Weden, Quellenkunde der deutschen Geschichte III
318/318a Schmidt-Beckers, Industrielle Kraft- u. Wärmewirtschaft
319 Krug, Australien und Ozeanien
329 Scharrer, Agrikulturchemie I
330/330a Scharrer, Agrikulturchem. II
335 Klug, Fette und Öle
336 Braun-Klug, Seifenfabrikation
342/342a Körting, Heizung und Lüftung I
343 Körting, Heizung und Lüftung II
344 Moser, Musikästhetik
354/354a Valentiner-König, Vektoren und Matrizen
355 Neger-Münch-Huber, Nadelhölzer
356 Lüdemann, Fische
374 Döring, Einführung in die theoret. Physik IV
375 Preller, Geschichte Englands I
389/389a Diels-Mattick, Pflanzengeographie
391 Kolms, Finanzwissenschaft II
394/394a Schilling, Von der Renaissance bis Kant
414/414a Tafel, Hebezeuge
422 Gottschald, Dt. Personennamen
423 Adler-Erlebach, Fünfstellige Logarithmen
432 Borchers, Metallkunde I
433/433a Borchers, Metallkunde II
434 Borchers-Hanke, Metallkunde III
435 Burau, Algebr. Kurven u. Flächen I
436 Burau, Algebr. Kurven und Flächen II
439 Jaeckel, Würmer
440 Jaeckel, Weichtiere
441 Jaeckel, Stachelhäuter
442 Hannemann, Schwämme und Hohltiere
443 Gruner-Deckert, Krebse
444 Reichenow, Einzeller
445 Asmus, Physikal.-chem. Rechenaufgaben
447/447a Herter, Kriechtiere
448 Haltenorth, Manteltiere
452 Bahrdt-Scheer, Stöchiometrische Aufgabensammlung
468 Werkmeister-Grossmann, Vermessungskunde I
469 Werkmeister-Grossmann, Vermessungskunde II
476 Thum-Meysenbug, Die Werkstoffe des Maschinenbaues I
483 Henglein, Lötrohrprobierkunde
492 Stolz-Debrunner, Geschichte der latein. Sprache
499 Niese-Küchler, Autogenes Schweißen
500 Simmel, Hauptprobleme der Philosophie
536 Lehmann, Kant
538 Rumpf, Archäologie I
539 Rumpf, Archäologie II
557 Nestle-Liebich, Gesch. d. griech. Literatur II
561 Matthes, Werkzeugmaschinen I
562 Matthes, Werkzeugmaschinen II
564 Behn-Hoernes, Kultur der Urzeit I
565 Behn-Hoernes, Kultur d. Urzeit II
566 Behn-Hoernes, Kultur d. Urzeit III
571 Lehmann, Philosophie d. 19. Jh. I
576/576a Moser, Gesangskunst
579 Müller-Schulze, Techn. Tabellen
580/580a Sedlaczek-Fischer-Buch, Walzwerke
583/583a Engel, Maschinen der Eisenhüttenwerke
585 Dehnert, Verkehrswasserbau I
587 Kalitsunakis-Steinmetz, Neugriech.-dt. Gesprächsbuch
589 Tochtermann, Maschinenzeichnen I
590 Tochtermann, Masch.-Zeichnen II
594 v. Lengerken, Insekten
597 Dehnert, Verkehrswasserbau II

601 Mutschmann, Engl. Phonetik
619 Buchwald, Kristalloptik
665 Ludin-Borkenstein, Wasserkraftanlagen I
666/666a Ludin-Borkenstein, Wasserkraftanlagen II
668 Knopp, Funktionentheorie I
677 Altheim, Röm. Geschichte II
679 Altheim, Röm. Geschichte III
684 Altheim, Röm. Geschichte IV
691 Fauser, Kulturtechn. Bodenverbesserungen I
692 Fauser, Kulturtechn. Bodenverbesserungen II
698/698a Schulze, Allgemeine und physikalische Chemie II
703 Knopp, Funktionentheorie II
709 Lehmann, Philosophie d. 19. Jh. II
711 Kesselring, Berechnung der Schaltgeräte
714/714a zur Megede, Technik selbsttätiger Regelungen
715 Zietemann, Dampfturbinen II
716 Zietemann, Dampfturbinen III
718 Neger-Münch-Huber, Laubhölzer
728/728a Pirani-Fischer-Runge, Graph. Darstellg. in Wissensch. u. Technik
735 Ekwall, Historische neuengl. Laut- und Formenlehre
746/746a Pfanzagl, Allg. Methodenlehre der Statistik I
747/747a Pfanzagl, Allg. Methodenlehre der Statistik II
756/756a Kalitsunakis, Grammatik der Neugriechischen Volkssprache
763/763a Beer-Meyer, Hebräische Grammatik I
764/764a Beer-Meyer, Hebräische Grammatik II
768/768a Bieberbach, Einführung in die konforme Abbildung
769/769a Beer-Meyer, Hebr. Textbuch
776 Kolms, Finanzwissenschaft III
780 Krahe, German. Sprachwiss. II
781 Weigert, Stilkunde II
782 Kolms, Finanzwissenschaft IV
786 Schulze, Molekülbau
807 Kropp, Erkenntnistheorie
809 Moser, Harmonielehre I
826 Koch, Philosophie des Mittelalters
827 Schwaiger, Elektromotorische Antriebe
831 Erismann, Allg. Psychologie I
832/832a Erismann, Allg. Psychologie II
833/833a Erismann, Allg. Psychologie III
837 Baumgartner, Gruppentheorie
845 Lehmann, Philosophie im ersten Drittel des 20. Jahrhunderts I
847 Herter, Lurche
850 Lehmann, Philosophie im ersten Drittel des 20. Jahrhunderts II
851/851a Moede, Psychologie des Berufs- und Wirtschaftslebens
857 Capelle, Griech. Philosophie I
858 Capelle, Griech. Philosophie II
859 Capelle, Griech. Philosophie III
862 Werkmeister-Grossmann, Vermessungskunde III
863 Capelle, Griech. Philosophie IV
866 Bieler, Röm. Literaturgesch. II
869 Freye, Vögel
875 Hofmann, Geschichte der Mathematik II
877 Knopp, Aufgabensammlung zur Funktionentheorie I
878 Knopp, Aufgabensammlung zur Funktionentheorie II
881 Humburg, Gleichstrommasch. II
882 Hofmann, Gesch. d. Mathematik III
883 Stuloff, Mathematik der neuesten Zeit
893 Treue, Dt. Geschichte von 1806 bis 1890
894 Treue, Dt. Geschichte von 1890 bis zur Gegenwart
902 Müller, Dynamik I
903 Müller, Dynamik II
910 Jaeger, Afrika I
911 Jaeger, Afrika II
915 Sperber-Fleischhauer, Geschichte der Deutschen Sprache
917/917a Böhm, Versicherungsmathematik II
920 Hoheisel, Gewöhnliche Differentialgleichungen
921 Jantzen-Kolb, W. v. Eschenbach. Parzival
929 Schirmer-Mitzka, Dt. Wortkunde
930 Krull, Elementare und klassische Algebra I
931 Hasse, Höhere Algebra I
932 Hasse, Höhere Algebra II
933 Krull, Elementare und klassische Algebra II

936 Thum-Meysenbug, Werkstoffe des Maschinenbaues II
952 Schäfer, Transformatoren
953 Zipperer, Techn. Schwingungsl. I
961/961a Zipperer, Techn. Schwingungslehre II
965 Dehnert, Wehr- und Stauanlagen
970 Baldus-Löbell, Nichteuklidische Geometrie
978 Kleinlogel, Baustoffverarbeitung und Baustellenprüfung d. Betons
984 Graf, Baustoffe des Hoch- und Tiefbaues
999/999a Kamke, Mengenlehre
1000 Jaspers, Geistige Situat. der Zeit
1003 Hoheisel, Partielle Differentialgl.
1008/1008a Mellerowicz, Allgemeine Betriebswirtschaftslehre I
1009 Bechert-Gerthsen-Flammersfeld, Atomphysik I
1014 Huttenlocher, Mineral- und Erzlagerstättenkunde I
1015/1015a Huttenlocher, Mineral- u. Erzlagerstättenkunde II
1017 Döring, Einführung in die theoret. Physik V
1020 Niese-Dienst, Elektrische Schweißverfahren
1031/1031a Apel-Ludz, Philosophisches Wörterbuch
1033 Bechert-Gerthsen, Atomphys. II
1034 Kranefeldt-Jung, Therapeutische Psychologie
1035 Altheim, Röm. Religionsgeschichte I
1039 Dovifat, Zeitungslehre I
1040 Dovifat, Zeitungslehre II
1044 Tölke, Talsperren
1045 Schubert, Technik des Klavierspiels
1051/1051a Stolberg-Wernigerode, Gesch. d. Verein. Staaten
1052 Altheim, Röm. Religionsgesch. II
1057 Roth, Thermochemie
1059 Hoheisel, Aufgabenslg. z. d. gew. u. part. Differentialgl.
1061 Grodzinski-Lechner, Getriebel. I
1062 Grodzinski-Lechner, Getriebel. II
1065 Haller-Dannenbauer, Von den Karolingern zu den Staufern
1070 Sauter, Differentialgleichungen der Physik
1074 Koschmieder, Variationsrechnung I
1076/1076a Endres, Verbrennungsmotoren I
1077 Haller-Dannenbauer, Von den Staufern zu den Habsburgern
1078 Troche, Stahlbetonbau
1082 Hasse-Klobe, Aufgabensammlung zur höheren Algebra
1085 Lietzmann-Aland, Zeitrechnung
1086 Müller, Dt. Dichten u. Denken
1088 Preller, Gesch. Englands II
1092 Wickop, Fenster, Türen, Tore
1094 Hernried, System. Modulation
1096 Viëtor, Dt. Dichten und Denken
1099 Hoheisel, Integralgleichungen
1105 Hartung, Dt. Geschichte im Zeitalter der Reformation
1108 de Boor-Wisniewski, Mittelhochdeutsche Grammatik
1109 Knopp, Elemente der Funktionentheorie
1111 Betz, Althochdt. Elementarbuch
1113/1113a Strubecker, Differentialgeometrie I
1114 Schubel, Engl. Literaturgesch. I
1115 Ranke, Altnord. Elementarb.
1116 Schubel, Engl. Literaturgesch. II
1117 Haller-Dannenbauer, Eintritt der Germanen in die Geschichte
1121 Naumann, Dt. Dichten u. Denken
1122 Feist, Sprechen u. Sprachpflege
1123/1123a Bechert-Gerthsen, Atomphysik III
1124 Schubel, Engl. Literaturgesch. III
1125 Lehnert, Altengl. Elementarbuch
1127 Hartmann, Geschlecht und Geschlechtsbestimmung im Tier- und Pflanzenreich
1128 Buchner, Symbiose der Tiere
1130 Dibelius-Kümmel, Jesus
1131 Scholz-Schöneberg, Einführung in die Zahlentheorie
1132 Frühauf, Überspannungen
1134 Kuckuck, Pflanzenzüchtung I
1135 Lehnert, Beowulf
1137 Heil, Entwicklungsgeschichte des Pflanzenreiches
1138 Hämmerling, Fortpflanzung im Tier- und Pflanzenreich
1140 Unger, Induktionsmaschinen
1141 Koller, Hormone
1142 Meissner-Lehnert, Shakespeare
1144 Gehler-Herberg, Festigkeitslehre I
1145/1145a Herberg-Dimitrov, Festigkeitslehre II

Autorenregister

100. X. /62

MIX
Papier | Fördert gute Waldnutzung
FSC® C083411

Zeitfracht Medien GmbH
Ferdinand-Jühlke-Straße 7
99095 Erfurt, Deutschland
produktsicherheit@kolibri360.de